台湾エレクトロニクス産業のものづくり

台湾ハイテク産業の組織的特徴から考える日本の針路

長内 厚
神吉直人
【編著】

東京 白桃書房 神田

はじめに

　編者らが台湾エレクトロニクス産業に関する研究プロジェクトをスタートさせたのは，2006年であった。いくつかの調査を進め，結果が蓄積されたので，白桃書房に出版の話を持ち込んだのは08年であり，編集作業はその翌年に始まった。

　それからまだ4年とわずかな月日しか経っていないが（白桃書房の方々は「4年もかけて」とお思いであろうが，その間に編集担当者も河井氏から平氏に引き継がれている），エレクトロニクス産業をはじめ，台湾経済界を取り巻く環境は大きな変化を遂げている。執筆・編集を進める我々にとって，それらの変化はプレッシャーであった。なぜなら，本書はいわゆる「時季もの」であり，中で書かれていることの賞味期限が日に日に近付いてくる（もしかすると過ぎてしまった）ことが感じられたからである。しかし，一方で，そのように激しく変化するからこそ，このタイミングでこの時代を切り取った本書には意義があるとも考えていた。また，環境が変化しても変わらない台湾エレクトロニクス産業の本質を捉えることができたなら，それも大きな貢献である。本書は，こうした意図で編まれている。

　本書は，それぞれ独自の視点から台湾のエレクトロニクス産業に関心を持った研究者による，論文集の体裁をとっている。編者の2人と執筆者の面々を知る方々であれば，「ちょっと変だな」と思われるかもしれない。通常この手の研究書は指導教員や先輩にあたる研究者が編者となり，若手が執筆者として名を連ねるものであろう。しかし，本書は逆である。東京大学の新宅純二郎先生をはじめ，諸先輩方に参加していただいた。もし本書に何らかの不手際があるとすれば，それは我々編者2人の力量不足によるものである。とはいうものの，集まった原稿に目を通し，学術的あるいは史料的観点から「おお，おもしろい」と唸ったものを載せているので，その点は問題ないとも思う。

　実際，両国のエレクトロニクス産業が置かれた経営環境の変化に伴って，本書をまとめている間にも多くの出来事が生じ，関連ニュースが報道された。それらのニュースのうち主要なものは，終章において取り上げた。

また本書の執筆にあたってお世話になった方々のお名前を記したい。まずは，事例研究のための調査にご協力いただいた方々である。本書は台湾エレクトロニクス産業の現場を訪問した，参与観察やインタビューに基づいており，台湾の産官学の皆様の協力なくして調査は出来なかった。中華経済研究院，国立政治大学国際関係研究センター，国防部人力司（国防省人事局），財団法人資訊工業策進会（Institute for Information Industry），工業技術研究院，公益財団法人交流協会，台湾三井物産，その他多くの政府機関，法人にご協力頂いた。中でも編者の1人である長内が長年公私に渡って親しくさせていただいている奇美グループの許家彰氏（グループ創業者許文龍氏のご子息）には，何度もインタビューに応じて頂いただけでなく，奇美グループ各社，また，他の台湾企業へのインタビューを紹介頂いた。

　本書の研究プロジェクトは，北九州市学術・研究基盤整備振興基金，九州国際大学社会文化研究所助成金（共に研究代表者：陳韻如）を受けて組織された京都大学サイエンス・パーク研究会の研究活動成果が母体となっている。本研究会は，研究代表者の陳韻如先生をリーダーに，伊藤衛，伊吹勇亮，長内厚，神吉直人，朴唯新（五十音順）の計6名が参加し，数度の台湾現地調査，研究会での活発の議論を経て，2006年11月25日に九州国際大学で行われた国際シンポジウム「学研都市のシステム・デザインと北九州地域の今後」の開催や，陳・神吉・長内・伊吹・朴（2006）陳・伊藤・伊吹・長内・神吉・朴（2007）などの研究論文にまとめられた。さらに，メンバー個々の研究の成果の蓄積や，台湾研究を通じて知り合った他大学の台湾製品開発論研究者とのディスカッションを踏まえて，これら台湾エレクトロニクス産業に関する研究を一冊の研究書にまとめることになった。本書は，その起点となった京都大学サイエンス・パーク研究会なくしては存在し得なかった。編者2名の先輩研究者であり，研究会を立ち上げ我々を率いてくれた陳韻如先生（滋賀大学准教授）のご尽力に対する感謝をここに記したい。

　また，台湾国立清華大学の史欽泰教授，台湾国立政治大学の陳徳昇教授，城西大学の誉清輝客員教授，神戸大学経済経営研究所の小島健司教授，京都大学経営管理大学院の相山泰生教授，一橋大学イノベーション研究センター長の延岡健太郎教授，青島矢一准教授には各章の執筆段階で貴重なコメントを頂いた。

　2007年度以降の追加的な調査は，平成19年度科学研究費補助金若手研究（ス

タートアップ）課題番号19830034（研究代表者：長内厚），平成20年度科学研究費補助金若手研究（スタートアップ）課題番号20830053（研究代表者：神吉直人）および，平成20年度科学研究費補助金若手研究（A）課題番号20683004（研究代表者：長内厚），浦上食品・食文化振興財団研究助成の各研究助成を受けて実施したものである。

　最後に，白桃書房編集部の平千枝子氏，東野允彦氏には，なかなか進まない執筆，編集に，根気よく携わって頂いた。

　紙幅の都合で全ての方々のお名前を挙げることは出来ないが，これらの多くの方々のご支援によって本書は成り立っている。ここに記して厚く御礼申し上げたい。最新の研究を集めた内容の書となるはずであったが，我々が編集作業に手間取っているうちに，"最新"と呼ぶのはやや難しくなってしまったかもしれない。しかし，歴史は繰り返す。ここに集めた研究は，今の流れを知る上で必要な歴史的事実や，普遍的な内容を数多く含んでいる。本書が日台のエレクトロニクス産業に関わる方々に，何らかの気付きを与えることができたなら，それは望外の喜びである。

2013年7月

長内　厚・神吉直人

目次 Contents

はじめに ………………………………………………………… i

第1章 今,なぜ台湾を議論するのか　1

1. エクストリームな日台関係の相互補完性 …………… 1
2. 台湾エレクトロニクス産業の特徴 …………………… 2

第2章 台湾エレクトロニクス産業発展の歴史　5

1. 台湾の近現代史 ………………………………………… 6
   - 1－1. 諸外国による支配時代（～1945年）………… 6
   - 1－2. 台湾における国民党政権初期（1945年～1960年代）……… 7
   - 1－3. 国連代表権問題と経済発展 ………………… 9
2. 台湾型エレクトロニクス産業の形成 ………………… 12
3. 新竹サイエンス・パークの果たした役割 …………… 14
4. むすび ……………………………………………………… 17

第3章 半導体産業創出とモジュラー型産業構造の形成　19

1. 事業コンセプトと技術統合 …………………………… 19
2. 新竹サイエンス・パークと半導体産業の創出 ……… 21
   - 2－1. 新竹サイエンス・パークの設立 ……………… 22
   - 2－2. ITRIによる技術開発とスピンオフ―UMCの事例―……… 24
   - 2－3. ファブレス＆ファウンドリー・モデルの確立
     ―TSMCの事例―…………………………………… 25

3．台湾半導体産業の特徴 ………………………………………… 29
　3－1．ITRI による技術統合 ……………………………………… 29
　3－2．モジュラー型産業構造の萌芽としての新竹 R&D システム … 31
4．むすび ……………………………………………………………… 35

第4章　台湾 ODM 産業とプラットフォーム・ビジネス
　　　　―プラットフォーム・イノベーションと経済成長― 　37

1．ODM モデルとは ………………………………………………… 37
2．ODM ビジネスとプラットフォーム・ビジネスの関係 … 38
　2－1．プラットフォーム・ビジネスへの契機 ………………… 39
　2－2．デスクトップ PC での成功 ……………………………… 42
3．ODM ビジネスの本質：
　　アーキテクチャー転換プロセスと学習プロセス ……… 45
　3－1．1990 年半ばの状況 ………………………………………… 46
　3－2．アーキテクチャー転換プロセス：
　　　　プラットフォームとモジュラー化 ……………………… 48
　3－3．コンセンサス標準化：
　　　　強制的なアーキテクチャー転換プロセス ……………… 50
　3－4．台湾企業の学習プロセス：
　　　　オープン・ネットワーク下の組織学習 ………………… 53
　3－5．オープン・ネットワーク下の組織間学習 ……………… 55
　3－6．プラットフォーム化がもたらす新しい成長プロセス … 57
4．アジアに広がる台湾モデル：国家特殊優位と制度設計 … 58
　4－1．プラットフォーム・イノベーションと国際分業 ……… 60
5．台湾の産業進化の展望 ………………………………………… 62

第5章　台南サイエンス・パークにおける
　　　　奇美電子の液晶パネル事業 　67

1．台湾液晶産業の特徴 …………………………………………… 68
2．奇美グループの液晶パネル事業参入 ……………………… 71
3．台南サイエンス・パークの概要 …………………………… 74

４．奇美電子と創業者・許文龍氏の果たした役割 ……………… 77
　　４－１．許文龍氏と奇美実業 ……………………………………… 77
　　４－２．奇美電子 …………………………………………………… 79
　　４－３．日台協力による液晶パネル・サプライチェーンの完成
　　　　　　―日本企業の台南サイエンス・パーク投資 ……………… 83
５．むすび ……………………………………………………………… 87

第6章　台湾の液晶産業参入と発展　　91

１．TFT液晶産業における日台メーカーの協力関係 ……………… 92
　　１－１．台湾TFT液晶産業の発展と技術移転の背景 …………… 92
　　１－２．日本企業が台湾へTFT液晶の生産技術を移転した背景 …… 95
　　１－３．日台TFT液晶メーカーの協力関係 ……………………… 96
　　１－４．技術移転後台湾企業が急速な成長を果たした背景の分析 … 97
２．台湾TFT液晶企業の発展プロセスと
　　技術提携のパターン ……………………………………………… 99
　　２－１．２番手戦略を活かすAUO ………………………………… 99
　　２－２．独自技術で頑張ってきたCMO ………………………… 102
　　２－３．製品開発と自己ブランドで差異化を図るHannStar …… 106
　　２－４．台湾TFT液晶メーカー発展の段階 …………………… 108
３．台湾液晶企業独自の戦略 ……………………………………… 110
　　３－１．２番手の優位性 ………………………………………… 110
　　３－２．投資戦略 ………………………………………………… 112
４．むすび …………………………………………………………… 113

第7章　台湾PDP産業の失敗　　115

１．技術移転の研究 ………………………………………………… 117
２．フラットパネルディスプレイ産業の概要 …………………… 119
　　２－１．PDPの発展と製造技術 ………………………………… 120
　　２－２．台湾におけるPDP産業の勃興 ………………………… 125
３．PDPにおける日台合弁事業の事例分析 ……………………… 127

3－1．FHP社とFORMOSAグループの概要 …………………… 128
　　　3－2．合弁会社設立とその後の経緯 ……………………………… 131
　　　3－3．日本側移転担当者が捉えた問題点 ………………………… 135
　　4．知識と技術移転のモード ……………………………………………… 137
　　　4－1．技術移転のモード …………………………………………… 137
　　　4－2．知識・技術導入と移転モードの関係 ……………………… 138
　　　4－3．技術移転の成否に影響する要因 …………………………… 140
　　5．むすび ………………………………………………………………… 142

第8章　奇美グループの自社ブランド液晶テレビ開発　145

　　1．R&Dの統合と将来の不確実性のマネジメント ……………………… 146
　　　1－1．並行開発による不確実性の低減 …………………………… 146
　　　1－2．並行化による開発コスト増の問題 ………………………… 148
　　2．事例研究 ……………………………………………………………… 151
　　　2－1．調査方法 ……………………………………………………… 151
　　　2－2．奇美グループの概要 ………………………………………… 152
　　　2－3．液晶テレビ開発の特徴 ……………………………………… 155
　　　2－4．画像処理エンジンの並行開発とアウトソーシング ……… 159
　　　2－5．アウトソーシングの開発コスト …………………………… 164
　　3．奇美グループの液晶テレビ開発の特徴 ……………………………… 166
　　　3－1．オプション型並行技術開発によるすりあわせ …………… 166
　　　3－2．台湾固有のイノベーション・システムとの関係 ………… 168
　　　3－3．アウトソーシングと競争優位の源泉 ……………………… 170
　　4．むすび ………………………………………………………………… 173

第9章　国防役制度とエンジニアの囲い込み　175

　　1．台湾の徴兵制度における国防役制度 ………………………………… 176
　　　1－1．国防役制度の概要 …………………………………………… 176
　　　1－2．国防役の採用プロセス ……………………………………… 180
　　2．民生部門による国防役活用 …………………………………………… 181

3．考察 ………………………………………………………… 187
　　　　3-1．台湾固有のイノベーション・システムと
　　　　　　 国防役制度による人材供給 ……………………… 188
　　　　3-2．台湾エレクトロニクス産業におけるエンジニアの
　　　　　　 リテンション ……………………………………… 190
　　4．むすび ……………………………………………………… 192

第10章　半導体産業における投資優遇税制　　195

　　1．文献サーベイとリサーチ・フレームワーク ……………… 197
　　　　1-1．国家特殊的優位と産業政策 …………………… 197
　　　　1-2．半導体産業の国家特殊的優位研究： ………… 197
　　2．事例研究：半導体産業の事例 ……………………………… 202
　　　　2-1．業界標準化の進展 ……………………………… 202
　　　　2-2．設備償却費比率の高騰 ………………………… 203
　　3．日本・韓国・台湾の投資優遇税制の比較 ………………… 206
　　　　3-1．国家特殊優位が営業キャッシュフローに与える
　　　　　　 影響規模の推定 …………………………………… 208
　　　　3-2．推定結果の解釈 ………………………………… 208
　　　　3-3．ディスカッション ……………………………… 210
　　4．むすび ……………………………………………………… 212

第11章　ECFA体制下の日台ビジネス・アライアンス　　215

　　1．はじめに …………………………………………………… 215
　　2．台湾経済とECFA …………………………………………… 218
　　　　2-1．中台両岸経済関係の経緯 ……………………… 218
　　　　2-2．ECFA締結の決断と課題 ……………………… 219
　　3．ECFA後の台湾に対する日本企業の意識 ………………… 222
　　4．日本と台湾の相互補完性と東アジア諸地域の役割分担 … 224
　　　　4-1．日台アライアンスによる中国市場戦略に関する既存研究 … 224
　　　　4-2．製品アーキテクチャーと製品コンセプトの多様性への対応 … 225

5．むすび ………………………………………………… 232

終 章　東アジアエレクトロニクス産業の競争と協調にむけて　235

1．各章の要約 ……………………………………………… 235
2．日本エレクトロニクス産業への提言 ………………… 238
3．1980年代の日米貿易摩擦のデジャヴ ………………… 239
4．鴻海と日本メーカーの互恵関係 ……………………… 242
5．内向きな日本のエレクトロニクス産業を変える契機 … 245
6．「上に逃げる」場所はない ……………………………… 247

参考文献 …………………………………………………… 253
編著者紹介 ………………………………………………… 283
執筆者一覧 ………………………………………………… 284

第1章

今，なぜ台湾を議論するのか

長内　厚・神吉直人

1．エクストリームな日台関係の相互補完性

　なぜ台湾のものづくりについて議論するのか。1990年代の台湾エレクトロニクス産業の躍進は，確かに目を見張るものがあった。今日でも，台湾はEMS大手のFoxconn（世界最大のEMS企業である鴻海精密工業を傘下に置く台湾の大手企業グループ。鴻海グループとも呼ばれ，鴻海精密工業自体もFoxconnと呼ばれることがある）や半導体製造大手のTSMC（台湾積体電路製造）など，世界トップレベルの企業を擁している。しかし一方で，韓国のサムスン電子が世界最大の家電メーカーに成長し，中国は2010年に日本を抜いてGDP世界第2位の経済大国になるなど，台湾エレクトロニクス産業だけが世界でずば抜けているというわけではない。2000年から07年の間のGDP年平均成長率は韓国5.3％，シンガポール5.9％に対して台湾は4.1％であった。同期間の1人あたりGDPの増加も，韓国56.8％，シンガポール38.2％に対して台湾21.9％であり（金，2009），2000年代初めの10年は「台湾の失われた10年」と呼ばれるほど，台湾の勢いは失われてしまっている。また，近頃，台湾と中国との間でECFA（両岸経済協力枠組協定）が結ばれたが，この協定の是非に関して台湾内でも大きく議論が二分された。様々な政治的リスクを伴いながら本協定を台湾が結んだ背景には，もはや中国なくしては台湾経済が成立し得ないという状況があると見ることもできよう。

　それでは，なぜ本書は台湾のエレクトロニクス産業に焦点を当てようというのか。日本が「失われた10年」の先輩である点など，日本と台湾が似ているからというわけではない。むしろ両者のものづくりの能力が正反対であり，相

互補完的な関係であると考えたのが，本書で台湾に注目する動機である。

2．台湾エレクトロニクス産業の特徴

　台湾の経済・生活水準は，すでに先進工業国の域に達しているといわれている。台湾は，2010 年の時点で人口が約 2316 万人，面積は 3 万 6191 平方キロメートルで九州と同程度，2010 年の名目 GDP は，4298 億ドルで日本の大阪府（約 38 兆円）と同規模である。09 年のマイナス成長から一転して，実質 GDP の成長率は 10.88％を記録している。貿易収支も輸出型企業の伸張により，貿易収支は 265.1 億ドルの黒字であった。

　2010 年の対日輸出額は 180 億ドル，対日輸入額は 519 億ドルであり，日本は最大の輸入相手国になっている。最大の輸出相手国は中国である。国際通貨基金（IMF）が発表した購買力平価換算の 1 人あたりの GDP は，10 年に約 3 万 5600 ドルとなった（日本は約 3 万 4000 ドル）。また，IMD（International Institute for Management Development）による 11 年の世界競争力ランキングでは，世界第 6 位に位置している（日本は第 26 位）。

　そして，企業の研究開発活動という視点からみると，台湾企業の社内研究者比率は，中国に比べて極めて高い。2008 年の台湾行政院国家科学委員会（National Science Council）の科学技術動向調査のデータによれば，就業人口 1000 人あたりの研究者数は 10.6 人であった。これは日本とほぼ同規模であり，中国のおよそ 5 倍にあたる。この数字からは，研究者開発志向の日本企業との相性の良さや，技術移転を行う際の吸収能力の高さなどがうかがえ，日台間には相互理解の素地があることが期待できる。歴史的にみると，1980 年代以降，台湾のエレクトロニクス産業はその存在感を次第に増し，90 年代には世界の IT 産業全体の中で欠かせない存在として定着するに至った。そして，2008 年の世界シェアでは，液晶パネルの生産で AUO（友達光電）が第 3 位（15.1％），奇美電子（当時の CMO。現在は CMI：Chi Mei Innolux Corporation）[1]が第 4 位（11.4％），有機 EL パネルでライトディスプレイが第 2 位（21.2％），そし

1　同社は 2012 年 12 月に群創光電（Innolux Corporation）に再び社名変更を行ったが，本書中では執筆当時の社名を用いる（「台湾の奇美電子，群創光電に社名変更」『日本経済新聞』，2012 年 12 月 19 日，朝刊）

てパソコンでは，500ドル前後で小型のネットブックが急拡大したAcer（エイサー）が第3位（10.9%）とそれぞれ目立った位置を占めた。80年代まで世界のトップに君臨した日本のエレクトロニクスブランドは，いずれもこれらの台湾勢や，韓国のサムスン電子・LG電子の後塵を拝している。

1980年代から90年代の間に台湾エレクトロニクス産業が獲得した競争優位は，いったいどのような要因によるのか。本書の前半はこの問いを考えるところからスタートする。多くの既存研究では，台湾の強さをもたらすものとして，開発スピードとコスト・パフォーマンスが挙げられてきた。これらはいずれもモジュラー化に伴う徹底的な水平分業による強さであり，日本企業がすりあわせによって製品の品質やまとまりの良さを追求していることとは対極をなす。Lundvall（1992）が述べたように，ある地域のイノベーション・システムは，その地域の歴史的経緯に対して経路依存的に成立する。台湾は様々な環境条件を背景に，独自のモジュラー型産業を形成しており，日本が安易に台湾の模倣を行うことは困難であろう（第3章）。しかし，モジュラー型の効率的な製品開発に関する極端な事例を知ることによって，相対的に日本のインテグラル型製品開発の理解を深めることができると考えられる。

さらに，台湾を知ることのより重要な意義として，日本のものづくりにおける台湾とのかかわり方について考察する契機となりうることが挙げられる。これが本書の後半の議論である。

周知のとおり，エレクトロニクスのデジタル化の進展に伴って，製品のコモディティ化が促進している。コモディティ化とは，製品カテゴリー内においてメーカーごとの違いがなくなり，価格が低廉化することをいう。日本企業の多くはこれまで製品差異化による優位性の獲得をめざし，そこで成功を収めてきたが，今日では価格競争の渦に巻き込まれてしまった。価格競争に陥った企業は，より低コストでの生産が求められる。そのためには，製品開発の仕組みの中にモジュラー型の要素を取り入れるなど，開発の効率化が図られる。この点に関して，日本のものづくりにとって，台湾は理想的なパートナーとなりうる。ここで日本が開発の効率化を図ることは，単なるすりあわせ型からモジュラー型への転換を意味しない。日本が得意なすりあわせ型の強みを生かしながら，モジュラー型の効率の良さを取り込んでいくことが必要である。こうした日本の製品開発におけるコモディティ化への対応という文脈で，より台湾に関する

理解を深めることが求められる。

　一方，台湾においても産業の仕組みに変化が見られるようになってきた。エレクトロニクス産業の中でもとりわけモジュラリティの高いパソコンなどのIT産業は最もコモディティ化が進んでおり，収益性が悪化している。このような状況で，台湾エレクトロニクス産業は，IT機器だけでなく，TVや携帯電話といったデジタル家電の製品開発に注力するようになっている（第4章）。民生用機器であるデジタル家電は，技術を源泉とした客観的な機能・性能によって製品が顧客に評価されるとは限らない。これは，顧客が製品や技術に関する知識や情報を十分に有していないことにより，このことが企業に市場の不確実性をもたらしている。不確実な民生市場に対応するためには，適切な製品コンセプトの立案が必要であるが，それは，OEM（Original Equipment Manufacturing；受託製造）/ODM（Original Design Manufacturing；受託開発・製造）ビジネスを得意としてきた台湾には経験の乏しい分野である。実際に，適切な製品コンセプトに基づき首尾一貫した製品開発を行うため，台湾が日本的なすりあわせ型の製品開発を取り入れようとしている動きがある（第8章）。

　このように，現在日本と台湾では，お互いがお互いのものづくりの良さを取り入れようとしている。これは，長期的な凋落傾向にある日本のエレクトロニクス産業にとっては好ましい状況である。水平分業により低価格の製品を作ることに長けた台湾の企業を単に競合として捉えるのではなく，相互補完的なパートナーとなるような仕組みを勘案していくことで，安価で質の高い製品の開発が可能になりうるからである。

第2章

台湾エレクトロニクス産業発展の歴史

長内　厚・陳韻如

　前章でも述べたように，台湾のエレクトロニクス産業の競争力は，徹底的な水平分業による開発スピードとコスト・パフォーマンスの向上がその源泉となっている。これは，日本のものづくりが，巧みなすりあわせによって製品の品質やまとまりの良さを極限まで追求していることと対極をなしている。このような違いは何によってもたらされたのであろうか。

　1970年代まで，台湾にはローテクな白物家電のメーカーは数社存在していたものの，ハイテク産業は全く存在していなかった。台湾エレクトロニクス産業は80年代のIT・半導体産業の勃興を契機とし，短期間に強い国際競争力を有するに至った。この急速な成長には，台湾政府の経済政策が奏功したとの指摘がある（青山，1999；Mathews, 1997）。一般に，政治経済的な要因は状況特殊的なものづくりの組織やプロセスの形成に影響を与える。台湾の政治経済を取り巻く特殊性を考えると，なおさらのこと台湾の産業構造の背景として存在する歴史的，環境的条件を無視することはできない（長内，2007a）。既存研究においても，劉・朝元（2003）は，戦後台湾の産業組織のありようが歴史的社会的条件によって規定されていることを示した。また王（2003a）は，台湾における経営資源の制約が台湾半導体産業の特徴的な産業構造をもたらしたと指摘している。

　ここでは，台湾の政治経済史を振り返ることで，台湾エレクトロニクス産業が，どのようにして現在のモジュラー型産業を形成したのか，その要因を探ることとしたい。

1. 台湾の近現代史

　台湾の政治経済的環境は，常に外的要因によって大きく変化してきた。古くはオランダ統治時代があり，その後，日本による統治を経験し，さらに第2次世界大戦が終結した1945年9月以降は大陸から移動してきた国民党勢力が政権を握るなど，台湾の状況はその都度大きく変貌してきた。また，71年には，国連における中国を代表する政府が台湾政府から北京の中華人民共和国政府に移るという，いわゆる国連代表権問題が生じ，国際社会での孤立が深まったことも台湾の産業に大きな影響を与えてきた。

　1970年代以降の台湾の政策方針を一言で言えば，経済競争力の強化によって政治的なプレゼンスの低下を補おうというものであった。このことが台湾新興工業地域に押し上げる重要な契機となった（長内，2007a）。以下，諸外国による支配時代，国民党政権初期，国連脱退後の3つの時期にわけて台湾の歴史を記述する。

1－1．諸外国による支配時代（～1945年）

　戦後に国民党政権が樹立するまで，台湾はオランダ，中国清朝，日本といった外来政権の支配を受けてきた。日本統治時代の頃まで台湾では農業が中心的産業であった。オランダ統治時代から農地の開発が進み，主に自給自足の食糧としての米を生産する傍ら，輸出のために砂糖キビの栽培を行っていた。

　その後，日本統治時代を経て台湾経済の近代化が訪れた。台湾の言論界において日本による統治時代を肯定的に評価する主張がなされることもあるが（黄，1996），日本統治の是非を論ずることは本稿の目的ではない。民族自決の原則に反して外国政府が他国を支配することは決して認められることではなく，筆者らにもそれを肯定する意図はない。ここでは，当時に日本が執った施策が，戦後の台湾産業形成にどのような影響を与えたか，その事実関係を可能な限り客観的に整理したい。

　日本統治政府は台湾の財政を安定化し，経済近代化を発展させるために2つの重要な政策に取り組んだ。そのひとつが，台湾銀行などの金融機関の設立であった。台湾銀行の設立によって，台湾の通貨が円に統一され，日本国内と同

様に金本位制になり銀行券の流通も始まった。次に工業化の基礎となるインフラ整備を行った。工業化を進めるため，台湾南北縦貫鉄道の建設や，海運の育成，灌漑工事，火力発電所の建設，鉱山の開発などがなされた。これらの資産は，戦後の台湾工業の発展にも大きな影響を与えている。

　さらにインフラ整備の推進は，三井物産や三菱商事など多くの日本企業の台湾進出を促し，台湾に流入した日本資本は10年間で5倍に急増した（喜安，1997）。台湾経済の発展に伴う日本資本の流入により，現地の家内制的な既存企業は瞬く間に淘汰された。生産の主体が日本企業に変わり，独占化が進んだ。日本企業は金融機関だけでなく，石油，製糖業，塩業，造船，セメント，農林，工鉱業，機械などの主要産業をほぼ独占した。さらに，1937年の日中戦争開始前後，日本は戦争に備えるため，台湾経済の工業化をさらに推し進めた。そして40年には台湾の工業総生産額が農業の総生産額を上回った[1]（渡辺・朝元，2007）。このように，結果としてではあるが，日本統治時代に台湾経済の工業化の基礎が築かれた。

1－2．台湾における国民党政権初期（1945年～1960年代）

　1945年の日本の降伏を受けて，台湾は中国へ返還された。中国・南京の国民党政権は日本統治時代の主な政府機関や官営企業，民間企業の資産を接収・再編した[2]。接収された企業のうち，金融機関の多くは省営（台湾省直轄事業）となり，中国鋼鉄，中国造船，中国石油化学などの主要な製造業は官営企業となった。日本統治時代に築かれた経済基盤は破壊されずに国民党政権に引き継がれた。台湾の主要産業が政府の所有となったことで，戦後の台湾経済発展は国民党政府主導で進められるようになったのと同時に，政府には巨大な資本が集中することになった。

　巨大資本を背景に官営企業は台湾経済の主要なプレイヤーとなったが，反対

1　例えば，機械・金属・化学の重化学産業を進めるための国策会社の台湾拓殖，台湾電力，台湾瓦斯などが相次いで設立され，食品加工業や繊維工業も振興された（喜安，1997）。
2　1947年までに接収された公共機関は593件，民間企業は1万2955件，私有財産は4万8968件であった（伊藤，1993；喜安，1997）。その接収資産額は109億9090万円であり，当時日本の一般会計予算歳出が2142億円強であったことから，接収された資本の膨大さがうかがえる。

に民間部門は資本不足に陥っていた。その結果，大企業は官営企業，中小企業は民間企業という台湾独特の二重構造が次第に形成されるようになった（劉・朝元，2003）。このような官営企業中心の産業構造は1980年代前半まで続く（交流協会，2006）。

そして，台湾の産業が政府に支配される状況は，中華民国（南京）政府の台湾移転の後も続いた。国民党政権は中国本土における共産党との内戦で次第に不利な情勢に立たされた。1949年10月に中国共産党による中華人民共和国の建国宣言を受け，国民党政権の敗退は決定的となり，12月には，国民党政権は政府の台湾移転の声明を出した。政府の移転に伴い，大陸から大量の人口が台湾になだれ込んだ。

さらに1950年に始まった朝鮮戦争をきっかけに中国とアメリカの関係が悪化すると，アメリカが支援する台湾も中国共産党の反発にあった。58年に中国共産党軍は，台湾政府の支配地域である金門島と馬祖島への砲撃を開始した[3]。これを受け，国民党は大陸復帰方針の見直しを行い，台湾を「復興基地建設の地」と位置づけ，台湾経営に積極的に力を注いだ。国民党政府は混乱のなかで自らの政権の正当性と台湾の安定化を図るため，より強権的な経済政策を推し進めていた。

背水の陣ともいえる状況下で，国民党政府は1950年代から20年間にわたって「経済建設四ヵ年計画」を行った。これらの経済政策は，その後の台湾の工業化を促進し，また台湾産業構造のあり方にも大きな影響を及ぼした。

四ヵ年計画推進に必要な資本は，アメリカの援助と諸外国の資本（外資）の導入によってまかなわれた。アメリカの援助は1951年から65年まで続き[4]，アメリカの国際収支が悪化した後も民間企業の台湾への投資は奨励された。台湾

---

[3] いわゆる金門砲戦。この戦いは，台湾では「八二三砲戦」と呼ばれている。1958年8月23日，共産軍は厦門（アモイ）から金門島・馬祖島に砲撃を開始し，砲撃は10月24日まで続いた。中華民国軍の守備隊がそれに応戦し，アメリカも台湾海峡に軍艦を配置し共産軍を牽制したが，アメリカは動乱を恐れたため，国民党から大陸復帰放棄の約束を取り付けた（喜安，1997）。金門島・馬祖島は現在も台湾政府の支配下にあるが，台湾政府の行政区分上は，台湾省ではなく福建省であり，金門島に「中華民国福建省政府」が置かれている。

[4] アメリカの援助は1965年に一応終止符が打たれたが，その後も「余剰農産物の供与」という形の援助が68年まで続いた。冷戦期における台湾の地理的重要性から，アメリカによる台湾支援は，諸外国援助の中でも最も手厚く行われていた（喜安，1997）。

側もそれに応じて，60年まで様々な投資条例を制定し，外国人や華僑などからの外資受入れ準備を整えた。アメリカの援助が打ち切られた65年には，台湾は日本政府から1億5000万ドルの円借款を受けて，資金不足分を補った。この借款により，日本資本が再び台湾に呼び込まれ，家電をはじめ医薬，繊維，食品，バルブ，コイル，抵抗器，その他のエレクトロニクス，機械部品，工具などの日本企業が合弁という形で台湾に進出し始めた。

一方，台湾産業界自身にも変化が生じていた。政府の「経済建設四ヵ年計画」に始まり，1950年代の「輸入代替工業化」，60年代の「輸出志向工業化」といった政策を経て，50年代初期にセメント，繊維，肥料，パルプ，ゴムといった原材料生産が中心であった台湾経済の産業構造は，60年代には輸出向け工業製品の生産主体に変化した（劉・朝元，2003；渡辺・朝元，2007）。特筆すべきは，この時期の台湾経済の成功の象徴として，世界初の加工輸出特区が創設されたことである。加工輸出特区は輸出専用の製品を生産する経済特別区であり，台中と台湾南部の高雄に開設された。区内では外資導入と外貨の獲得，および技術移転に対する優遇措置がとられ，多くの外国企業はその優遇措置に引き寄せられて台湾へ進出するようになった。この経験は，中国大陸を含む多くの途上国のモデルケースとなった。

これらの資金援助と経済政策を背景に，台湾産業の重工業化が進んだ。輸出品目における工業製品の比率が1952年の8.1％から66年には50％以上に達したことは，台湾経済のダイナミックな構造変化を物語っている（渡辺・朝元，2007）。

また，この時期には，その後大きな発展を遂げる多くの民間企業の創業が相次いだ。台塑（樹脂生産やプラスチック加工業），新光（紡績業），奇美（化学工業）など，現在の台湾を代表する多くの有力財閥は，この時期に創業したものである。

1－3．国連代表権問題と経済発展

国民党政権下の台湾は，順調に経済発展を遂げていたが，国際政治における大きな環境変化が，台湾にも大きな影響を与えた。第2次世界大戦後，北京の共産党政権が中国大陸全土の支配権を確立してもなお，国連においては台湾の中華民国政府が「全中国を代表する政府」として議席をもち，安全保障理事会

の常任理事国でもあった。中華人民共和国に対しては，ソ連（現ロシア）が1949年に政府承認を与え，50年代には東欧諸国やイギリスも北京政府を承認したが，多くの国は依然として台湾政府を承認していた（杉原・水上・臼杵・吉井・加藤・高山，2007）。わが国も51年12月24日の吉田書簡により，対日講話の相手方として中華民国政府を選択する旨を発表して以来，中国を代表する政府として台湾政府を承認していた。

米ソ冷戦が続く中，アメリカも当初は国民党政権を支持していた。しかし，中ソ対立などの状況の変化を契機として，次第に北京政府との接触を強め，1971年7月15日にアメリカは大統領の訪中を示唆する声明を発表した[5]。さらに同年, アルバニアによって国連総会に提案された決議第2758号[6]（いわゆるアルバニア決議）が可決され，国連総会は中華人民共和国の北京政府が国連における唯一の中国の代表であることを承認するとともに，国連安保理の常任理事国を含む，台湾政府がそれまで保有していた国連におけるあらゆる立場から台湾政府を追放することを決定した[7]（United Nations, 1974；杉原他，2007）。

わが国は，1971年のアルバニア決議には反対票を投じたが，翌72年の日中共同声明で「日本国政府は，中華人民共和国政府が中国の唯一の合法政府であることを承認する」として，台湾との断交を行った。台湾は，この対日断交に続いて79年にはアメリカとも断交し，国際社会での孤立が一気に深まった。

国際社会で岐路に立った台湾は，内政でも新たな時代を迎えていた。1975年前後に蒋介石から長男の蒋経国に政権交代が行われた。蒋経国政権は苦境を乗り切るために政治経済の主導権を政府に集中・強化させた。73年には経済面での安定化を図り「十大建設」をスタートした（1973〜77年）。それとその後継計画の「十二建設」（78〜82年）[8]は，日本と同様に資源不足を輸出産業で

5 　いわゆるニクソン・ショックである。この声明は世論に大きな影響を与えた。
6 　UN Doc. A/RES/2758（XXVI），25 October 1971.
7 　この決定を受け，台湾政府は国連からの脱退を表明した。しかし，国連は，中華人民共和国は中華民国の承継国であり，1971年の決議は中国の政府承認が台湾政府から北京政府に変更したというものであるという立場をとっており，中華民国の脱退を認めていない（United Nations, 1974）。
8 　「十大建設」では桃園国際空港第1期工事，南北縦貫高速道路建設，南北縦貫鉄道の電化・複線化，台中港建設などインフラ建設やエネルギー開発，重化学工業の建設に重点が置かれた。その後の「十二建設」も継続的にインフラ建設や農業機械化などの事業を推進した。

補うことを目的としていたが，インフラ整備に伴う公共事業の特需によって，同時期に生じたオイルショックによる需要不振のダメージを最小限に食い止めるという思わぬ副産物が生じた。これを機に，台湾は新興工業経済地域（NIES）の旗手として韓国，香港，シンガポールをリードし，世界で脚光を浴びるようになった（OECD, 1979）。

そして，1970年代の公共事業中心の経済政策に代わって，80年代の経済建設計画では科学技術に主眼が置かれ，政府は従来の重工業から高付加価値のハイテク産業にシフトする方針を打ち出した。その背景には労働力の不足やオイルショックで需要が低迷した重工業の発展に限界が生じたことがあった（渡辺・朝元, 2007）。十大建設や十二建設の構想では鉄鋼や造船業を官民合弁方式で運営する予定であったが，これは需要低迷により民間資金が集まらず挫折した。しかし，石油化学産業では政府部門と民間部門の共同運営が比較的に順調に行われた。この産業では，川上段階は官営企業，川中・川下段階は民間企業がそれぞれ運営母体となり，80年代の台湾経済の発展を牽引する役割を果たした。このような官民分業の運営方式が後にハイテク産業の育成にも援用されたと考えられる。

台湾ハイテク産業の創出は，国連代表権消失後の1974年に政府が策定した半導体計画に端を発する。国連代表権問題と台湾の半導体産業の創出がときを前後して生じたのは偶然ではない。半導体産業育成のひとつのねらいは，孤立した台湾政府の存立基盤を強い経済力におくことであった。両岸関係（台湾と中国との関係）の対立が深まる中で，安全保障関連予算が増加した。政府はそのため安定した財源を求めるとともに，国際社会での政治的立場の消失を経済的立場で補うことを企図した。台湾経済が国際社会の中でプレゼンスを示すために半導体産業に白羽の矢が立ったのである。さらに，もうひとつのねらいは，アメリカからの軍事支援の減少を補うため，軍事技術の内製化と近代化を進めることであった（長内, 2007a；神吉・長内・本間・伊吹・陳, 2008）。台湾半導体産業育成の初期の目的には，軍事技術強化という要素も強かったのである。

1979年に，ハイテク分野への新たな外資導入と技術移転の受け皿として「科学工業園区（サイエンス・パーク）」が台湾北部の新竹に創設された。新竹サイエンス・パーク（HSIP；Hsinchu Science based Industrial Park）は，政府主導の産官学の連携によりめざましく発展した。民間資本によるハイテク産業

投資を刺激し，台湾版シリコンバレーと呼ばれるほどの成長を遂げている。80年代前半までは，民間資本で売上高上位10社にランクインしたのは，前述した石油化学産業の台塑グループのみであった（交流協会，2006）。しかし，半導体産業を皮切りにパソコン産業，液晶産業などのハイテク・エレクトロニクス産業が勃興した90年代以降には，企業ランキングの上位にはこれらのエレクトロニクス分野の民間企業が名を連ねるようになった。

　以上が，台湾のエレクトロニクス産業発展の経緯である。今日でこそ，台湾といえばハイテクのイメージが連想されるが，これらの産業が台湾の主要産業になったのは，ここ20年ぐらいの話なのである。

2．台湾型エレクトロニクス産業の形成

　サイエンス・パークと政府主導の産業育成について，もう少し掘り下げることにしよう。これまでみてきたように，戦後の台湾経済は，その初期においては，官営企業による基幹産業の独占と脆弱な地場民間企業という二重構造が形成されていた。こうした二重構造が産み出された背景には，アメリカから得た経済援助を政府が官営企業に投入していたことがある。上述のように台湾政府が外貨の獲得と政府主体の経済活動に積極的であったのは，政治的な緊張感と，軍事的・地政学的な劣勢を経済力によって補おうとしていたものと考えられる。

　その後の台湾経済の発展においても政府部門の役割は非常に大きかったが，二重構造は次第に解消されていった。いくつかの先行研究では，二重構造解消の要因として，アメリカの援助や日本の円借款などの外資の流入が，地場企業の起業など活性化をもたらしたことを挙げている（劉・朝元，2003；陳，2003）。外貨の流入によるマネーサプライの増加が，民間部門の活況にプラスに影響したことは間違いないだろう。しかし，民間部門の成長，とりわけ，台湾の産業構造を大きく変貌させたハイテク・エレクトロニクス産業の勃興に関しては，政府部門が積極的に民間企業の育成をサポートしてきたことも大きな影響を与えたようである。

　台湾エレクトロニクス産業のハイテク化は，1970年代後半の半導体産業育成政策に始まった。後で詳説するが，台湾半導体産業の黎明期には，政府主導の産業育成が民間部門参入の呼び水となっており，民間企業の自発的な参入が

あったわけではなかった。

台湾におけるエレクトロニクス産業の起源は，1964年，アメリカの電子部品メーカーであるゼネラル・インスツルメンツ（GI）の台湾進出に溯る（水橋，2001）。GIの進出は，日本の対米テレビ輸出攻勢に対抗するというねらいがあった。そして低賃金の労働力を求めて多くのアメリカのテレビメーカーが台湾に進出した。その後，アメリカ企業からのスピンオフや合弁という形で台湾に地場のエレクトロニクス産業が築かれた。これは，台湾におけるエレクトロニクス産業の萌芽ではあったが，その後の半導体産業のめざましい発展は自然な成長の産物ではない。1960〜70年代の台湾エレクトロニクス産業は，技術的にも事業としても国際的な競争力を有していなかった。あくまで安価な部品の供給基地に過ぎなかったのである。図表2−1は，初期の台湾半導体産業の技術レベルを示したものである。台湾の半導体研究は大学のラボレベルに留まっており，GI，フィリップス，TI（テキサス・インスツルメンツ），RCA（アメリカ・ラジオ会社）といった外資系企業からの技術移転も製造技術に限定され，その多くもパッケージと呼ばれる技術レベルの高くない後工程の技術であった（半導体産業については後述する）。当時，台湾で前工程も含めた製造設備を持

年代	機関名	技術ソース	半導体種類	技術レベル
1964	交通大学（台湾）		IC	実験工場設立
1965	交通大学（台湾）		IC	実験工場でのIC製造
1966	高雄電子	GI	トランジスタ	組立
1967	高雄電子	GI	IC	組立
1969	建元電子	フィリップス	IC	組立
	環宇電子		トランジスタ・IC	組立
1970	台湾TI	TI	IC	組立
	菱生精密工業		IC	組立
1971	RCAと台湾安培	RCA	IC	組立
	華泰電子		IC	組立
1973	萬邦電子		トランジスタ	生産（ウエハー加工）
1974	集成電子	交通大学(台湾)	トランジスタ	生産
1975	交通部電信研究所		IC	IC設計と製造

出所：佐藤（2007）

図表2−1．台湾半導体産業の初期の技術レベル

った企業は萬邦電子の1社のみであり，その萬邦電子にしても，ICを生産しないトランジスタ専業企業であり，諸外国のエレクトロニクス企業とは大きな技術格差が存在していた（佐藤，2007）。

　台湾エレクトロニクス産業の転換は，1970～80年代の政府によるハイテク産業育成政策の実施と，政府系研究所である工業技術研究院（ITRI：Industrial Technology Research Institute）の発足がきっかけとなった。ITRIは，聯合工業，聯合鉱業，金属工業の既存企業3社が有する3つの研究所を政府が主導して合併することで発足し，先進科学技術の開発と産業化を目的としていた（洪，2003）。当時，台湾のエレクトロニクス企業の多くは，莫大な投資を伴う半導体開発やPC産業への参入には及び腰であった。ITRIは，まず自ら技術・製品の開発を行い，民間企業に手本を示した。また，ITRIは単なる研究開発機関に留まらず，民間企業の人材育成や業務サポートも積極的に行い，台湾の半導体産業とPC産業を軌道に乗せるのに重要な役割を果たした。[9]

　半導体産業の育成に関しては，政府が1974年に「IC計画草案」を策定し，同計画の実施をITRI内に新設された電子工業研究所（ERSO：Electronics Research and Service Organization）に委託した。当時，台湾の既存の半導体技術はなきに等しかったので，ITRIは研究開発の対象をCMOS（Complementary Metal Oxide Semiconductor）関連技術に限定した。また，CMOS関連技術の全てを独自に開発するのではなく，CMOSの製造プロセス技術については，アメリカのRCAから技術導入を受け，限られた予算とスケジュールの中で効率的な事業化を目論んだ。その結果，台湾半導体産業は早期に技術レベルを引き上げ，先進諸国にキャッチアップすることができた。

3．新竹サイエンス・パークの果たした役割

　ITRI自身が半導体技術開発において成果を向上させても，それは技術的な

---

[9] PC産業においては，政府が1979年にスタートした「コンピュータ工業技術発展4ヵ年計画」に基づいてITRI傘下のERSOに先鞭をつけさせた（劉・朝元，2003）。1983～86年の間に，ERSOは台湾初のBIOS, OS, IBM互換機の開発，民間への技術移転を担っただけではなく，民間企業が生産した製品を輸出するための諸検査やライセンス契約のとりまとめ窓口としても機能し，民間企業のPC産業参入と発展に貢献した（劉・朝元，2003）。

成果に過ぎず，事業としての成果がもたらされたわけではない。ITRIの活躍だけでは，問題を半分しか解決していなかったといえる。むしろ課題であったのは，半導体事業への参入に消極的だった民間企業に対して，いかに技術移転を行い，事業化までサポートするかということであった。また，ITRIは，常に民間部門に先駆けて先進技術分野を開拓することが使命であった。そのため，確立した技術分野に留まることはせずに，事業化後は新たな研究分野に速やかにシフトする，プロジェクト達成後の戦略的撤退（Strategic Exit）を常に意識しなければならなかった。[10]

これらの課題を解決するために進められた政策が，新竹を半導体産業の集積地とするHSIPの設立であった。HSIP設立にあたり，台湾政府はシリコンバレーやルート128，ノースカロライナトライアングルといった成功した産業集積を視察した。そして，それらの経験をベースにして，1979年に「新竹科学工業園区準備委員会」を発足させた。この際，新竹の地が選ばれたのは，50年代に国立清華大学や国立交通大学が設立されており，電気電子工学分野の優秀な人材が輩出される土壌があったためである。また，ほぼ同時期に中正国際空港（現在の桃園国際空港）の開港が予定されており，アクセス面の利便性が考慮されたことも一因とされる。そして引き続いて，「科學技術發展方案」，「科學工業園區設置管理條例」などが策定され，経済部の国家科学委員会が主導機関であること，HSIPを国家政策として発展させることが表明された。こうした法律面の整備も受け，HSIPの運営は80年12月に開始された。

しかし，政府の思惑とは裏腹に，HSIPの開設時の入居企業数は14社にすぎなかった。当時の台湾が国内に有していた資源は技術・人材ともに乏しく，既存企業も半導体産業への投資に消極的であった（佐藤，2007）。初の入居企業となったのは，半導体プロジェクトからスピンオフしたUMC社[11]であった。必ずしも恵まれた条件でスタートしたとはいえないHSIPであったが，1980年代におけるUMC社やTSMC社[12]の成功事例などを経て，2005年には入居企

10　史欽泰・元ITRI院長へのインタビュー調査による。
11　UMCは，台湾の半導体メーカーである聯華電子（United Microelectronics Corporation）の英語名称の頭文字をとった同社の通称である。
12　TSMCも同じく台湾の半導体メーカーである台湾積体電路製造公司（Taiwan Semiconductor Manufacturing Company）の英語名称の頭文字をとった同社の通称である。

業数が400社に上った。2006年当時，HSIPには半導体産業をはじめ，PC関連，通信関連など6つの産業に関する企業が入居している。[13]入居企業の売上高の推移を見ると，92年に半導体産業がPC産業を抜き，HSIPの主要産業になった。2005年には，台湾の半導体製造業の総生産量は世界第4位，ファウンドリー製造は世界第1位，半導体デザインは世界第2位であった。半導体産業，特に半導体の製造に関して，台湾全体の売上げの大半はHSIP入居企業のものである。なお，他地域のサイエンス・パークとは違い，HSIPの入居企業はそのほとんどが台湾企業である。

　決して順調とはいえなかったHSIPが成功したのはなぜだろうか。それは，ITRIが新たな半導体技術の創出にとどまらず，HSIPにおいて新たなビジネスの形態を生み出したためである。ITRIは，既存企業への技術移転ではなく，スピンオフという形で多くの新興中小企業を作り出すことで，自らの研究開発の成果を産業界に放出していった。また，半導体の開発と製造を分割し，それぞれをファブレス，ファウンドリーと呼ばれる専業企業が担う，ファブレス＆ファウンドリーと呼ばれる分業体制を導入した。これらを担うベンチャー企業もHSIP内に設立され，スピンオフ後もITRIと密接な関係を保った。

　同じ半導体産業でも，日本や韓国では，大手のエレクトロニクス企業が，社内で半導体製品の企画・開発・製造を一貫して行う，IDM（Integrated Design Manufacturer）と呼ばれる事業形態を採っていた。装置産業である半導体産業は規模の経済が効くため，同じ製品を大量に安く作るためには，IDMは最適な事業形態である。しかし，ITRIは大規模製造専業企業であるファウンドリーを作り，規模の経済性に関わる製造工程をそこに集中させた。一方，半導体製品の開発業務は，製造設備をもたないファブレス企業に行わせていた。ファブレス企業は文字通り工場を持たないため大資本を必要とせず，様々な製品のアイデアをもったベンチャー企業の参入が可能である。そのようなファブレス企業がHSIP内に生み出され，小ロットで多様な製品開発にも柔軟に対応できるようになった。ITRIは効率的な半導体製造に特化したファウンドリーを作り，民間企業がファブレス企業として少ない投資によって半導体開発に専念できる環境を作り出したのである（長内，2007a）。ITRIによるファブレス

13　残りの3分野はバイオテクノロジー，光学，精密機器である。

&ファウンドリーのビジネスモデル創出の過程は次章でさらに詳しく述べる。

HSIPにおける開発の分業と製造の集中による台湾のモジュラー型製品開発の仕組みは，その後，液晶産業（新宅・許・蘇，2006；簡，2007）やPC，家電製品の開発（立本，2007；長内，2009a）にも応用され，台湾のエレクトロニクス産業の大きな特徴となっている。

現在HSIPは飽和状態であり，サイエンス・パークは近隣地域をはじめ台湾全域に建設されている。さらに近年では，中国においてもサイエンス・パークの建設が行われているが，これもHSIPをモデルにしたものである。このように，サイエンス・パークの形成や複製が進められていることも，HSIPの成功を物語っている。

4．むすび

台湾において，半導体産業で確立した政府主導によるR&Dのシステムが，民間企業に受け入れられ，広くエレクトロニクス産業に応用されたのはなぜだろうか。筆者らが，研究過程で行った台湾の政府関係者，民間企業経営者，エンジニアなどへの聞き取り調査を総合すると，以下のような背景が見えてきた。

まず，多くの台湾人経営者や佐藤（2007）などが指摘する，独立を志向する「台湾人気質」の存在である。台湾では大企業で中間管理職になるよりも，小さくても企業のトップに立ちたいと思う傾向が強いと，多くの台湾人が指摘している。これはそもそも独立独歩の価値観が強いということでもあるのだろうが，優秀な人材が特定の科学領域でひしめき合って競争している環境とも関係があるかもしれない。第9章では，台湾徴兵制度における代替役の制度が，台湾の主要産業に優秀な人材を集中させる原動力になっていることを示している。台湾は日本にまして大学受験が熾烈な学歴社会である。2000万人あまりの限られた人口にもかかわらず，特定の科学領域や産業に人材が集中することで，活発な競争が生じ，多くの優秀な人材が育成されている。こうした優秀な人材は，自らのアイデアや技術を生かすためにも，自ら意思決定を行える企業経営者を志向しているのではないだろうか。

第2に，大陸中国との継続的な緊張関係が，産業政策の立案・実行において大きな牽引力となっていたことが考えられる。先述のように，台湾の半導体産

業創出には，国防の内製化や経済力の向上により，台湾の独自性を確保するというねらいが存在していた。これらは，台湾と中国との間に横たわる政治的な対立による緊張感が生み出している。個々の企業が，自社の利潤を追求するとともに，台湾経済の発展を重要視し，それが，自らの安全保障上の安定にもつながっているという認識があるように思える。こうした認識が，台湾人経営者の独立志向と相まって，効果的な水平分業システムを構築したのではないだろうか。これについては，第3章で改めて触れることにしよう。

　第3に，これは2つめの要因と関連するが，台湾政府の統治下の台湾という現在のレジームの不確実性も，台湾独自のR&Dシステムの形成に影響していると考えられる。現在の台湾，中国の政府はともに「2つの中国」という考え方を否定しており，台湾の存在は，あえて政治的に白黒をつけずに黙認された状態にある。台湾の企業経営者の多くは，こうした現在のレジームが，長期的に何の変化やリスクもなく継続するだろうと考えるほど楽観的ではない。台湾人経営者へのインタビューの中で「台湾というレジームが長期的に考えられないのであれば，その中の民間企業も長期的な企業戦略は立てられない」という指摘がしばしば見受けられた。すなわち，台湾という枠組みそのものの不確実性への対応手段として，長期的な投資と見返りを期待する垂直統合型の仕組みを台湾の中で構築するよりも，柔軟性と機動性をもった中小企業の集合体として産業界が存在するほうがより好ましいと，台湾企業は考えている節がある。

　これらの政治経済的な背景のもとに，台湾のモジュラー型製品開発の仕組みは存在している。台湾の政治経済の状況は，制約が多く恵まれた環境とは言えない。しかし，そうした制約が，台湾の産業を強化し，現在の台湾エレクトロニクス産業の競争優位の源泉となっているのではないだろうか。

第3章
半導体産業創出とモジュラー型産業構造の形成

長内　厚

　本章では，新竹サイエンス・パークにおけるITRIの果たした役割を中心に，台湾半導体産業の創出とモジュラー型産業構造の形成プロセスについて論じる。

　ITRIによる半導体産業創出事例には，次の2つのインプリケーションがある。ひとつは，研究部門が明確な将来の事業モデルのコンセプトをもつことによって，技術と事業の統合が促進され，台湾半導体産業が後発ながらも急成長を遂げて世界トップレベルの競争力を有するに至ったということである。もうひとつは，新竹サイエンス・パークにおいては，ITRI，ファブレス企業（IC開発事業者），ファウンドリー（半導体製造事業者）の3者が，それぞれ技術開発，製品開発，製造の役割を分担することによって，新竹サイエンス・パーク内の研究所・企業群が全体としてあたかもひとつのR&Dシステムのように機能しているということである。これは，今日の台湾のエレクトロニクス産業全般に共通してみられる，高度にモジュラー化した産業特性に通じている。

1. 事業コンセプトと技術統合

　優れた技術は競争優位の源泉となりうるが（Freeman, 1982; Barney, 1991），市場で消費者の評価にさらされるのは技術そのものではなく，技術が組み込まれた製品である。技術開発の成果が事業成果である製品に結びつくためには，技術と事業が効果的に統合されている必要があり，この統合プロセスは技術統合と呼ばれている（Iansiti, 1995, 1997, 1998）。

　実際の製品開発においては，効果的な技術開発の多くは特定の事業コンセプトによって方向性が規定されているといわれる（Sherwin & Issenson, 1967）。事業コンセプトが技術開発の方向性を規定するトリガーとなるようなイノベー

ションの類型を沼上（1989）は「構想（コンセプト）ドリブン」と呼んでいる。

　Iansitiの統合論や沼上の構想ドリブンの議論を踏まえて，椙山・長内（2007）では，上流の研究部門が主体的に事業提案を行うことによって，技術統合が促進されることを示している。研究部門による事業提案とは，研究部門自身が独自に事業コンセプトを想起することであり，「そもそも何を研究し，何を生み出すのか」という"What to make"の議論である。一方Iansitiの議論は，既に定まった技術開発テーマのもとで，その技術シーズを製品開発にいかに効率的に応用するかという"How to make"の議論といえる（長内，2010a）。両者は（マーケティング部門に対して）R&D部門が統合の主たる担い手になることは共通であるが，特定の技術シーズを所与とするか否かに違いがある。

　技術シーズが市場のニーズによって規定されるとして，そのニーズが定まっていない場合，R&D部門の中でも上流の研究部門が技術のニーズの統合の担い手として期待される。既存のニーズが存在する，あるいは既存でなくても顧客が容易に想像できる潜在的ニーズが存在する場合の統合であれば，市場により近い製品開発部門が主要な役割を担うことが可能である（Iansitiの技術統合）。

　研究部門は，既存のニーズに関する知識や情報からは遠い存在であるが，その代わりに新しい技術のポテンシャルは最もよく理解している。将来の新しいニーズは新しい技術によってもたらされると考えられる。それをある最新の時点で最も理解できるのは技術ポテンシャルに関する知識や情報をもつ研究部門であると考えられる。よって，技術主導の事業コンセプト[1]に基づいた統合活動は主に研究部門によって行われると考えられるのである。本章では研究部門からの統合のアプローチを，Iansitiの技術統合に対して「コンセプト＝技術間統合」と呼ぶことにする。

　図表3-1にコンセプト＝技術間統合とIansitiの技術統合との違いを図示した。コンセプト＝技術間統合は，研究部門が研究を開始するにあたって，様々な事業構想の可能性の中から最適なオプションを選択して，技術開発の方向性を規定するプロセスである。一方，Iansitiの技術統合は，決定された構想に従って進められる技術開発プロジェクトにおいて，できあがった技術を製品の最

---

[1] 同じ技術主導であっても，技術の市場適合性を考慮しない場合が，技術プッシュである。技術を事業コンセプトというビジネスストーリーの文脈の中にとりこんでいる点で構想ドリブンとは異なる（沼上，1989）。

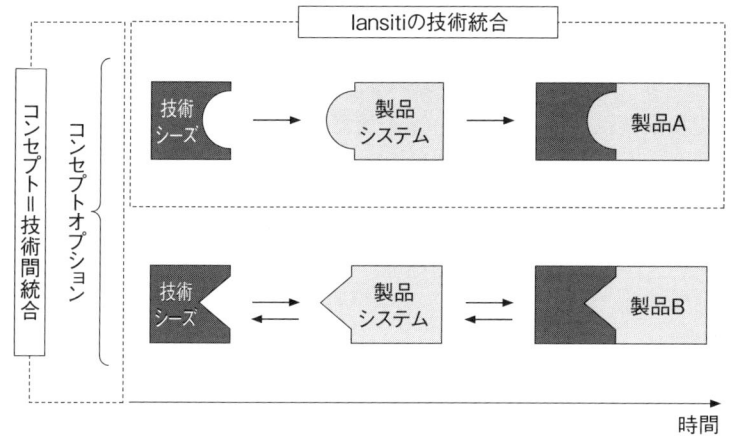

出所:長内(2007a)

図表3−1.コンセプト=技術間とIansitiの技術統合

終形態に適したものになるように適宜修正していくプロセスである。コンセプト=技術間統合は,Iansitiの技術統合理論に対する対立概念ではなく,相互補完的な役割を果たしているといえる。

2.新竹サイエンス・パークと半導体産業の創出

ITRIは,科学技術の先端研究を行う台湾政府系の研究開発機関である[2]。ITRIは,IT関連の産業集積である新竹サイエンス・パークの設立にも深くかかわり,新竹サイエンス・パーク内の半導体メーカーの多くはITRIからのスピンオフによって設立されている。これらのメーカーのスピンオフは,単なる研究所からの技術移転ではなく,ITRIにより計画された事業化活動の一環であった[3]。本節では,ITRIおよび,新竹サイエンス・パーク内の半導体製造企

---

[2] 研究機関としてのITRIの役割や性質は時代によって変化している。本章では1970年代後半から80年代前半におけるITRIの役割に着目している。
[3] この点について,元ITRI院長で台湾・国立清華大学の史欽泰教授は,インタビュー調査の中で「シリコンバレーは自然発生的に形成された産業集積であるが,新竹サイエンス・パークはITRIの半導体産業創出プロジェクトの中で計画的にデザインされたものである」

業であるUMCとTSMCの事例を示す。

本事例研究は，ITRIの院長室，技術移転・サービスセンター，電子工学・光工学研究所の各担当者，元ITRI院長で国立清華大学（台湾）科学技術管理学院の史欽泰教授，その他台湾の電子機器メーカー，半導体メーカーの担当者などに対して2006年4月から8月にかけて行ったインタビュー調査に基づいている[4]。本章の事例中の事実は，特に引用・注釈を記した箇所を除き，これらのインタビュー調査と洪（2003）および史（2003）を参照して記したものである。

2－1．新竹サイエンス・パークの設立

新竹はIT関連の企業や研究所が集まる台湾北部の都市であり「台湾のシリコンバレー」とも呼ばれている（亜洲奈，2003；陳，2003；河添，2004）。新竹が台湾IT産業の中心地となったきっかけは，1950年代の国立清華大学[5]や国立交通大学[6]などの設置に遡る。これらの大学は，台湾の産業振興や防衛のための電気電子工学技術者育成を目的として台湾政府によって設置され，今日でも優秀な人材をITRIや新竹サイエンス・パーク内の企業に輩出し続けている。

しかし，1950～60年代の台湾の主要産業は紡績，砂糖，バナナなどの農業および農業加工品であり，国際競争力は低かった（河添，2004）。エレクトロニクスメーカーも存在していたが，決して民間企業が進んで最先端の電子技術や半導体技術の開発に取り組めるような状況ではなかった（陳，2003）。

第1章でも述べたが，1971年，台湾は国連の代表権移転問題に直面し外交

と述べている。
4　本インタビュー調査は北九州市学術研究基盤整備振興基金調査研究助成事業，九州国際大学社会文化研究所共同研究助成事業の一環として行われた。
5　新竹の国立清華大学は，中国のIT産業に多くの優秀な人材を輩出している北京の清華大学（1928年創立）とは起源は同じであるが別の大学である。新竹の清華大学は，国民党政府の台湾移転後の1956年に国民党政府によって設立された。北京の清華大学同様に理工系に強い大学である（http://www.nthu.edu.tw/index-e/intro/intro.htm）。
6　国立交通大学も国立清華大学同様に上海交通大学（1896年創立）を起源として1958年に台湾で設立された理工系の大学である。交通の名称は，創立当時中華民国交通部（Ministry of Post and Transportation）所管の学校であったことに由来しており，交通（Transportation）の意味を直接的に指すものではない（http://www.nctu.edu.tw/intro/content.htm）。

的な不安定が生じていた。政府の安全保障関連予算が急増し，経済力の強化が急務となったため，最先端の半導体産業の創出と育成を計画した（河添, 2004）。73年台湾経済部長（日本の経済産業大臣に相当）の韓国科学技術研究院視察を契機として，最先端の科学技術研究を行うため，ITRIが新竹に設置された。しかし，当時の台湾企業は半導体事業進出のための技術や資本が不足していた。そのため，設立当初のITRIは，研究機関として半導体関連技術の研究開発を担うだけでなく，台湾の置かれた環境や保有する資源の現状を踏まえた現実的な事業化プランを自ら策定する必要があった。

翌1974年には，ITRIに半導体事業推進のためのプロジェクトが発足し，電子工業研究開発センターが設置された。同センターには電子技術顧問委員会（TAC：Technical Advisory Committee）が組織され，そこではITRIの半導体開発方針が検討された。プロジェクトの予算は1000万ドルと限られていたため，新設されるITRIではやみくもに全ての半導体技術開発を独自に行うことは不可能であった。そこでTACは，取り組む半導体技術をCMOS技術に特化することと，基本技術については半導体先進国であった米国から技術移転を受けることの2つの方針を打ち出した。この方針に基づいて，ITRIはRCAやナショナルセミコンダクターなど複数の米国半導体メーカーと交渉を行い，結果的には76年にRCAと半導体技術移転ライセンス契約を締結した。

ITRIがRCAとのライセンス契約に踏み切った理由は，①RCAのCMOS技術の完成度の高さ，②RCA特許の開放，③ITRIの人材育成への協力の3点であった。このうち人材育成への協力については，10年契約のうち前半5年を基本技術移転期間とし後半5年をITRIの技術者のRCAにおける研修期間とすること，およびRCAが延べ300人規模のITRIからの研修生を受け入れることの2点が取り決められた。

ITRIがCMOS技術にこだわったのはそれが民生用途に転用しやすい技術であったためである。この時期すでにITRIは開発する半導体技術の事業用途を想定しながら開発プランを立てていたことがうかがえる。また，ITRIが当初から事業化を意識していたことは，ライセンス契約の人材育成プランにも表れている。ITRIからの研修生がこれだけ大規模であったのは，本来の半導体技術開発の技術者の養成だけでなく，半導体製造，製造設備，評価試験の事業化に向けた人材育成を目論んでいたためであった。

ITRI内部に半導体技術の蓄積が進む一方で，台湾政府は新竹に半導体産業育成のための産業集積の建設を始めた。1979年に入ると新竹科学工業園区準備委員会を発足させるとともに法律の整備を進め，80年12月に新竹サイエンス・パークの運営は開始された。新竹サイエンス・パークでは，関税，法人税，部品税などの減免の特権の他，外国企業の収用を行わないことの保証や，政府による助成や投資に関する優遇措置が取り決められていた（台灣經濟部工業局，1996）。
　しかし，こうした様々な優遇措置があったにもかかわらず，新竹サイエンス・パーク開設当初の入居企業数は14社に過ぎなかった。それは依然として台湾の既存企業においては，技術・人材・資本が不足しており，半導体産業への参入を躊躇していたためであった。このような状況であったため，ITRIは半導体開発技術や製造技術の確立だけでなく，ITRIが率先して事業化を行い模範となる事業モデルを示すことによって，台湾企業の半導体産業参入を喚起するという役割を果たさなければならなかった。

２－２．ITRIによる技術開発とスピンオフ―UMCの事例―

　1977年にはRCAでの技術者の研修と並行して，ITRIに半導体製造のための試作工場の建設が進められていた。78年には完成した試作工場において3インチウエハーによる半導体製造が開始された。この時ITRIは，IC開発から製造，検査に至るまで，全てのプロセスにかかわったことによって，個々の要素技術あるいは生産技術との間に生じる問題を早期に把握，解決することができたと史教授はインタビューの中で述べている。実際，RCAでの生産歩留まりが50％前後にとどまっていたのに対し，ITRIでは試作の段階で70％を越えていた。半導体製造にかかるコストは大半が固定費であるため，歩留まりの改善は価格競争力に直接的につながっていた。
　ITRIでの半導体製造が価格競争力を有するようになると，試作工場での半導体生産は徐々にビジネス志向に転向するようになった。当初，試作工場で生産された半導体は，製造原価相当の費用負担によって頒布されていたが，次第に一般の企業と同様に市場の需要予測と生産コストの見積もりをもとに価格決定を行うようになっていった。この時ITRIがビジネス感覚を身につけたことは，将来の事業モデルの構築に大きな影響を与えたものと考えられる。

1979年，半導体技術開発を所管していた電子工業研究開発センターは電子工業研究所に改組された。新竹サイエンス・パークの建設が進む中で，電子工業研究所ではスピンオフによる半導体製造の事業化が計画された。同年，ITRIはUMC設立準備委員会を発足させ，政府・ITRI・民間企業の出資によって80年に半導体製造会社であるUMCが設立された。初期のUMCのメンバーはほぼ全員がITRIからの転籍者で，その多くはかつてRCAに派遣され，製造技術や検査技術を学んできた技術者であった。

　また，ITRIはUMCの設立に合わせて，4インチウエハーの技術を開発していた。ITRIは，UMCに対して試作工場で稼働していた3インチウエハーの技術ではなく，新しい4インチウエハーの技術を供与した。4インチウエハー開発プロジェクトのメンバーは約60～70人で，その一部はUMCに転籍してUMCの製品開発のサポートを行った。この時ITRIが実績のある3インチウエハー技術ではなく，新しい4インチウエハー技術の供与を選んだのは，当時主要な外国半導体メーカーが4インチウエハーによる半導体製造に着手しており，遠からず新技術による価格下落が生じ，現状の設備の歩留まりの良さだけでは競争力を維持できないとITRIが予測したためである。ITRIのこの時の判断は的中し，UMCはその後も国際競争力を持った半導体メーカーとして成長を続けている。UMCのITRIからのスピンオフの成功は，消極的であった民間部門の半導体産業への投資を誘引し，台湾半導体産業の迅速な育成に重要な役割を果たした（莊，2004）。

２−３．ファブレス＆ファウンドリー・モデルの確立—TSMCの事例—

　1983年に入るとITRIではより付加価値の高いVLSI（超大規模集積回路）の開発プロジェクトがスタートした。85年，ITRIは，VLSIの事業化の過程でアメリカTIの上級副社長を務めた張忠謀（Morris Chang）氏を院長として迎え入れた。張氏は，中国浙江省の生まれだったが国共内戦の激化により渡米，MITを卒業後に中堅電機メーカーの半導体部門に就職した。その後TIに移り，IBMからのコンピュータ用トランジスタの大型発注に生産歩留まりの改善で応じるなどの実績を残した。ITRI院長に就任した張氏は，今日の台湾半導体産業の競争優位を支えるファブレス＆ファウンドリー・モデルを確立した人

物であり，「台湾半導体の父」と呼ばれている[7]。

　張氏がITRIに着任した1985年は新竹サイエンス・パーク設立5年目の年であった。その間，UMCの立ち上げの成功などにより，台湾半導体産業は世界レベルに肩を並べるところまで成長してはいたが，台湾がひときわ抜きんでているといった事業分野や製品をもつには至っていなかった。

　張氏はITRIの半導体技術開発の使命を「技術を経済価値に変える」ことであるとして，手始めにビジネス志向の技術開発のためのITRI改革に着手した。張氏の代表的な改革は50/50の制度と呼ばれ，ITRIの研究開発費負担を50％は政府からの援助，残りの50％は，ITRIの技術成果を対価とした民間企業からの出資によって賄うというものであった。この改革によりITRIと新竹サイエンス・パーク内企業との結びつきが深くなり，新竹があたかもひとつのR&D組織のようになっていった。新竹では，ITRIが技術開発部門を担い，新竹サイエンス・パーク内企業が事業部門を担うような関係が構築されていったのである。

　翌1986年には，ITRIは台湾初の6インチVLSI試作工場を建設し，VLSI事業化のための技術的条件が整いつつあった。台湾政府とITRIはVLSI事業化の具体的施策の検討に入っていた。この頃，アメリカからの帰国技術者を中心に新竹サイエンス・パーク内に複数の半導体メーカーの設立計画の申請が政府になされていた。しかし，これらのメーカーの考える半導体製品の需要はそれほど大きくなく，いずれのメーカーも1000万〜2000万ドル程度の投資による小規模な半導体製造工場の建設を希望していた（荘，2004）。一方，半導体の国際競争は激しくなってきており，日本や韓国などの大手半導体メーカーは，大規模な製造設備による生産で価格競争力を増強しようとしていた。これらの大手半導体メーカーは，半導体の開発から製造までを垂直統合的に行うIDM（Integrated Design Manufacturer）により大口の顧客から半導体の大量発注を受け，それを大規模製造設備によって安価に生産することを得意としていた。いずれも小規模であった当時の台湾の半導体メーカーにとっては，IDMとの

---

[7] 張忠謀氏は，ファブレス＆ファウンドリー・モデルの確立とTSMCの成功によって，2005年に日経アジア賞（経済発展部門）を受賞している。本章で記した張氏の経歴は日経アジア賞ホームページの受賞者紹介記事に基づいている（http://www.nikkei.co.jp/hensei/asia2005/asia/prize_jusyo.html#keizai）。

直接的な競争は価格面で不利であり，ニッチな高付加価値製品市場をねらうしかなかった。

このように ITRI の VLSI 事業化計画は，新竹サイエンス・パーク内の小規模設備に対するニーズと大規模設備の国際競争上の必要性の間でジレンマに陥っていた。この時，張氏は，アメリカでその理論が提唱されていたファウンドリー生産方式の導入を主張した。ファウンドリーとは自ら半導体の開発設計を行わず，製造に特化し受託生産のみを行う事業主体である。このアイデアは，半導体の開発を設計と製造で切り離し，半導体設計は設計のみを行う個々の半導体企業（ファブレス）が行い，製造は国際競争に見合う大規模な設備を複数のファブレス企業が共有することで，大規模生産と新竹サイエンス・パーク内企業のニーズの両立を図るものであった。

VLSI の事業化をファウンドリーによって実現することを決めた ITRI は，ファウンドリーを指向する TSMC スピンオフプロジェクトを発動し，UMC のスピンオフの経験を参考にしながら準備を進めた。TSMC への投資は広く台湾内外に求め，その総額は 1 億 5000 万ドルを超えた。出資比率は台湾政府 48.3％，台湾民間企業 24.2％，蘭フィリップス 27.5％であった。1987 年に TSMC が設立されると，ITRI の TSMC プロジェクトは解散し，UMC 同様に多くの技術者が ITRI から TSMC に転籍した。張氏も自ら TSMC の社長に就任した。

1988 年の TSMC の従業員は 600 人，売り上げは 3300 万ドルであったが，9 年後の 97 年には従業員 5000 人，売り上げ 15 億ドルに急成長している。新技術の開発とスピンオフによる事業化モデルと，ファブレス＆ファウンドリーの半導体事業の事業モデルは，その後の ITRI の技術開発と事業化のひとつのパターンとなった。TSMC 以降も多くの企業がファブレス，ファウンドリーとして ITRI の支援によって設立されている。UMC も 90 年代以降にはファウンドリー事業に転向しており，その後 TSMC と UMC が世界第 1 位，第 2 位のファウンドリーになっている（呉，2004）。

そして，2000 年末時点で，台湾のファブレス企業は 140 社，半導体製造に関連するウエハーメーカーは 16 社，フォトマスクメーカーは 4 社，半導体封入業者は 48 社，検査業者は 37 社に達し，これら半導体関連企業の 90％が新竹サイエンス・パークを中心に新竹地区に集積している（莊，2004）。ファブ

レス&ファウンドリー・システムはそもそも小規模な台湾半導体メーカーのマイナス面を補うものであったが，新竹サイエンス・パークを中心に多数のファブレス企業とファウンドリーが集積したことによって，台湾半導体産業に新たな優位性が生まれた。

　台湾のファブレス企業で液晶テレビなどの映像信号処理 IC を開発する奇景光電（Himax Technology）のマネジャー洪乃權氏は，台湾のファブレス&ファウンドリー・システムがファブレス，ファウンドリー双方の製品開発の効率化と安定供給に寄与していることを次のように指摘している。[8]

「ファウンドリーにとっては，複数のファブレス企業の小規模の半導体製造依頼をとりまとめて生産することによって，低コストで少量多品種の生産ができるメリットがある。IDM では，例えば顧客から少量のカスタム IC の発注があった場合，発注された小規模の数量のみで生産ラインを操業させることになるので，製品単価は高くなってしまう。ファウンドリーは，こうした少量の顧客の発注を同時に複数とりまとめて一度に大量生産を行うため，少量の半導体でも IDM より低コストで生産できるのである。

　一方，ファブレス企業は，常に複数のファウンドリーをハンドリングすることによって，製品の安定供給が可能である。ファウンドリーも IDM も，生産性の向上のために製造ラインではできるかぎり生産キャパシティが一杯になるような生産計画を立てている。そのため，顧客からの発注が一時期に集中したり，製造ラインにトラブルが生じたりすると，たちまち生産に遅延が生じてしまう。しかし，多数のファウンドリーが集積している新竹サイエンス・パークにおいては，ファブレス企業は複数のファウンドリーの中から生産キャパの増減に応じて臨機応変に委託先を選ぶことができるので，生産の遅延が生じにくいのである」。

　こうした利点は，多数のファブレス企業とファウンドリーが集積している新竹サイエンス・パークならではの優位性につながっている。

8　2006 年新竹にてインタビュー実施。

3. 台湾半導体産業の特徴

3-1. ITRIによる技術統合

　台湾は，今日でこそ世界の半導体生産の中心地となっているが，その初期の段階では政府の政策としてITRIが主導してきたものであり，そもそも民間部門にニーズがあったわけではなかった。ITRIは第一義的には技術開発のための研究機関である。台湾内に半導体産業に対する需要がない中では，ITRIが単に技術開発を行っただけでは，半導体産業の事業化にはつながらなかったであろう。また，ITRIが純粋な研究機関であった場合には，そもそも事業化に最適な研究テーマを選択できなかったかもしれない。UMCやTSMC設立までの経緯を見ると，ITRIはその時々に具体的な事業構想をイメージしたうえで，技術開発テーマの選択を行ってきたことがわかる。

　例えば，ITRIが最初に研究する半導体のタイプとしてCMOSを選んだ時には，民生用機器での実用化という具体的なアプリケーションを想定していた。CMOS型半導体は従来の半導体に比べて低消費電力という特徴があることを研究者はわかっていた。しかし，当時の台湾家電メーカーにCMOS型半導体のニーズはなく，家電製品に組み込む半導体は低消費電力であるべきという発想は，研究者が事業構想をもっていなければ出てこなかったはずである。

　UMCへの4インチウエハー技術の導入についても研究部門の事業構想が決定要因となっていたとみられる。UMC設立時のITRIの半導体開発チームの使命は半導体生産技術のUMCへの導入であった。このとき，UMCへの確実な技術導入だけを考えていたとしたら，実績のある3インチウエハー生産技術を供与していた方が確かであった。しかし，近い将来3インチウエハーでは競争力を失うであろうという事業環境の見通しをITRIの開発チームがもっていたからこそ，4インチウエハーの開発と導入ができたものと考えられる。

　また，ITRIによるファブレス＆ファウンドリー・モデルの構築は，研究部門による構想ドリブンな技術開発の最も典型的な事例といえる。ファウンドリーによる半導体の委託生産の事業モデルを実践した企業はTSMC以前には存在していなかったため，TSMC設立時にはそうした需要があるのかすらわかっていなかった（水橋，2003）。むしろ，ファウンドリーによるVLSIの事業

化プランは，小規模生産設備を望んだ既存の顧客のニーズとは明らかに異なるものであった。

ファブレス＆ファウンドリーのアイデアそのものは1970年代にアメリカの大学で理論として提唱されたものであった[9]。しかし，最先端の技術の製品化を社外で行うことへの抵抗感から実践する企業が表れなかった（水橋，2003）。TSMCは多くの反対が存在する中で，世界で最初のファウンドリー・メーカーとなったのである。実際，90年代に入ってもアメリカではファブレス＆ファウンドリーには強い抵抗があった。91年にRappaport & Halevi（1991）がファブレス企業による半導体やコンピュータの開発のメリットを論じたが，多くのメーカーの経営者や研究者がこぞって異論を唱え，翌月のハーバードビジネスレビューにおいて反論の特集記事が掲載されたほどであった（Burton Jr., Grove, Gilder, Rodgers, Ryan, Florida, Kenney, Rollwagen, Neches, Stahlman, Miller, Gannes, Rothschild, Colony, Scott, Bruggere, Guiniven, Grossman, Stone, & Skates, 1991）。

ITRIによるファブレス＆ファウンドリー・モデルの構築は，既存の技術プッシュ，需要プルのいずれかに分類できるであろうか。ファウンドリーというアイデアの前提には，台湾の競争環境や市場の動向などの要因があり，技術プッシュとはいえない。しかし，ファウンドリーの選択は，既存の半導体メーカーのニーズと対立するものであったから，需要プルともいえない。ファブレス＆ファウンドリー・モデルの着想は，ITRIが半導体産業の特徴と将来の方向性を先取りした結果，投資額を押さえながら稼働率を上げる方策として構想されたものであった（謝，2002）。ITRIは，研究部門がもっている技術オプションの中から事業構想に合わせて技術選択を行った結果，ファブレス＆ファウンドリーという事業モデルにたどり着いたと考えられる。

この時，そもそもこれらの技術オプションをもち得たのは研究部門であり，事業部門ではなかったということに注意を払わなければならない。半導体産業の将来の方向性は，最新技術のポテンシャルや，技術開発動向によって左右されると考えられる。研究開発に従事するITRIの研究者は，こうした最新の理論や技術の動向を認識することができたであろうが，研究開発部門の弱い台湾

---

9 「日経アジア賞受賞者講演要旨」『日本経済新聞』，2005年5月25日，朝刊8面。

の半導体メーカーは，最新の技術動向に疎く，そうしたオプションがあること自体，認識するのが困難であったと考えられる。

　研究部門でしか知り得ない，あるいはもち得ない技術オプションの存在が，構想ドリブンな技術統合を行ううえで最も重要な要素である。これまで，製品と市場のニーズとの統合の議論は主に研究部門ではなく製品開発プロセスの問題として扱われてきた（Clark & Fujimoto, 1991; Iansiti, 1998）。しかし，研究部門には研究部門のみがもつ事業モデルの構想があり，製品開発部門には製品開発部門のみがもつ市場や製品に関する情報があるという状態では，技術成果を効果的に市場のニーズと結びつけることはできない。技術と事業との統合とは，両者がもつ技術アイデアと市場や製品に関する情報との統合であり，Iansitiの技術統合の発想は，製品開発部門の側から両者の統合を図ろうとするものである。

　一方，コンセプト＝技術間統合では，Iansitiとは反対方向からの統合アプローチをとっている。製品開発サイドからのアプローチには限界がある。製品開発部門が市場や製品の情報に基づいて，将来の市場ニーズを創造する事業構想をつくるという場合には，製品開発部門が知りうる技術水準が前提条件になっている。研究部門が開発する新しい技術が，事業構想の根幹を規定する技術的条件を覆してしまうようなものであった場合，新しい技術的条件の下での事業構想は，研究部門にしか生み出し得ないということになる。このような場合，Iansitiとは反対に，研究部門から技術と事業を統合するアプローチが重要になると考えられる。

　ITRIの事例において台湾半導体産業を成功に導いたイノベーションとは，ITRIが開発した要素技術もさることながら，ITRIが様々な事業モデルの構想オプションの中から最適なオプションを選択したこと自体も，重要なイノベーションであったと考えられる。

3－2．モジュラー型産業構造の萌芽としての新竹R&Dシステム

　さて，研究部門のコンセプトによって築かれた台湾独自のR&Dスタイルは，そのプロセスの中にも競争優位の源泉が存在している。

　ファブレス＆ファウンドリーによって水平分業化が進んだ新竹サイエンス・パークは，それ全体がひとつの半導体開発組織として機能しているようにみえ

るとの指摘がある（謝，2002）。ここでは，ITRIも含んだ新竹地区全体をひとつの半導体R&D組織とみなして，新竹R&Dシステムと呼び，それがどのような優位性を有しているのかについて検討する。

　Saxenian & Hsu（2001）も新竹とシリコンバレーの事例研究で企業の枠組みを超えたR&Dコミュニティの存在に言及している。この研究ではエンジニア個人を分析単位として，エンジニアの移動やコネクションがR&Dにもたらす効果について論じているが，R&Dコミュニティの組織的な機能やメカニズムは必ずしも明らかにはなっていない。そこで本節では，技術統合の主体である研究組織や製品開発組織という視座でITRIと新竹サイエンス・パーク内企業との関係をみてみよう。

　ITRIと新竹サイエンス・パーク内企業との関係を図示すると図表3－2のようになる。50/50制度による改革以降，今日のITRIは独立した研究機関でありながら，新竹サイエンス・パーク内の事業会社との結びつきが深くなっており，新竹サイエンス・パーク内企業にとって共有の研究部門のように機能している。この共有の研究部門のような働きはファブレス＆ファウンドリー・モデルにおける製造設備の共有と同様に，新竹サイエンス・パーク内企業のR&D投資の効率化を可能にする。ITRIの研究予算の半分を担う民間分の負担の内訳は，新竹サイエンス・パーク内企業の売上比率によって規定されており，

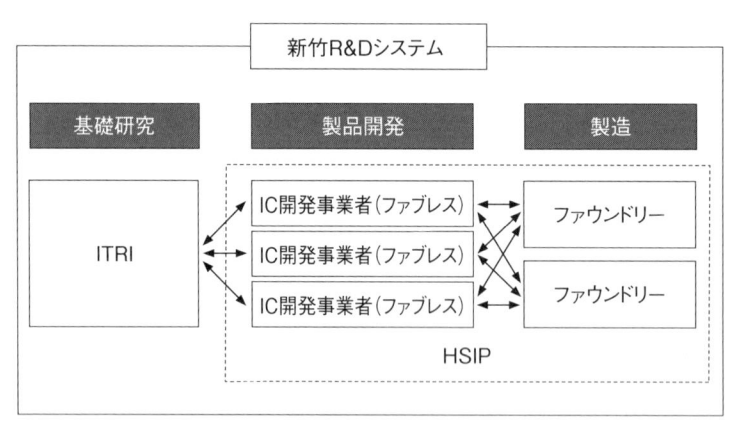

出所：長内（2007a）

図表3－2．新竹R&Dシステム

ITRIの技術成果の恩恵による利益に応じた負担となっている。この賦課方式は，一般的な企業内研究所の開発予算の事業部門への賦課方式と同一である。ITRIと新竹サイエンス・パーク内事業会社との関係は企業内の研究部門と製品開発部門との関係に酷似しているといえよう。

新竹R&Dシステムは，ITRIという研究部門とファウンドリーという製造設備，および多数のファブレス企業という製品開発機能を有している。これは，新竹R&DシステムがR&Dや製造のように大きな投資が伴う部分は共有によって個々の企業の投資を抑制している一方で，バラエティに富んだ製品開発オプションを保有していることになる。製品開発オプションを多くもったR&Dは，製品コンセプトが流動的な局面では様々な状況に対応しやすく効果的な製品開発に結びつきやすい（楠木，2001）。こうした新竹のシステムが，台湾半導体産業の競争力を支えているひとつの要因となっていると考えられる。

このような新竹R&Dシステムと同じやり方を，他国の学研都市あるいは産業集積が真似することは難しい。新竹R&Dシステムの形成において画期的であったのはファウンドリーによる大量生産の実現であったが，ファウンドリーという生産方法が有効に機能するためには，様々な環境条件が求められる。例えば，生産を委託する側であるファブレス企業が多数存在する必要がある。そのためには，まず中小の半導体メーカーの数が多くなければならないし，それに加えて，それらの企業が自ら開発した技術の製造をアウトソーシングすることに抵抗がないことが求められる。一般的にアウトソーシングには技術流出のリスクが伴うと考えられるので，アウトソーシングは主にその企業のコア技術にかかわらない部分が中心となる（武石，2003）。一方，ファブレス企業は製造設備を保有しないので，コア技術も含めた全ての製造をファウンドリーに委ねなければならない。さらに，ファブレス＆ファウンドリーによる生産が可能になったとしても，中小のICメーカーが開発したIC製品を需要する中間財市場が十分に発達してなければならない。

台湾には，1970年代の政府の中小ベンチャー企業振興政策によって，製品や技術ごとに専門特化した中小企業が数多く存在している（河添，2004）。また，前章でも述べたように，台湾人の多くは，大企業の中間管理職になるよりはたとえ中小企業であったとしてもトップマネジメントになりたいという意識が強く，それが中小企業中心の経済体制につながっている。こうした特徴は，半導

体産業のみならず，多くのエレクトロニクス製品産業において見受けられる台湾の特徴である。この特徴については第8章で改めて議論する。

　さらに，第1章で見たように，1970年代当時の台湾では政治的な不安定要因から産業振興が自らの安全を保証するための国策となっていたことが，台湾企業間の協力関係にプラスの効果をもたらしていたのかもしれない。新竹R&Dシステムはこれら台湾固有の環境条件の上に成り立っているものである。

　Lundvall（1992）は，特定の環境条件を前提としたある国や地域固有の研究開発システムによる競争優位の獲得をナショナル・イノベーション・システム（NIS）という概念で示した。そして，国によって異なるNISが形成される原因を，顧客のニーズが技術の動向に影響を与えるためであると説明している。企業が生産する製品の主要な顧客は自国内の国民であることが多く，こうした顧客のニーズは国民の歴史的・文化的背景，生活様式，国の制度などの影響を受ける。よって，国ごとに異なるニーズが生まれ，顧客に合わせて国ごとに異なるイノベーションが求められるということである。ITRIによるファブレス＆ファウンドリー・システムの導入も，絶対的な意味においてそれがIDMよりも優れているという判断ではなかった。前節で述べたように，ITRIは，台湾の企業環境と激しくなる国際競争の状勢を考慮に入れたうえで，台湾に最適な方法として，機能ごとに独立した中小企業をとりまとめ，ひとつのR&Dシステムを作り上げたと考えられる。

　新竹R&Dシステムという台湾のNISの特徴は，機能ごとの中小企業が無数に存在していることである。これらの企業は全体としてはR&Dシステムの一部として整合的に機能しながらも，個々では独立した意思決定を行う組織である。これはR&Dプロセスのひとつの機能の実現方法に多彩なオプションを提供する素地をもたらしていると考えられる。例えば，新竹における半導体生産はファウンドリーが一括して行っているが，そこでどのような半導体が生産されるかは，個々のファブレス企業独自の事業判断に委ねられており，新竹R&Dシステム全体としては非常に多様なモデルミックスをもつことになる。このことは市場の不確実性に対するリスク軽減という意味において，非常に重要な意味をもっていると考えられる。

　この時，市場の不確実性によって選択されない製品の発生が懸念されるが，台湾にはICを購入するセットメーカーも多数存在しており，需要も多様化し

ていることによって，中間財であるIC製品が市場で取りこぼされるリスクも軽減されていると考えられる。

4．むすび

　本章では，ITRIによる台湾半導体産業創出の歴史を紹介し，研究部門による構想ドリブンな技術開発が技術と事業を統合して優れた事業成果をもたらしていることを示した。Iansitiは，製品開発サイドからのアプローチで技術と事業の統合の問題を議論したが，新しい技術オプションが事業構想の根幹となる条件に影響を与えるような場合，むしろ研究部門による統合が重要であると考えられる。

　このことに関連して本研究の限界を示しておきたい。まず，前節の考察でも示したように新竹におけるR&Dプロセスのメリットはそのまま他の国や地域に移転できるものではないということが挙げられる。日本や韓国のようにIDMなどの垂直統合的な大企業が中心の産業構造では，そのままの形で同じプロセスが導入できるわけではない。

　また，本章の事例では比較的早期に事業構想のオプションが絞り込まれ，特定化された構想に基づいて，技術と事業の統合が行われている。しかし，あらゆるケースで事前の事業構想が絞り込まれるとは限らない。むしろ，不確実な環境のもとでは，早期に意思決定をすることが困難であり，構想オプションの決定もリアル・オプション的に時間を経て絞り込まれると考えられる。構想の絞り込みを行うためには，複数の異なる構想に基づいた技術開発プロジェクトが一時的にせよ同時並行的に行われなければならない。Iansitiの技術統合に対応した技術適応オプションの絞り込みは，同一の技術開発プロジェクト内で開発初期の技術仕様に幅をもたせるだけで対応できる。しかし，そもそも構想が異なる複数の技術開発プロジェクトを併存させるということは，R&D投資に膨大なサンクコストを招く恐れがある。技術構想のリアル・オプション的絞り込みを考えるためには，効率的なR&D投資とのバランスを考慮する必要がある。この点についても，第8章でひとつの解決策を示す。

　ところで，中央研究所の終焉が喧伝されて久しい（Rosenbloom & Spencer, 1996）。1980年代の中央研究所ブームは今日では批判的に評価される

ことが多く，民間の研究部門は縮小の一途を辿っている（山口・水上・藤村，2000）。しかし，依然としてイノベーションは企業の競争優位の源泉である。中央研究所の失敗は独立研究部門と製品開発部門や市場のニーズとの統合の失敗であって，企業の研究活動の重要性が失われたわけではない（Rosenbloom & Spencer,1996）。日本の中央研究所ブームは80年代後半には終息に向かっていたが，ITRIは90年代にも台湾液晶産業の創出において大きな貢献を行っている。ITRIの事例は，今日においてもインダストリアル・リサーチが重要であることを示している。

第4章

台湾ODM産業とプラットフォーム・ビジネス
―プラットフォーム・イノベーションと経済成長―

立本博文

　前章では1980年代の台湾半導体産業の成長過程を紹介した。その後，半導体での成功モデルは広く台湾エレクトロニクス産業に応用されるようになる。高度なモジュラー化を前提とした台湾の経済モデルが，世界中のエレクトロニクス産業に大きな影響を及ぼした。本章では90年代に台湾が構築した経済発展モデルである，ODMとプラットフォーム・ビジネスを取り上げる。

1．ODMモデルとは

　台湾エレクトロニクス産業が1990年代に構築した新しいビジネスモデルとは，端的にいえばODMビジネスのことである。ODMビジネスは，デスクトップパソコン（PC）／ノートPCで完成した。ODMビジネスがどういうものか，簡単に説明しよう（図表4－1）。
　ODMビジネスは，発注企業（ブランドメーカー，先進国企業）とODMサプライヤー（製造者，台湾企業）が行うビジネスである。発注企業はコンセプトデザインをつくり，複数のODMサプライヤーに対して入札を行う。ODM

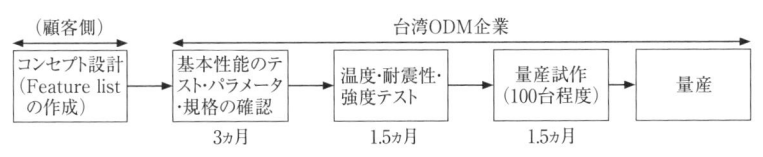

出所：川上（2004）

図表4－1．ODMビジネスにおけるノートPCの製品開発のフローチャート

　本章執筆のための台湾での調査の一部をアジア経済研究所の川上桃子と共同して行い，実りの多い議論を行った。ここに記して感謝の意を表す。

サプライヤー側は，発注者のコンセプトに沿うようにノートPCの外観（機構部品），電子回路の機能などを提案する（この時点では紙ベースの提案）。大まかな機能は発注企業側がつくるが，その詳細および実装は，ODMサプライヤーが作成する。そして入札を勝ち得たODMサプライヤーは，機構部品，電子回路の実機を開発し，発注企業の承認後，生産委託を受け量産を行う。

このようなODMビジネスは，PCの主要部品であるマザーボード（Mother Board：MB）[1]分野で1990年前半から始まった。続いて，ノートPC分野で盛んになり，2008年にはノートPCの7割以上を台湾メーカーが生産している。デスクトップPC用のマザーボードに至っては，90％以上を台湾メーカーが供給している。世界のPCを作っているのは，台湾企業であるといっても過言ではない。

2．ODMビジネスとプラットフォーム・ビジネスの関係

しかしながら，前述のように生産発注者と生産受託者がいるだけならば，通常の委託生産取引と全く変わらない。何がODMビジネスを特徴付け，世界のPC産業の中で台湾産業の国際競争力をここまで強めたのだろうか。

この疑問を解く鍵はPC製品のプラットフォーム・リーダーであるインテルの存在にある。周知のようにインテルはCPU（PCの中核部品である半導体部品）のメーカーである。PC産業ではインテルが提供するCPUが産業進化の基盤（プラットフォーム）となっている。PC産業に参加しているPCブランド企業，電子部品企業，ソフトウェア企業など多くのプレイヤーは，このプラットフォームを利用し活用しながら新しい付加価値を実現している。PC産業でおこる数々のイノベーションに対して，インテルが提供するプラットフォームが大きな役割を演じているのである。モジュール化が高度に進んだ産業で，インテルのようなプラットフォーム提供者のことをプラットフォーム・リーダーと呼ぶ（Gawer & Cusumano, 2002）。

1　マザーボードとは，デスクトップPCに内蔵される主要な電子部品（CPUやメモリ等）が搭載されたプリント基板（回路基板）のことである。ノートPCもマザーボードを内蔵するが，ノートPCの形状に大きく左右される。そのため，ノートPCの場合は，筐体設計とマザーボード設計が一体で行われる。

一介の部品メーカーであるインテルがプラットフォーム・リーダーであるという事実と，台湾ODM産業ビジネスの発展は，表裏一体の関係にある。PC産業におけるプラットフォーム・ビジネスとODMビジネスの形成は，同一の事象を異なる視角から見た光景であり，両者を一体として理解することが大切である。

2－1．プラットフォーム・ビジネスへの契機

　歴史的にみればPC産業は，現在のように部品メーカーがプラットフォームのリーダーシップを握っていたわけではない。PC産業の始まりは1981年にIBMが「IBM PC」を発売したことにさかのぼる。当時はPCの生みの親であるIBMがPCのプラットフォームを握っていた。IBM PCは事実上の標準（デ・ファクト・スタンダード）として受け入れられ，PC産業の参加者（ソフトウェア企業や周辺機器企業）はIBM PCというプラットフォームをターゲットにして製品を開発し，事業を展開していた。当初は，インテルもIBM PCプラットフォームにCPUという部品を提供する補完業者に過ぎなかった。

　その後IBM PCに対して互換性をもつ互換機市場も成立したが，そのときにリーダーシップをもったのも完成品企業であるコンパック（Compaq）などであった。部品メーカーのインテルはプラットフォームのリーダーシップをもっていたわけではなかった。この背景にはインテルのCPU供給方式が関係している。

　IBM PC用にCPUを供給して以来，インテルは他社にCPU設計をライセンスしてセカンドソースを認めていた。セカンドソースとは，ある会社が供給する部品について他社が同じ仕様の部品を供給することである。PCメーカーの立場からいえば，インテルがセカンドソースを認めることを取引条件としたのである。このため，CPUは基幹部品ではあるものの，インテルにはプラットフォームのリーダーシップをもつほどの影響力はなく，当時有力であった完成品企業がプラットフォーム・リーダーシップを握っていた。

　各CPU種類の参入業者数と発売されたCPU製品数の推移（図表4－2）は，このことを端的に示している。1970年代～80年代初頭（i8008～i80286）では，常にインテル以外の互換CPUの製品モデル数の方が多かった。そして参入しているCPUメーカーも10社弱存在した。

セットメーカーと部品メーカーの間に微妙な緊張関係が生まれたのは，初の PC 向け 32bit CPU である i386 を発表した 1985 年であった。インテルは i386 をいくつかの例外を除き，シングルソース（インテルの独占供給）にすることに方針転換した。i80286 はセカンドソース・ライセンスを行っていたので，市場には複数の互換 CPU が流通していた。ところが最新 CPU である i386 に関してはインテルの 1 社供給になったわけである。これにより一時的にインテルは莫大な独占利益を得ることができた。

　ただし，この段階でインテルがプラットフォーム・リーダーシップを獲得したわけではない。IBM は依然として自社で 32bit CPU を開発・製造する力を持っていたし[2]，インテルと競合する他の CPU メーカー達は「優雅な独占」下で CPU 価格の高騰が続いている状況を見て，続々と PC 向け CPU 市場に参入してきた。インテルの CPU ビジネスは有力であったけれども絶対的ではなかったのである。

　インテルは同様のことを DRAM（PC などに使用される半導体メモリの一種）事業で経験している。1970 年代に DRAM 市場を開拓したインテルに対して，後発の日本半導体メーカーが安価で品質の高い DRAM を武器にメモリ市場に続々と参入した。あっという間に DRAM 市場は厳しい競争市場となり，インテルは創業のビジネスであったメモリ事業から撤退せざる得なくなった（玉置，1995；Burgelman, 2001）。PC 用 CPU は，DRAM 撤退後のインテルがようやく掴んだチャンスだった。しかし，それにもかかわらず，90 年代初頭には「第 2 の撤退」の危機が生じていた。インテルは CPU 市場の新規参入企業と激烈な競争を行った。そして，困難の末にプラットフォーム・ビジネスを確立したのである。

　CPU 市場の競合者には大きく 2 つのグループがあった。ひとつめのグループは互換 CPU メーカー群である。最も有名な互換 CPU メーカーはサイリックス（Cyrix）である。Cyrix はインテルからライセンスを受けて参入したものではなく，独自に互換 CPU を開発したメーカーである。このため Cyrix は自由に製品を開発・販売することができた。1992 年に Cyrix が上市した「486

2　IBM はインテルから自社向けに 32bit CPU の改造・製造する権利をライセンスされていた。さらに RISC ベースの独自 32bit CPU 開発力も持っており，後年 Apple，モトローラと共に RISC CPU である「PowerPC」を発表した。

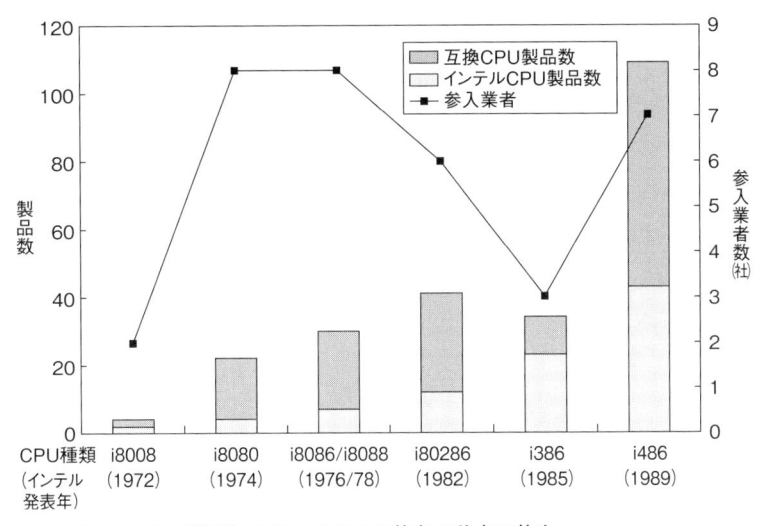

出所：cpu-collection.de（2007）のデータを元に筆者が独自に算出
図表4－2．CPU参入業者数と発売された製品数（インテル製品および互換製品, 2007年集計）

DLC」は同セグメントのインテル製品よりも若干処理能力が高く価格は割安であり，多くのパソコン企業から高い評価を得た。Cyrix の成功をみて，新たな互換 CPU 企業も参入してきた。図表4－2から i486 CPU の時代には7社が CPU 市場で競合していたことがわかる。ボリュームゾーンにあたる製品セグメントで，インテルは互換 CPU メーカーの脅威にさらされることになったのである。

2つめのグループは RISC CPU メーカー群である。1980 年代末の CPU 産業では，高性能ワークステーションで利用されていた RISC[3] CPU を PC に応用しようとする動きが見られた（中森，2004）。RISC CPU はインテル社が開発生産している CISC CPU よりも原理的に高速な処理能力を実現することができた。Windows OS，GUI アプリケーション[4]，音楽・動画等のマルチメディアといった複雑・大規模な処理に対処するためには，高速な処理を行える CPU が必要である。PC に RISC CPU を適用しようとする企業達は，91 年に ACE コ

---

3 RISC は Reduced Instruction Set Computer（縮小命令セットコンピュータ）の略。
4 GUI：グラフィカル・ユーザー・インターフェイス。

ンソーシアムをつくり，RISC CPU ベースの PC を普及させる活動を開始した[5]。ACE 連合には，Compaq や DEC（Digital Equipment Corporation）も名を連ねていた。そして，特にインテルを驚かせたのはマイクロソフトが同連合に参加していたことである。マイクロソフトは PC 産業動向に大きな影響力をもつ OS 供給企業である。その後同社は，93 年に RISC CPU のための OS（Windows NT）を開発しリリースした。RISC CPU を利用した PC は現実のものとなったのである。

つまり，インテルは安価なボリュームセグメントにおける互換 CPU メーカーと，高価でハイエンドなセグメントにおける RISC CPU メーカーに挟撃されることになってしまったのである。

2－2．デスクトップ PC での成功

1990～93 年頃は，インテルの CPU 事業が最も脅威にさらされた時期であった。この脅威に対処するためにインテルがとった基本的な戦略は「大量の CPU を供給し，規模の経済でライバルの CPU メーカーを凌駕する」というものであった。

しかし，これは現実問題としては実現困難な戦略であった。なぜなら，既存の完成品メーカー（IBM や Compaq など）はインテルの独占を嫌い，互換 CPU や RISC CPU を採用することに積極的であった。しかも，そもそも既存の完成品メーカーに CPU を供給するだけでは規模の経済を達成するには十分ではなかった。

このため新興メーカー市場やノンブランド市場といったインテルと対立関係のない新しい市場に向けて，大量の最新 CPU を供給することが必要となった。ただし，ここには問題があった。これらの市場に参入している企業は，デル（Dell）やゲートウェイ（Gateway）のように若い企業が多く，一般的に技術蓄積が大きくなかったのである。

---

[5] ACE コンソーシアムは，Compaq, Microsoft, MIPS Computer Systems, Digital Equipment Corporation, The Santa Cruz Operation, Acer, Control Data Corporation, Kubota, NEC, NKK, Olivetti, Prime Computer, Pyramid Technology, Siemens, Silicon Graphics, Sony, Sumitomo, Tandem, Wang Laboratories, Zenith Data Systems で構成されていた。

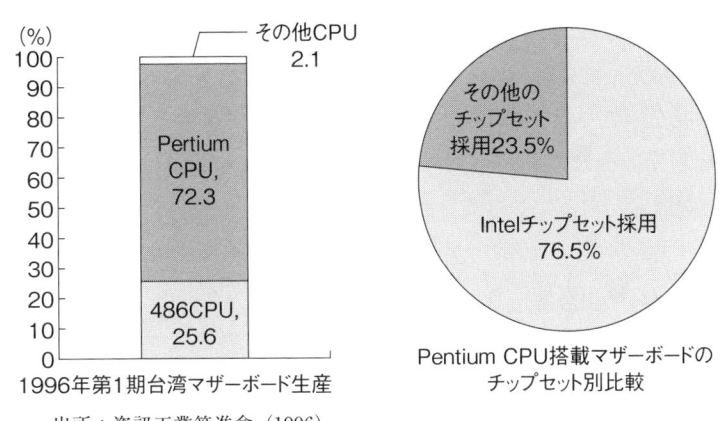

```
(%)
100 ┬──── その他CPU 2.1
 90 │  ┌──┐
 80 │  │  │
 70 │  │Pentium
 60 │  │CPU,
 50 │  │72.3
 40 │  │  │
 30 │  │  │
 20 │  ├──┤
 10 │  │486CPU,
  0 │  │25.6
    1996年第1期台湾マザーボード生産
```

その他の
チップセット
採用23.5%

Intelチップセット採用
76.5%

Pentium CPU搭載マザーボードの
チップセット別比較

出所：資訊工業策進會（1996）

図表4－3．1996年第1期の台湾マザーボードのCPU別の生産比率

　彼らは最新のCPUを供給されるだけでは，それを使いこなし，完成品を開発することはできない。このために作られたのがチップセットであった。チップセットを使えば容易に最新のCPUを使ったPCを開発できる。インテルは最新のCPUをチップセットと同時に市場に供給し，プラットフォームとして同社の製品を提供することを決めた。インテルがプラットフォーム・リーダーへの第一歩を踏み出した瞬間であった。同社は，1993年から最新CPUであるPentium用のチップセットを供給した。95年に上市したTritonチップセットは市場で大成功を納め，市場シェア1位を獲得することに成功した。以降，CPUとチップセットは同じロードマップで上市計画されるようになった。

　しかし，既存完成品メーカーは，インテルのプラットフォームの受容者ではなかった。前述のようにIBMやCompaqのような既存の完成品メーカーは，インテルと対立関係にあり，また最新のCPUに対応するチップセットも自社で開発していた。インテルの最大の受容者は台湾のODMメーカーであった（図表4－3）。

　台湾のマザーボードODM産業は，1990年頃にはすでに存在していた。ただし，彼らが生産していたのは，新型CPUに対応した最新マザーボード（プレミアム製品）ではなく，十分価格下落した普及帯マザーボードであった。最新CPUに対応したプレミアム市場は技術力のあるPCメーカー社内に囲い込まれていた。彼らは最新CPUに対応したチップセットを自社製品向けに独自開発し，PCの差異化を図っていたのだ。当時チップセット専業メーカーも存

在したが,最新CPUが発売されてからチップセットの開発が始まるので,チップセット発売までに時間がかかってしまうのが常であった。

　この状況を一変させたのがインテルによる最新チップセットの外販であった。1995年頃,台湾のPC向けマザーボードODM市場には40社程度の台湾メーカーが参入したといわれる。台湾のマザーボードODMサプライヤーにとって,インテルプラットフォームを利用しプレミアム市場向けにマザーボードを供給することは,大変に魅力的であった。あるマザーボードメーカーによれば,粗利率が60％を超えることもあったという。台湾マザーボードODMは,生産したマザーボードをDellやGatewayといった新興のPCメーカーに販売したり,アフターマーケット向けに自社ブランドで販売したりした。

　台湾のマザーボードODM産業は,インテルのプラットフォームによって多いに刺激された。マザーボード生産量は2000年には1990年時点の8倍に達し,同国を支える主力産業へと成長した(図表4－4)。現在,台湾は世界需要の9割を供給しており,世界最大のマザーボード生産国となっている。

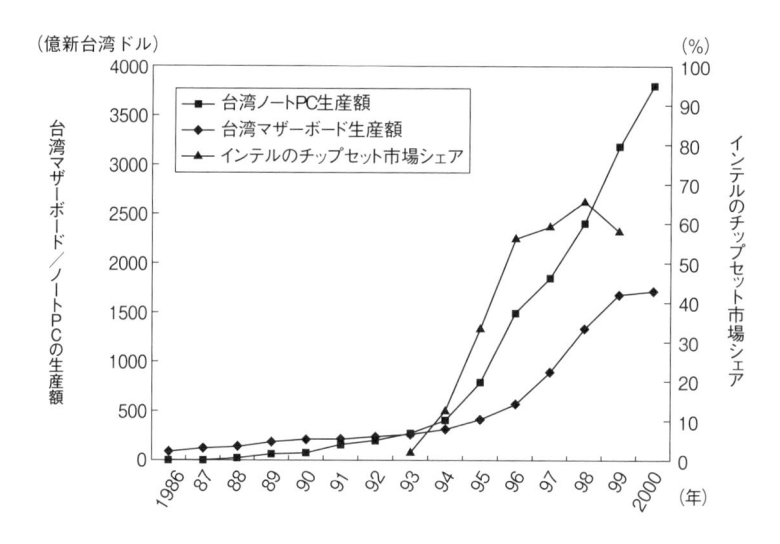

出所:台湾マザーボード／ノートPCの生産額は,The internet information search system, Department of Statistics, Ministry of Economic Affairs, Taiwan. インテルのチップセットシェアは1993年分について工業技術研究院電子工業研究所(1995),94-99年分についてChen(2000)。99年のチップセットシェア低下は,インテルがライセンス生産を認めたためである。

図表4－4.台湾のノートPC(NB)およびマザーボード(MB)の生産量

マザーボード分野で成功した台湾のODMビジネスは，ノートPC（Notebook PC：NB）の分野でも大成功を収めることになる。1990年と比較して2000年には約50倍ものノートPCの生産量を達成したのである。

3．ODMビジネスの本質：アーキテクチャー転換プロセスと学習プロセス

ノートPC産業でのODMビジネスの成功は，マザーボード産業の場合よりも規模が大きく，しかも成長プロセスが急激であった点で際立っている（図表4-4）。このため台湾ODM産業を詳細に検討する上で，「なぜノートPC分野で台湾企業がODMビジネスを成功させることができたのか」を明らかにすれば，ODMビジネスの本質を知ることができる。

ここで重要なことは，ノートPCはデスクトップPCよりもシステム全体の知識が必要な製品であったということである。このようなシステム知識が必要な製品は，先進国から新興国への技術伝播・産業移転が進みづらいと考えられている（Teece, 1977; Kogut & Zander, 1993）。この考え方は，人工物設計の観点から国際分業・国際競争力を分析した一連のアーキテクチャー・ベースの研究にも共通している（新宅・立本・善本・富田・朴，2008；藤本・天野・新宅，2007；Tatsumoto, Ogawa & Fujimoto, 2009）。

従来の多国籍企業論では，先進国から新興国への産業移転を次のように説明していた。「システム知識」や「暗黙知」のような無形財は取引コストが高く，市場取引ではうまく処理をすることができない。だから先進国企業が直接投資を行って多国籍企業となり，無形財の取引を多国籍企業の組織内に内部化することによって，先進国から新興国へ産業移転が進む（Hymer, 1960; Vernon, 1966; Buckley & Casson, 1976; Dunning, 1979）。この一連のロジックを内部化理論と呼ぶ。

しかし1990年代の台湾の経済成長プロセスは，内部化理論では上手く説明することができない。システム知識が必要であったはずのノートPC産業は短期間の内に台湾に移転され，台湾ODM産業が成長する大きな原動力となった。そして，台湾ODM産業の成長は先進国企業の直接投資ではなく，台湾の現地資本によって達成されたものである。内部化理論が想定しているような多国籍

企業の直接投資は台湾 ODM 産業の成長エンジンではなかった。

　なぜノート PC 産業は短期間の内に台湾へ伝播していったのだろうか。いいかえるならば，なぜシステム知識が必要な製品が驚くほど短期間の内に先進国から新興国へと産業移転したのだろうか。国際分業を考える先進国産業や，経済成長が必要な途上国産業にとって，この点はとくに示唆深いと考えられる。本節ではこの移転プロセスに焦点を当てて説明を行う。

3－1．1990 年半ばの状況

　まず 1990 年半ばのノート PC 産業の状況を確認しよう。ノート PC は，システム全体にわたる知識を使って「消費電力設計」，「熱設計」といった相互依存性の高い機能を実現しなければならないシステム製品である。だからマザーボード（デスクトップ PC の主要部品）を台湾 ODM 企業にアウトソーシングしていても，ノート PC については自社で設計・開発・生産を行うメーカーが大部分であった。

　例えば 1990 年初頭に野心的な試みとして米系企業が台湾 ODM 企業に対して行ったノート PC の ODM 委託は，ほとんどが失敗したといわれている。台湾 Dell のマネジャーであった方國健氏によれば，90 年代前半に Dell は台湾 ODM 企業へのノート PC の生産委託プロジェクトを試みたが結局はうまくいかず，台湾企業の代わりに日系企業に生産委託を行ったとしている（方，2002）。90 年前半のノート PC 分野では，台湾 ODM 産業は軌道に乗っていなかったのである。

　1990 年代半ばの状況を人工物設計の観点からみると，マザーボードがモジュラーなアーキテクチャーであったのに対して，ノート PC はインテグラルなアーキテクチャーであった。モジュラー・アーキテクチャーとは機能と部品の対応関係が一対一で簡潔に表されるものである。それに対してインテグラル・アーキテクチャーとは機能と部品の対応関係が多対多で複雑な製品のことである（Ulrich, 1995）。

　マザーボードは前述のようにインテルが提供したプラットフォーム（CPU と調整済のチップセット）を利用すれば，その他は電子部品の組み合わせで製品設計が可能となった。そのうえ，インテルはソリューションとして電子部品の組み合わせリストも添付していた。このような取り組みによってマザーボー

ドはモジュラー・アーキテクチャー製品に転換された（立本・許・安本，2008）。技術蓄積の小さい台湾企業が新規参入することができるようになったのである。

　これとは対照的にノートPCは，機能と部品の間に多対多の複雑な関係が存在するインテグラル・アーキテクチャーの製品である。一般にインテグラル・アーキテクチャーの製品には，大域性能特性と呼ばれる，互いにトレードオフにある特性が多く存在する。例えば「軽量性」と「筐体剛性」は一方を強めれば他方が弱くなる関係にある。このトレードオフを満たしながら要求品質を満足させることは，多数の制約式を満足する設計解を探し出すことと同じであり，システム全体の知識が必要になる。技術蓄積が小さい新規参入企業にとっては，このような設計問題を解くことは困難である。ノートPC生産が一部の有力PCメーカーに限定されず，台湾ODM企業に開かれるためには，アーキテクチャーがインテグラルからモジュラーに転換する必要があった。そして実際に，アーキテクチャーのモジュラー化はノートPCの電子回路の領域で広く観察された。

　もうひとつ，台湾ODM企業の設計能力向上も忘れてはいけない。たとえアーキテクチャー転換が起こったとしても，細部にわたってモジュラー・アーキテクチャーに転換するまでには，非現実的なほどの時間とコストがかかる。例えば，筐体設計は本質的にモジュールが難しい。なぜなら複数の物理特性（重量・強度・外観デザイン性等）を同時に満たす必要があるためである。台湾ODM企業は，大域性能特性が関係する設計問題を自ら解決出来るように，システム知識やプロセス知識を積極的に蓄積しなくてはいけなかったのである。

　つまり1990年代半ばから2000年にかけて，台湾のノートPC産業の発展を考えるうえで，次の2つのプロセスが同時に進行したと捉えることが重要である。ひとつめはインテグラル・アーキテクチャーであったノートPCがモジュラー・アーキテクチャーへと変換された「アーキテクチャー転換のプロセス」である。ここではプラットフォーム・リーダーであるインテルや日系有力部品企業が大きな役割を果たした。そして，2つめは台湾ODM企業が懸命に努力しながら設計ノウハウや製造ノウハウを吸収した「学習のプロセス」である。ここでは台湾ODM企業の取引構造が，効率的な学習プロセスを実現させていった。以下ではこの2つのプロセスについて述べる。

3－2．アーキテクチャー転換プロセス：プラットフォームとモジュラー化

　アーキテクチャー転換のプロセスについて説明する。前述のようにノートPCはシステム全体の知識が必要であり，それらを知るPCメーカーが強い製品分野であった。システム知識とは，例えば「省電力性」や「放熱性」といった機能を設計するために必要な知識である。これらは処理（演算）能力とトレードオフの関係にある大域性能特性であり，BIOS（Basic Input and Outpu System の略。パソコンの入出力を制御するプログラムのこと）やチップセットで制御される。技術力のあるPCメーカーはBIOSやチップセットを自社で開発しており，新規参入の障壁となっていた。つまり最先端ノートPC市場は一部のPCメーカーだけに閉じた市場だったのである。

　アーキテクチャー転換の第一歩は，1995年以降，インテルがノートPC向けにCPUとチップセットをプラットフォームとして同時に供給するようになったことである。プラットフォーム化の流れはマザーボードと同じであり，これによりノートPC市場の扉が新規参入企業にも開かれた。そして，インテルが提供するプラットフォームの最も大きな需要先は，ノートPCの台湾ODM企業であった。これにより台湾のノートPC生産数量は押し上げられた。しかし前述のようにノートPCはインテグラル製品であり，チップセットを用いたとしても消費電力性能にはまだ問題が残った。

　これに対処するため，インテルはチップセットに様々な機能を取り込み，自社のプラットフォームを「大モジュール化」[6]していった。プラットフォームの統合範囲が小さいと解決できない問題も，統合範囲が大きくなれば解決できるようになる。例えばインテルはチップス＆テクノロジー社を1997年に買収してグラフィック回路の設計資産を獲得し，チップセットに統合した。これによりプラットフォーム内部でグラフィックス機能を制御できるようになったため，省電力制御が可能となった。インテルは，この他にも企業買収によって従来自社がもっていなかった知的資産を獲得し，チップセットの中に取り込むことでプラットフォームの統合範囲を拡大していった。

---

[6] 大モジュール化の議論は青島・武石（2001），新宅・立本・善本・富田・朴（2008），立本・藤本・富田（2009）があげられる。

そして，放熱問題に対しては，プラットフォームを前提として日系有力部品企業が提供した新設計法が大きな役割を果たした。1995年以前の設計方法では，簡単なヒートシンク（放熱用のフィン）をCPUの上に実装して放熱を行っていた。しかし最新CPUが大量の熱を発生するようになると，従来方法では対処することは困難であり，ファンによる強制排熱が求められるようになった。ただしファンによる冷却は，騒音やノイズ・共振とトレードオフの関係にあるので設計が難しく，一部のPCメーカーにしか利用できないと考えられていた。

　この問題をはじめに解決したのが九州松下電器のような日系の冷却ファンメーカーであった。日系冷却ファンメーカーはヒートシンクと冷却ファンを合体させ，冷却性能を著しく高めながら，同時に，耐騒音性・信頼性も確保することに成功した。この「一体型ファン」は日系冷却ファンメーカーが主に供給し，1995年以降のノートPCに導入されていった。一部の台湾企業は「一体型ファン」を利用することで，最新CPUを搭載したノートPCを発売することができるようになった。

　冷却ファンを使った強制排熱法は，ノートPCの発熱問題が深刻化するにつれ，さらに高度なものになっていった。1997年に登場した新しい設計方法では，ヒートシンクと熱排気用ダクトをアルミで一体鋳造したヒートシンク付アルミダクトで排熱する「ハイブリッド冷却ファン」が採用された（宮原，2002）。

　「一体型ファン」から「ハイブリッド冷却ファン」への移行によって，アーキテクチャーや分業構造にも変化がもたらされた。ハイブリッド冷却ファンでは冷却ファンとアルミダクト部分が別々のモジュールとなっており，冷却ファン部分を日本部品企業が供給し，筐体形状に適合させる必要があるアルミダクト部分は台湾部品企業が生産した。モジュール化と日台部品企業の国際分業により，ハイブリッド冷却ファンは台湾ODM企業の間に広く浸透していった。

　2002年以降，「ヒートパイプ型冷却モジュール」がインテルの主導の下にノートPCに導入されるようになると，さらにモジュラー化が進んだ。冷却モジュールは，冷却ファン，ヒートシンク，ヒートパイプの3つの部分にモジュール化された。ヒートパイプ型冷却モジュールでは素材にアルミよりも熱伝導率の高い銅を用いた。銅は高価であるが，形状と放熱特性の間のトレードオフの関係を考慮する必要がなくなり，個々のモジュールを独立して設計できるようになった。同時に，プラットフォームの中に熱管理機能が組み込まれるように

なり，高温になると冷却ファンを高速作動させたり半導体回路の処理を一時中断したりするなどの制御を，プラットフォームが行うようになった（Genossar & Shamir, 2003; Samson et al., 2005）。

　結局，ノートPCの省電力性と放熱性の設計問題に関しては，共通したアーキテクチャー転換のプロセスを経たプラットフォームの統合範囲の拡大（大モジュール化）によって，残された残りの領域のモジュラー化が進んだ。その結果として，ノートPCはモジュラー・アーキテクチャー型の設計が容易となった。つまりプラットフォーム化がモジュラー化の契機となり，それに続く統合範囲の拡大（大モジュール化）がモジュラー化を加速させたのである。

3－3．コンセンサス標準化：強制的なアーキテクチャー転換プロセス

　デスクトップPC，ノートPC共に，プラットフォーム化を契機にプラットフォーム・リーダーや有力部品企業によるモジュラー化が進んだことを説明した。ここでは，そういったモジュールのインターフェイス情報がオープンになり，業界で共有されたことを指摘したい。産業全体に与える影響は，モジュラー化よりもオープン化の方が大きい。特に台湾ODM産業の成長を考えるうえでは，各部品（モジュール）のインターフェイス情報が垂直的な取引ネットワークの中に閉じるのではなく，新規参入企業にも利用可能なようにオープン化されたことが決定的な意味をもっている。

　オープン化とは，「積極的に情報公開を行って，短期間の内に多くの企業で技術情報を共有する」という企業活動のことである。この企業活動を産業レベルの視点から考えると，ある技術情報が産業で共有される過程であり，具体的には，産業レベルでの技術選択が行われる業界標準化のプロセスであると言える。標準化には，大規模な取引のなかから市場競争の結果として生まれるものと，プラットフォーム・リーダーがコンソーシアムなどを主導して生まれるものとの2つが存在する。前者はデ・ファクト標準と呼ばれ，後者はコンセンサス標準と呼ばれる。

　デ・ファクト標準は取引量の多い部品で頻繁に発生した。例えば，液晶パネルモジュールでは，取引量が多かったDellのパネルモジュールの寸法に合わせた，互換寸法標準が1998年頃に生まれた。標準寸法に従ってさえいれば，金型変更なしで複数のパネルメーカーのパネルを利用することができた。同様

インテルの主導した標準化領域

分類	名称	'90	'91	'92	'93	'94	'95	'96	'97	'98	'99	'00
ローカルバス	PCI 1.0			■	■	■	■	■	■	■	■	■
I/Oバス	PCI 2.0				■	■	■	■	■	■	■	■
電源	ACPI 1.0						■	■	■	■	■	■
MB形状	ATX 1.0					■	■	■	■	■	■	■
周辺機器バス(低速)	USB 1.0						■	■	■	■	■	■
周辺機器バス(高速)	USB 2.0									■	■	■
HDD I/F	Ultra DMA					■	■	■	■	■	■	■
グラフィックバスI/F	AGP 1.0							■	■	■	■	■
オンボードサウンド	AC97								■	■	■	■
PC全体設計	PC98:System Design Guide							■	■	■	■	■
メモリI/F	PC100,…									■	■	■

注：■は，インテルが主導し標準規格化された領域

図表4−5．パソコンにおける標準化領域

のことは，ノートPC用の光学ドライブについても生じた。松下（現パナソニック）製であろうがTEAC製であろうが，光学ドライブを同じ寸法で調達することができるようになっていった。これらは規模の経済を得るために，大量の取引の中から自然と発生した，事実上の標準であった。

しかしアーキテクチャーの転換を考慮した場合，より人為的に標準を策定することができる。それがコンソーシアムを利用したコンセンサス標準化である。この標準化プロセスでは，製品アーキテクチャーの任意の領域に対して標準化領域（オープン領域）を設定することができる。まさにこの点がコンセンサス標準の戦略的重要性であり，プラットフォーム・ビジネスを推進するうえでコンセンサス標準化は必須の戦略ツールとなっているのである（立本・高梨，2011）。

コンセンサス標準の代表例としてノートPCの省電力機能について説明する。前述のように消費電力を設計するためには，BIOS，チップセット，さらにはOSが連携して機能しなくてはいけない。従来はこれら3者をすべて知る有力PCメーカーが機能開発を行い，独自機能としてノートPCのレジューム機能などを実現していた。インテルはマイクロソフト，東芝とコンソーシアムを組み，これらバッテリーマネジメント機能をACPI（Advanced Configuration and Power Interface）として標準化して誰でも利用できるようにした。そして1998年から2000年にかけてインテル社は同社が供給するチップセットにACPIを搭載し，ノートPCのオープン化を推し進めた。

インテルはACPIだけでなく，コンソーシアムなどを通じて様々なインターフェイスの標準化を推進し，従来有力パソコンメーカーだけに限定されていたシステム知識を業界標準規格化，すなわちオープン化していった。そして自社が提供するチップセットにそれらを搭載することによってノートPCのオープン・モジュラー化を推進していった。

　図表4－5は，インテルが主導したPCのインターフェイスの標準化を示している。PCの内部インターフェイス，そして外部周辺機器との接続インターフェイスといった様々な領域に対して，ある時はインテル単独で，ある時は他企業と共同しながら標準規格化を行っていった。これは，マザーボード上の様々なデバイスを接続するローカルバス，電源管理の方法，マザーボードの形状[7]，マザーボード周辺機器，HDDや光学ドライブとの接続インターフェイス，グラフィックチップやメモリチップとのインターフェイスなどPCのほとんどの領域に及んだ。

　インテルは標準化を主導し，同時に標準インターフェイスを実装したチップセットを大量に供給した。インテルが供給するチップセットを使用すれば，標準規格化された各種の主要部品を使える。さらに，USBやPCI[8]など標準規格化されているインターフェイスをもつPCであれば，ノンブランドメーカーの製品であったとしても，最終消費者は安心して購入することができるわけである。自社ブランドを持たない台湾ODM企業にとって，こうした標準規格は，機能面や品質面で安心感を提供できるため，好ましいものだったわけである。

　プラットフォーム・ビジネスは，そのビジネスの性質上，自分の周囲の領域（レイヤー）をオープン化，すなわち標準化する。プラットフォームの価値はそのプラットフォームを利用した製品がどれだけ多く実現するかによって決まる。だからプラットフォーム・リーダーは，自社のプラットフォームを利用するためのインターフェイス情報をオープンにして，できるだけ多くの企業に利用してもらおうとする。ここに新興国企業を含む新しい企業の参加の可能性が出てくる。プラットフォーム・リーダーは自らのビジネスのためにアーキテク

7　マザーボード寸法の標準化が進んだのはデスクトップ用マザーボードであり，ノートPC用のマザーボードでは寸法の標準化は進まなかった。

8　PCIは，Periphenal Component Interconnectの略で，コンピュータ内部のインターフェイス規格。

チャーのオープン化を推進しているが，そのことは同時に，今まで先進国企業に閉じていた参入の機会を新興国企業にも提供している。そしてこれらは，さらに国際分業を促進し，新興国産業の経済成長につながっているのである。

3－4．台湾企業の学習プロセス：オープン・ネットワーク下の組織学習

アーキテクチャーがオープン・モジュラー化した結果，台湾ODM企業は製品全体の知識を知らなくても完成品を作ることができるようになり，新規参入のチャンスを得た。ただしノートPCの全ての領域がオープン・モジュラー化した訳ではない。例えば，電子回路の領域はオープン・モジュラー化が進んだが，筐体設計の領域はそうではなかった。部分的に残っているインテグラルな設計問題に対処するため，台湾ODM企業は積極的に組織能力を構築していった。この学習プロセスは組織内学習と組織間学習の2つのプロセスから構成され，高い学習効率を実現している[9]。

まず組織内学習プロセスについて説明する。台湾ODM企業は自らブランド

注：NB=Notebook PC
出所：Kawakami（2009）

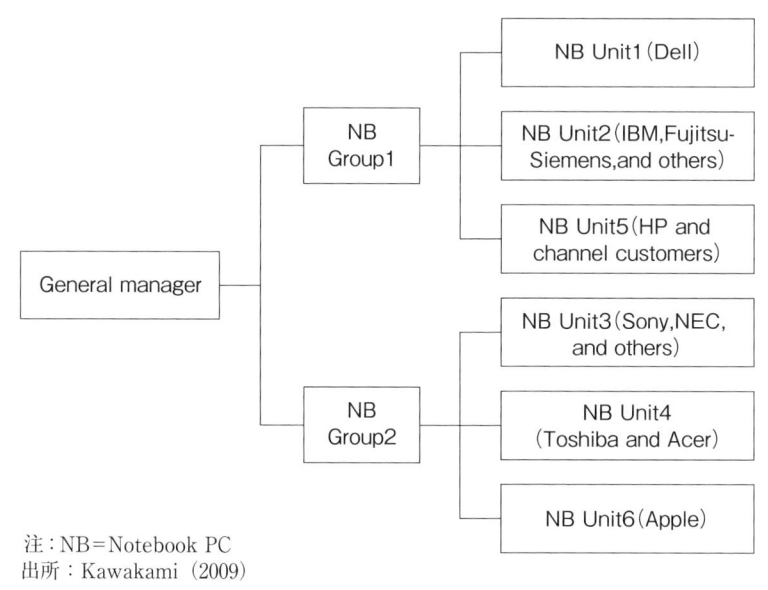

図表4－6．台湾ODM企業の組織図

---

[9] 台湾ODM企業の学習プロセスについてはKawakami（2009）が詳しい。また川上（2012）はグローバル・サプライチェーンの視点から台湾ODM産業全体についてまとめた貴重な研究である。

をもたないことによって，複数のブランド企業から製品開発・生産プロジェクトを受託することに成功している。台湾 ODM 企業内では，常に複数の製品開発プロジェクトが並行して行われている。台湾 ODM 企業は，インテルのプラットフォームを活用しながら自分たちは筐体設計等に集中し，「幅広いブランド企業と取引関係を構築して，同一プラットフォームを前提とした複数の製品モデルの開発プロジェクトを並行して行う」という学習プロセスを構築した。

　この学習プロセスを効率よく行うために，台湾 ODM 企業はビジネスユニット（以下，BU と記す）制と呼ばれる独特の組織構造を持っている。図表4－6 は代表的な台湾 ODM 企業である Quanta の組織構造である。各 BU は，対応する顧客が固定しており，他の BU と各開発プロジェクト内の情報やコスト条件を直接共有しない。台湾 ODM 企業が設計開発しているのは，同一プラットフォームに基づいたノート PC であり，機能面での差異化要素は制限される。このため発注主であるブランド企業にとっては，「どのユーザーセグメントに集中するか」などの市場情報が重要な競争優位源泉となる。こういった情報は同じ ODM 組織内の他社企業のプロジェクトに漏洩しないように厳しく管理される。

　重視するユーザーセグメントが異なると，BU ごとにコスト条件も異なる。ブランド企業は市場情報に基づいて台湾 ODM 企業に生産ラインの投資を促し，その投資に見あうように開発生産委託費を支払う。ブランド企業は，発注規模が大きいほど規模の経済を享受することができる。ただし規模の経済の恩恵（生産装置の償却費など）は BU ごとに処理されるため，同じ ODM 企業と取引を行ったとしても，各ブランド企業は異なるコスト条件に直面することになる。

　ある意味で BU 制は ODM 企業内の経営資源の囲い込みのメカニズムである。このためブランド企業は，たとえ ODM 企業が競合他社と取引していたとしても安心して発注することができるし，発注量に応じてコスト優位も獲得することができる。BU 制が存在することで，ブランド企業と台湾 ODM 企業の間の関係特殊的資産（Williamson, 1979；Asanuma, 1989）への投資が促進される。同時に，BU 制は複数ブランド企業から委託された開発プロジェクトを同一期間に並行して流す製品開発方式も可能にしている。

　複数のプロジェクトを行う製品開発方式は「マルチプロジェクト戦略」と呼

ばれる，1990年代の自動車産業でも観察されたプロジェクト管理方式である（延岡，1996）。なかでも同一のプラットフォームを基盤として，複数プロジェクトを並行して行う方式（並行技術移転戦略）は，短期間で効率よくプロセス関連知識やシステム関連知識を移転できる方法として知られている（延岡，1996：pp. 81-105）。

　プロセス知識やシステム知識は，インテグラル・アーキテクチャーの設計問題を解決する上で欠かせないものであるが, 移転が難しいとされている(Iansiti, 1995；青島・延岡，1997)。システム知識が移転困難である理由は，形式知にできないものが多く含まれるからである。例えば大域性能特性に関する設計問題は，多くの設計要素間の関係を把握し上手に利用しなければ解くことができない。要因間の複雑な関係は開発プロセスの中で把握されるが，必ずしも技術文書や設計ルールのような形式知にならずに暗黙知として保持されるものが多い。時間がたてば消えてなくなってしまうものもある。

　しかし同一のプラットフォームを基に複数の開発プロジェクトを並行することで，形式知化を経ないシステム知識の移転，例えば，開発員の配置変更によって，開発組織全体への知識の展開が可能となる。つまりシステム知識を最も効率よく学習できる方法が，プラットフォームを利用した並行プロジェクト方式なのである。

　台湾ODM企業内のシステム知識の移転はBU制によって一見阻害されているように思えるかもしれない。しかしBU制によって管理されているのは市場情報やコスト条件であって，全てのプロジェクトに共通の情報，例えばプラットフォームに関する技術情報，設計ツールの使用法，基本的な品質管理の手法などは組織全体に移転している。また短期的にはプロジェクト内に閉じられた情報であっても，長期的にはエンジニアの配置転換によって組織全体に移転する。すなわち市場情報とコスト条件を除いたシステム知識・プロセス知識は組織全体に移転していくのである。このようにBU制があっても，システム知識は組織内に移転している。

3－5．オープン・ネットワーク下の組織間学習

　自動車産業と台湾ODM産業で観察された「マルチプロジェクト戦略」は，プラットフォームを基盤とした複数プロジェクトの並行開発方式であり，共通

の原理に基づいた組織学習である。ただし自動車産業が系列ネットワークのような参加者を限定するクローズド・ネットワーク（もしくは系列ネットワーク）である（Dyer & Nobeoka, 2000 ; Robertson & Langlois, 1995）のに対して，台湾ODM産業では参加者を限定しないオープン・ネットワーク（Langlois & Robertson, 1992 ; 国領，1999）である点に違いがある。

　同一プラットフォームを前提としたオープン・ネットワークの場合，組織内学習だけでなく，組織間学習についても高効率な学習プロセスが存在する。オープン・ネットワークでは多種多様な企業が新規に生産ネットワークに参加することができる。同一のプラットフォームを前提とした開発を行っている企業群は，新しい部品企業と取引を開始することによって問題解決を行える可能性をもっている。

　オープン・ネットワーク下におけるMix and Match方式（専門企業同士の無数の組み合わせを短サイクルで試して，うまくいく組み合わせを見つける方法）の組織学習であれば，短期間の内に，ネットワーク（企業の集合体）として設計問題の解を発見することができる（Baldwin & Clark, 2000）。さらに具体的には，人工物設計のネットワークに台湾企業だけでなく，技術力のある日本企業が参加することによって，設計解を発見できる可能性はより高くなる。ここで重要なのは，組織内の情報チャネルを広く取り，情報フィルターを柔軟にすることである。転職者の貢献はこの点にある。　例えば，台湾のノートPC産業には多くの日本人技術者がコンサルタントとして転職していったが，彼らは新しい部品・装置サプライヤーを仲介するなどによって，新しい生産ネットワークを提案・構築し，ものづくり組織能力を高めているのである。日本人コンサルタントのような転職者が台湾ODM企業に参加することにより，組織内の情報チャネルを広くしたり，情報フィルターを柔軟にしたりすることができる。

　本来，組織の情報チャネルや情報フィルターは組織体制に組み込まれ硬直化しやすい（Henderson & Clark, 1990）。しかし転職者を積極的に受け入れることによってこの問題に対処することができる。特に同一プラットフォームを前提としたオープン・ネットワーク下では，情報チャネルや情報フィルターを柔軟に保つことの利益が大きい。なぜなら，同じような設計問題に対して複数の組織が取り組んでいるため，新しいパートナーを見つけることで問題解決でき

る可能性が高いからである。例えば，もともと取引対象でなかった日系の部品サプライヤーも取引対象としたことで，台湾ODM企業は放熱問題を解決した。

　情報チャネルや情報フィルターの変更は，組織構造全体の変更よりも容易に行うことができる。特に同一プラットフォームを前提としたオープン・ネットワークの場合，利益が大きい。

　オープン・ネットワーク下でのプラットフォームの利用は，台湾ODM企業に高効率の組織内学習・組織間学習の機会を与えた。台湾ODM企業はその機会を十分に利用してPC市場での地位を確立した。一部の有力企業に閉ざされていたPC市場は，台湾ODM企業に開かれ，台湾経済を大きく刺激した。そして，マザーボード産業とノートPC産業は1990年代に台湾で大きく成長を遂げた。

3－6．プラットフォーム化がもたらす新しい成長プロセス

　ここまでマザーボードとノートPCという2つの分野の台湾ODM産業の成長プロセスについて説明した。2つの事例に共通することは，「台湾のODM産業が大きく発展した背景には，インテルのような基幹部品を中心としたプラットフォームを提供する部品メーカーが存在するとともに，それを受容して大規模に生産して世界市場に供給する台湾ODMメーカーが同時に存在する」，ということである。すなわち，プラットフォーム・ビジネスとODMビジネスとは表裏一体の関係にあるわけである。

　特筆すべきことは，台湾ODM産業の成長は，従来の内部化理論が説明するような先進国企業の直接投資ではなく，台湾現地企業によって達成された点にある。これを可能にしたのはアーキテクチャー転換と効率的学習プロセスであり，プラットフォーム化はこれに対して重要な役割を演じた（Tatsumoto, Ogawa & Fujimoto, 2009）。

　「アーキテクチャー転換プロセス」の面では，先進国企業によるプラットフォーム・ビジネスが契機となり，アーキテクチャーのモジュラー化，オープン化が行われた。必要なシステム知識はカプセル化され，最低限にまで小さくなっていった。製品アーキテクチャーは動的に変化し，プラットフォーム化によってその変化は大きく加速された。台湾ODM企業はこうしてノートPC産業に参入することができるようになった。

「学習プロセス」の面では，プラットフォーム化は並行技術移転方式という学習プロセスを実現した。台湾 ODM 企業が BU 制という組織構造をとったために，同一プラットフォームによる複数の開発プロジェクトが並行して行われ，システム知識が組織内に高効率で移転していった。一方，組織間学習としては生産ネットワーク全体で問題解決を行った。同一プラットフォームを前提としたオープン・ネットワーク下では，新しいパートナーを見つけることによる Mix and Match 方式の生産ネットワークの構築によって，短期間での問題解決が可能である。システム知識や暗黙知が移転困難だとしても，効率的な学習プロセスを実現する組織体制やネットワークを確立することができれば，その困難を乗り越えうるのである。

　言い換えるならば，プラットフォーム化が「アーキテクチャー転換プロセス」と「高効率の学習プロセス」を引き起こし，従来の内部化理論やプロダクト・ライフサイクル理論の予想よりも，はるかに迅速な新興国産業のキャッチアップを可能とした。これが台湾 ODM 産業成長プロセスの本質である。

4．アジアに広がる台湾モデル：国家特殊優位と制度設計

　前節ではプラットフォーム化を契機として「アーキテクチャーの転換プロセス」と「高効率の学習プロセス」が実現し，このプロセスが同時進行することによって驚くべき速さでキャッチアップが行われたことを説明した。

　さらに台湾 ODM 産業の事例を注意深く観察すると，プラットフォームを導入したり活用したりすることを支えるものづくり環境，すなわち制度的要因が存在している点に気がつく。台湾の投資優遇制度については第8章で詳説するが，ここでは本章との関連について少し議論したい。

　従来の台湾産業の研究では，モジュラー化によって引き起こされたモジュールクラスター型産業進化やオープン・ネットワーク型経済発展プロセスそのものにのみ焦点が当たっていた。しかしその反面，これらのプロセスを支える環境や制度面の議論は不十分であった。政策立案者や多国籍企業の戦略立案者にとって，背後にある「ものづくり環境」や「支える制度」を知ることは，今後の戦略的展開を考えるうえで重要であろう。

　たとえば台湾の投資優遇制度（産業高度化促進条例）では，実装機のような

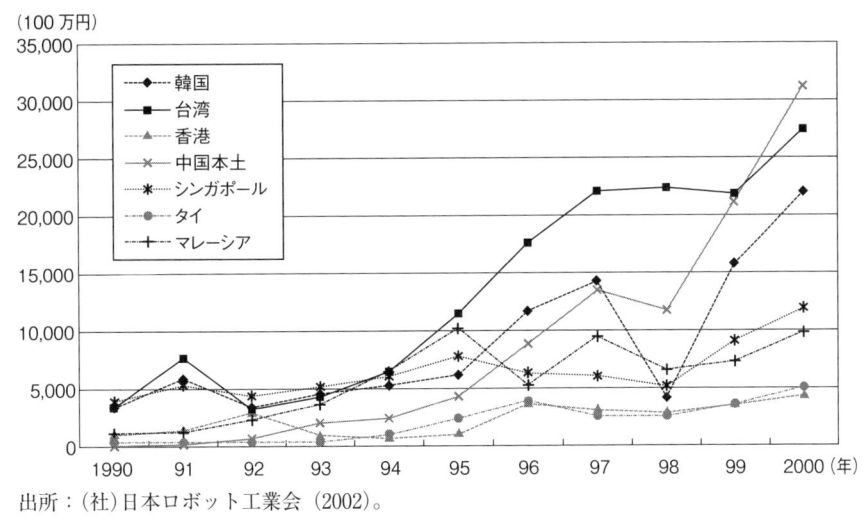

図表4－7．日本からアジア地域への出荷先国別実装機輸出額

出所：(社)日本ロボット工業会（2002）。

　自動化設備などへの投資は，先端R&D投資とみなされ，法人所得税免除や税額控除などの優遇が受けられる（2008年当時）。インテルのチップセットで構成されるプラットフォームを十分に活用するにしても，最新式の高速な電子部品実装機が必要となる。最新式実装機をタイムリーに導入できることが，プラットフォーム化の力を存分に活用するために重要なのである。

　図表4－7は日本からアジア地域への電子部品実装機の輸出額推移であり，1990年代を通して台湾のODMビジネスを日本の実装機が支えていたことを示している。台湾への輸出額に注目すると，95年に大きく伸びていることがわかる。その後90年代後半にかけて高い水準で推移し，95年から99年まで，台湾への輸出額は1位であった。2000年以降，中国本土への輸出が増えているがその大きな部分は台湾資本が直接投資した企業へのものである。台湾の経済規模を考えれば，このような規模で実装機が日本から台湾へ輸出されていることは，特筆すべきものである。

　投資優遇制度を利用することにより，比較的柔軟に生産規模の拡大を行うことができる。最先端の自動化設備を利用し，急激な規模の拡大に対応できるという制度設計は，台湾のODMビジネスを支える国家特殊的優位（立地特殊優位）のひとつである。つまり，台湾の制度的な基盤の上にODMビジネスが繁

茂している，と考えることができる。

　第3章で論じた台湾のファウンドリー産業もODMモデルと同様に，制度支援から大きな影響を受けた。半導体ファウンドリー企業のビジネスモデルは，ODMモデルと同一のものである。半導体ファウンドリーは生産設備を輸入し，柔軟に生産規模を拡大することによって，業績を伸ばしてきた。台湾国内には半導体製造設備産業はほとんど存在しない。そして台湾ODMビジネスの主要顧客がアメリカのブランド企業であるように，台湾ファウンドリーの主要な取引先は，アメリカのファブレス企業（設計専門企業）である。例えば世界でトップクラスの国際競争力をもつ台湾ファウンドリー企業のTSMCは，このような制度を前提に能力構築を行い，ロジック半導体（SoC半導体）分野ではプラットフォーム・リーダーとして産業進化に直接影響を及ぼしている（立本・藤本・富田，2009）。

4－1．プラットフォーム・イノベーションと国際分業

　台湾が経験したプラットフォーム型の経済成長は，ものづくり環境，制度環境の視点からはどのように評価したらよいだろうか。従来の地域経済発展の理論では，地域経済の発展を支える4つの決定要因を重視するPorterのダイヤモンドモデルが代表的である。4つの決定要因とは，第1に天然資源や熟練労働・インフラなどの生産要素条件，第2に国内消費者・川下産業の需要の量と質といった需要条件，第3に関連産業・支援産業の存在，最後に企業の戦略と競争構造である。これら4つの要因が相互作用することで，ある国の産業に自己強化的な持続的優位性が生まれる。このため各決定要因をすべて国内に併せ持つことが重要であるとPorterは主張している。

　しかし，この考え方はこれから経済発展をしようとする地域にとっては，現実的ではない。これからの発展地域には，いくつかの例外を除いて，全ての決定要因が国内に揃っているという場合は少ない。そして何よりPorterのダイヤモンドモデルでは，台湾，シンガポール，韓国がなぜ先端技術産業で経済発展を遂げているのかを説明できない（Rugman & Verbeke, 1993）。

　台湾ODM産業を例にとると，支援産業である生産装置（実装機）産業は台湾国内には存在しなかった。さらに台湾国内に巨大な生産要素市場や消費市場が存在しているわけでもなかった。ノートPCのODM産業でいえば，かろう

じて，電卓産業から転業した人材が存在していただけであった。

　台湾はダイヤモンドモデルの国家優位の決定要素のうち，多くの要素を保持していない。むしろ他国の国家特殊優位に助けられながら，環太平洋のものづくりネットワークの中で，自らに不足している競争優位を近隣諸国の競争優位決定要因で補っている。これをダブルダイヤモンド・モデルと呼ぶ（Moon, Rugman & Verbeke, 1998）。例えば，実装機は日本が国際競争力をもつ産業のひとつである。しかし，その実装機を利用したPCのODM産業は，日本ではなく台湾に生まれた。実装機産業は，Porterのモデルでは第3要因に相当する。台湾は，この決定要因を保持していなくても，日本の産業を活用することによって，クラスターを構築することができたのである。

　台湾ODM産業の成長を詳細に観察すると，近隣国の競争優位決定要因を活用するためには，①プラットフォーム化を契機にモジュール化が産業に発生すること②プラットフォームを活用・導入するための制度的な整備が行われること，の2点が重要であるように思われる。つまり台湾の経済成長で重要な役割を果たしているのがプラットフォーム型の産業構造であり，さらにプラットフォームの活用・導入を介した国際分業である。

　しかし，このような経済モデルは台湾特殊のモデルではない。台湾経済がこのモデルで成功して以来，多くの東アジアの国々では，台湾モデルを取り入れた経済成長を目指している傾向がある。

　例えば，各国の投資に関する税制をみると，台湾モデルがアジア諸国に広がっていることがわかる。図表4－8は，各国の投資・税制に関する施策をまとめたものである。このような制度の重要性は，単にコスト的な優位に限定されるものではなく，プラットフォームを活用する学習機会を与えることにある。さらに，プラットフォーム・リーダーとプラットフォーム活用者の国境を超えた協業関係を確固たるものにする。

　プラットフォーム化の利益を最大限享受したのが台湾ODM産業である。プラットフォームを契機にしたモジュール化とオープン化によって，今では強い競争力を台湾ODM産業はもっている。

　プラットフォーム化によって国際分業が促進され，経済成長が達成されるモデルを「プラットフォーム分離モデル」と呼ぶ（立本・小川・新宅，2010）。

　プラットフォーム型の経済成長は，アジアだけでなく欧州でも観察すること

	実効法定 法人税率（％）	新規投資に係る 免税年限（年）	新規投資に係る 税制待遇
台湾	25	5	5年以内の任意償却／ 投資の20%までの免税
中国（大陸）	15	5免5減半	あり
韓国	27.5	原則ない （外資とのジョイントベン チャーに対して免税あり）	3％の投資低減 （中小企業の場合7％）
シンガポール	25	5～10	3年以内の任意償却
マレーシア	32	5～10	5年以内の資本支出の 60-100％で投資低減
フィリピン	32	4～8	あり
日本	40	なし	あり。ただし実勢に影響 を与える程度ではない

注：法定法人税率は，日本機械輸出組合（2005）を，免税年限，設備優遇は，黄・胡（2006）
を参照した。本表は2009年現在の状況である。10年以降，各国とも税制改訂が行わ
れたため，本表の数字は現在の税率と異なる。日本を除くアジア各国では，法人税の
引き下げ競争を行っており，法人税率は引き下げの傾向にある。

図表4－8．アジア各国の実効法定税率・新規投資優遇措置

ができる。再生エネルギーの先端産業である太陽光発電産業では，プラットフォームの分離効果と，それを支える制度的なメカニズムが欧州の低開発地域を中心に構築されている（富田・立本・新宅・小川，2009a）。プラットフォーム型の経済成長は，技術蓄積のある先進地域と，経済発展が必要な途上地域の分業・協調を基盤とした普遍性がある原理である。そのため，今後の経済成長を考えるうえで，とても魅力的なプロセスといえる。

今後ますます，プラットフォーム・イノベーションへの傾向は強まっていくと予想される。日系メーカーにとっては，台湾モデルに代表されるような東アジアの経済構造を前提に，どのようにパートナーシップを組み，世界市場に製品を供給していくかが国際競争力のキーポイントとなっている。その際に，ここまでみてきたようなプラットフォーム型の経済成長モデルを念頭におくことが，今後のIT／エレクトロニクス分野では重要になっているのである。

5．台湾の産業進化の展望

プラットフォーム化を契機として成長を遂げた台湾エレクトロニクス産業の

将来像はどのようなものだろうか。現在，台湾エレクトロニクス産業は，プラットフォームの利用者と提供者という2つの役割を演じるようになっている。

本章で説明したように，台湾企業はプラットフォームの賢い利用者として，マザーボードやノートPCのODM産業を母体としながら，1990年代末頃から新しい製品分野へと事業領域を拡大した。同一のプラットフォームを利用したODMビジネスは，同質的な製品を生み出しやすく，価格競争が激化しやすい。台湾ODM産業は，この問題に対処するために新しい製品分野を対象としたODMビジネスを開始したり，規模の経済を追求したりすることによって，独自の競争優位を獲得している。

新しい製品領域とは，携帯電話や液晶テレビ，PND（携帯ナビゲーション端末）といった分野である。これらの製品分野での台湾ODM企業のビジネスモデルはノートPCと基本的に同一のものである。基幹部品は外部から調達し，その基幹部品メーカー（パネルメーカー，画像LSIメーカー）に製品イノベーションの多くの部分を担ってもらっている。PCにおけるインテルのように，パネルメーカーと画像LSIメーカーが液晶テレビのプラットフォーム・リーダーシップを持とうとしている[10]。

先に挙げたように，このような基幹部品の組み合わせで製品開発・生産ができるような情報家電分野は，PC以外にもまだまだ存在する。それらをうまく取り込みながら，ODMビジネスは成長していくと思われる。例えば世界最大規模のODM企業として有名な鴻海精密工業は，様々なデジタル製品の分野でODMビジネスを行い，巨大な生産規模を背景に優れた競争優位を確立している。爆発的なヒットを記録しているアップル社のiPod/iPhoneの製造も鴻海精密工業のような台湾ODM産業が担っている。エレクトロニクス分野で世界的な競争力を獲得するためには，こういったODM産業をいかにうまく活用するかがひとつの焦点となっている。

そして，プラットフォームの提供者として台頭し始めた台湾企業が存在する。この一端を液晶テレビ分野を例にみる。図表4－9は，液晶テレビ・モニター用の画像LSIメーカーを分類整理したものである[11]。第1のグループは，アメ

---

10 ただし，液晶テレビの，部品メーカーがインテルのようなプラットフォーム・リーダーシップを握れるかどうかは，まだ不明である。
11 液晶テレビの基幹部品メーカーとして，画像LSIメーカーを取り上げた。プラットフォー

区分	メーカー名	設立年	国籍	形態	出自
①液晶モニター，TV/VTRメーカー	Genesis Microchip	1987	アメリカ	ファブレス	液晶モニタコントローラメーカー
	Micronas	1989	スイス（本社）/ドイツ（事業部）	IDM*	民生・自動車電子回路向けサプライヤー。TV，ビデオ用ICで実績がある
②PC用グラフィックチップメーカー	Trident	1987	アメリカ	ファブレス	PCグラフィックチップメーカー/SoCデザインメーカー
	ATI（現AMD）	1985	カナダ	ファブレス	PCグラフィックチップメーカー
③SoCデザインメーカー	Pixelworks	1997	アメリカ	ファブレス	SoCデザインメーカー
	Zoran	1987	アメリカ	ファブレス	SoCデザインメーカー
	MStar	1998	台湾	ファブレス	SoCデザインメーカー
	MTK	1997	台湾	ファブレス	SoCデザインメーカー

注：Micronasは，デジタルAV機器用のLSI製造をUMCに委託する契約をしている（2002年）。

図表4－9．画像LSIメーカーの分類

リカのGenesis MicrochipやスイスのMicronasのように，以前よりテレビ・モニターシステム向けチップソリューションを提供してきたメーカーである。Genesis（Microchip）は，PC用の液晶モニター用画像LSIで実績をもつ。MicronasはTV・ビデオ用ICのリーディングサプライヤーであり，現にTV音声多重ICでトップシェアを誇る。第2のグループは，米・Trident，カナダのATIのように，PC用グラフィックコントローラ（グラフィックカード）を提供していたメーカーである。これらのメーカーはPC用グラフィックコントローラ市場が飽和したため，液晶テレビ用画像LSI市場に移行してきた。第3のグループは，Pixelworks，Zoran，MStar，Media Tek（MTK）といったファブレス型SoC（システムオンチップ）デザインメーカーで，画像LSI事業に新規参入してきた。このグループはM&AやIP（Intellectuall property）流通を利用して，マルチメディア用のIPを獲得し，これらをSoCにして提供する。

注目したいのは，SoCメーカーに台湾メーカーが含まれていることである。

ムという見地からは，液晶パネルよりも画像LSIの方が大きな地位を占める。

MTKやMStarといった台湾系のSoCメーカーは，近年急激に業績を拡大している。一方，従来大きなシェアを持っていたGenesisは，2009年以降，シェアが下がりつつある。12年現在では，MStarやMTKが液晶テレビ向けのLSI分野でドミナントなシェアを獲得している。台湾発の半導体ファブレス産業は，大きな影響力を及ぼす存在となり，プラットフォーム企業として頭角を現しつつある。

MTKは，液晶テレビ以外にも，DVDプレイヤーの制御LSIやGSM携帯電話のベースバンドチップも手がけている。DVDプレイヤー分野において，MTKは，光学部品メーカーの三洋電機と組むことによって，DVDプレイヤー向け制御LSIのプラットフォーム化に成功した（小川，2007b）。これにより，光ディスクドライブ全体の半数以上がMTKの制御LSIを採用するに至ったわけである。このプラットフォームを利用して，中国ローカルメーカーがDVDプレイヤーを生産するようになった。技術力の低い新規参入組の中国ローカルメーカーであっても，MTKのプラットフォームを利用すれば，DVDプレイヤーの生産が可能になったのである。

同様に携帯分野においては，中国本土で流通している中国ブランドの携帯電話は，MTKチップを利用したプラットフォームを広く採用しており，2005年の中国地場企業に対する市場シェアは71％にものぼった（丸川，2007）。このように，台湾系の半導体メーカーの中には，基幹部品をプラットフォーム化して供給する企業が出現し始めている。プラットフォームに基づいたイノベーションを利用することによって，台湾経済はエレクトロニクス産業の進化に上手に対処しているようにみえる。

さらに，台湾エレクトロニクス産業で観察された産業進化のパターンが，台湾という地域を越えて中国本土へも移転している。つまりプラットフォーム型のイノベーションが伝播していると思われる。先に紹介した携帯電話（丸川，2007），太陽光発電パネル（富田・立本・新宅・小川，2009b），DVD機器（小川，2007b）などが嚆矢として挙げられるだろう。

プラットフォーム化を機に台湾エレクトロニクス産業は，巨大な経済成長を遂げた。そのイノベーションパターンは，中国大陸や東アジア諸国へと波及している。この点において，日本は今後どのように台湾，中国本土，東アジアのものづくりネットワークに参加していくことができるのか，どのような役割を

担うことができるのか，そのために台湾産業の成長プロセスをさらに詳細に検討し，その成功から学ぶことが必要であろう。

第5章

台南サイエンス・パークにおける奇美電子の液晶パネル事業

簡　施儀・長内　厚

　前章までに示したように，台湾は要素技術をモジュールにして効率よく水平分業を行うモジュラー型の製品開発に長けている。一方，日本の製造業は要素技術間の巧みなすりあわせによって製品全体のまとまりをよくする統合型（すりあわせ型）の製品開発を得意としてきた。しかし，近年ではエレクトロニクス産業に代表されるように，モジュラー化の進展がコモディティ化を招いて過度な価格競争に陥り，日本の統合型製品開発だけでは競争優位を確保することが困難になってきた。このような状況では，従来同様に統合型の付加価値創造のメリットを競争優位の主要な源泉としながら，モジュラー型の効率的な製品開発を取り込み，価格競争力と製品差異化を両立する製品開発のあり方を模索する必要がある（藤本・東京大学21世紀COEものづくり経営研究センター，2007）。一方，台湾でも中国におけるエレクトロニクス産業の勃興により，従来型のモジュラーの製品開発だけでは台湾の競争優位を維持することが困難になり，モジュラー型に統合型の製品開発を取り込もうとする動きが出てくるようになった（長内，2010b）。

　本章では，その一例として台湾最大の液晶産業クラスターである台南サイエンス・パーク（台南科学園区）における液晶パネル開発を紹介する。特に台南サイエンス・パークの中核企業であるCMO（当時）が後発メーカーであったにもかかわらず，台湾有数の液晶産業集積を形成するに至ったプロセスを見る。本章および次章の奇美グループの液晶開発事例を通じて，台湾のものづくりに

　本章は台湾行政院国家科学委員会研究費補助金（課題番号 NSC94-2416-H-309-005，研究代表者：簡施儀）および，科研費若手研究（A）「製品構想を規定する技術的要因と非技術的要因」（課題番号：20683004，研究代表者：長内厚）の助成で受けた研究調査成果の一部である。

おける新たなパターンの存在を示したい。

1．台湾液晶産業の特徴

　台湾液晶産業の発展は第4章でも詳説したが，もう一度簡単におさらいしよう。台湾は，1980年代の半導体産業とその後のPC関連産業の成功を経て，90年代にはアジアのシリコンバレーとも呼ばれる一大IT産業集積に成長していた。90年代末にPCの主力製品形態がデスクトップからノートPCに移行した（Christensen, 1997；日経マイクロデバイス編，1999）。ノートPCの生産コストの30％は液晶パネルが占めていたため，台湾企業にとって液晶パネルの国産化が急務であった。

　液晶パネルの製造工程は，代表的なTFT[1]液晶を例に取ると，第1段階のアレイ工程，第2段階のセル工程，第3段階のモジュール工程の3段階に分けることができる。アレイ工程とは，ガラス基板の上にTFTの回路パターン（アレイ）を書き込む工程である。アレイ工程では，半導体製造の際にシリコン基板の上に半導体回路を書き込むものとほぼ同一の技術が使われる。セル工程とは，アレイ工程で作られたガラス基板と赤青緑の3原色を表示するためのカラー・フィルター基板とを貼り合わせ，2枚の基板の間に液晶原料[2]を封入する工程である。最後のモジュール工程は，セル工程でつくられた液晶セルに駆動用のドライバーICや光源であるバックライトを取り付ける工程である。アレイ工程とセル工程をあわせて前工程，モジュール工程を後工程と呼ぶこともある。また，液晶パネルメーカーがドライバーICやバックライトを取り付けることなく，前工程で生産された液晶セルだけをクライアント企業に販売し，クライアント企業が独自のドライバーICやバックライトを取り付け，液晶パネルの技術的な差異化を行うこともある。

---

[1] Thin Film Transistorの略称で液晶を駆動させるスイッチとなる薄膜トランジスタのこと。
[2] 今日，液晶といえば，一般に液晶パネルを指すことが多いが，本来液晶とは，液晶パネルに封入された液体（Liquid）と結晶（Crystal）の中間状態の物質のことを指す。1963年に米RCA社が液晶に電気的な刺激を加えると光の通し方を変化させられる性質を発見し，この特性を利用して作られた表示デバイスが液晶ディスプレイ（LCD; Liquid Crystal Display）である。

上記の3工程の中で，アレイ工程は台湾が得意とする半導体生産技術が流用できるプロセスである。また，モジュール工程はモジュールの組み立てプロセスであり，これも台湾が得意とする領域である。しかし，セル工程は液晶パネル特有の工程であり，独自に開発をするか，海外からの技術移転が必要であった（王，2003b）。1992年に創業した元太科技工業（PVI）[3]は，中小型[4]のTFT液晶パネルを生産するために技術提携先を日本企業に求めたが折り合いがつかず，アメリカ企業に技術者を派遣して液晶パネル製造工程の研修を受けさせ，台湾への技術導入を行った。97年にはCPTが三菱電機の子会社であるADIから大型液晶の技術移転を受け同事業に乗り出した。電子ペーパーメーカーとなったPVIを例外的な事例として，CMO以外の多くの台湾液晶メーカーは2000年前後に設立され，主に日本企業との技術提携によって短期間のうちに液晶パネルの量産を開始したという共通点を有している（図表5－1）。一方，

企業名	設立年	量産開始年	技術提携先	所在地
友達光電（AUO）(注1)	2001年	2001年	日本IBM，松下電器産業（現パナソニック）	新竹／台中サイエンス・パーク
奇美電子（CMO）	1998年	1999年	自主開発	台南サイエンス・パーク
中華映管（CPT）	1997年	1999年	三菱電機	桃園
瀚宇彩晶（HannStar）(注2)	1998年	2000年	東芝，日立	桃園／台南サイエンス・パーク
廣輝電子（QDI）	1999年	2001年	シャープ	桃園（2006年にAVOと合併）

出所：筒・長内・神吉（2011）
注1：友達光電は聯友と達碁が2001年に合併された会社である。達碁は1997年に日本IBM，聯友は98年に松下と大型TFT液晶の技術提携を行った（王，2003b）。
注2：瀚宇彩晶は2002年に台南サイエンス・パークに入居した（http://www.hannstar.com/frontend_t/hannstar/hs 2 c_milestone.htm）。

図表5－1．台湾液晶パネルメーカーの参入時期・技術提携先・所在地

3　元太科技工業は台北市に本社を置くディスプレイ製造大手企業である。設立当初はPVI（Prime View International）という社名であったが，2009年6月に米国の電子ペーパー（Amazon.comのKindleやソニーのReaderなどの電子書籍端末に使われるディスプレイデバイス）最大手であるE-Inkを買収したことをきっかけに，10年6月に親会社であるPVIも社名をE Ink Holdingsに変更している。同社のTFT液晶事業は中小型パネルにとどまり，05年以降は電子ペーパーを主力事業としている（http://www.printedelectronicsworld.com/articles/pvi_is_now_e_ink_holdings_incorporated_00002371.asp）。
4　中小型サイズは10.4インチ未満のパネルでPDAや携帯電話に使われ，大型サイズは10.4インチ以上でノートPC，PC用ディスプレイ，テレビなどに使用される（日経マイクロデバイス編，1999）。

日本企業が台湾企業と本格的に提携を始めた要因として，1998年頃に生じたアジア金融危機を契機に，韓国メーカーが大型液晶価格を大幅に引き下げたことが挙げられる。日本企業は金融危機の影響で液晶パネル生産のための大規模な設備投資ができず，韓国企業の低価額戦略に対応しきれなかった。そこで日本企業は台湾の組み立て加工型製造業の高い生産性に期待して，台湾への技術移転を加速した。日本企業は，台湾への技術供与の見返りとして，低温ポリシリコン液晶（LTPS TFT液晶）などの新技術開発の原資を得ると同時に，PC用ディスプレイやノートPCの生産拠点である台湾マーケットで安定的な需要を獲得することができた（王，2003）。

　また，日本は，台湾が有するアレイ工程，モジュール工程を補完するセル工程に関する技術を供与したが，それらは主に日本の部材メーカーによる原材料の提供や，設備メーカーによる製造設備の提供を通じて行われた。つまり，台湾では日本製の部材や設備を輸入して液晶パネルを生産していたため，部材や設備に由来する液晶の根幹技術は日本企業に蓄積されたままであった。液晶パネル生産において，日本製の部材，設備に頼らなければならない状況は，最大の生産国である韓国でも同様である。2002年には，液晶パネル市場シェアは，韓国39.5％，台湾38.8％，日本22.2％となり，この年台湾は初めて日本を追い抜いた。以来，日本は韓国，台湾の後塵を拝している。しかし，10年4月8日の朝鮮日報の報道によると，液晶パネル最大手のサムスン電子の李健熙会長が「サムスンは最近数年間で進歩しているが，まだ日本企業から学ぶべきことが多い」と発言したように，韓国企業が液晶パネルをはじめ，半導体，携帯電話などのいずれの分野でも日本の設備，部品に相当部分を依存しているという現状がある。[5]

　日本の液晶産業を，家電メーカーがつくる液晶パネルモジュールのビジネスに限定してみると，先に示した市場シェアのように日本は失敗したようにみえる。ところが，液晶パネルの部材や設備も含めた液晶関連産業としてみると，日本の部材・設備メーカーは，日本での開発製造を自らの競争力の根幹にかかわる業務に集中させ，パネルモジュールの組み立て製造を，より効率性の高い

---

[5] 「サムスン会長「日本から学ぶべきこと多い」」，朝鮮日報 Chosun Online 日本語版，2010年4月8日（http://www.chosunonline.com/news/201004080000052）。

韓国や台湾の企業にアウトソースしているようにもみえる。台湾液晶産業の成功は，かつての半導体産業の成功の再来のように語られることがある。しかし，半導体産業の育成に政府と政府系研究機関（ITRI）が主導的な役割を果たしていたのに対し（第3章参照），液晶産業の育成においては，税制免除などのような条例は存在したものの，政府主導の政策ではなく，あくまで民間主導の活動であった。また，当時，ITRIも液晶関連技術を開発していたが，そこから供与された技術を使って量産に成功した企業は存在していない（赤羽，2004）。

赤羽（2004）によれば，当時，政府やITRIが液晶産業に力を注がなかった主な理由は次のようである。台湾企業にとって半導体の技術源はアメリカであり，アメリカの半導体開発者のネットワークには多くの在米台湾人が存在していた。また，アメリカに留学していた台湾人技術者がITRIや台湾半導体企業で働いていたため，政府主導の産学連携政策を通じてアメリカから技術を得やすい環境にあった。他方，液晶の技術源は日本であったが，日本の液晶開発者の多くは日本企業で働く日本人技術者であったため，日本企業に直接アクセスするしか技術移転の方法がなかったとみられる。在日台湾人や日本への留学生は相対的に少なく，日本の液晶開発のネットワークに台湾人が直接入り込むことが難しかった。台湾政府が本格に液晶産業の育成に注力し始めたのは，台湾の民間レベルでの液晶技術移転が行われた後の2002年に台湾政府が「両兆雙星計画」を開始してからであった。この計画では，液晶パネル産業が半導体産業と同じく国家の重要産業であり，政策面で全力に育てるという方針が定められている。

台湾液晶パネルメーカーが，半導体産業のように政府からの強力なサポートを得ることなく，短期間に世界第2位の競争力をつけるに至った背景には，日本企業からの技術移転があったといわれている。

2．奇美グループの液晶パネル事業参入

奇美電子は2010年当時，世界の4大液晶パネルメーカーの1社である（図表5－3）。最後発の参入メーカーであり，それ以前は食品や化学製品を扱う企業グループの中の1社であった。このような不利な条件の中で，奇美電子は

材料・部品	世界主要メーカー	日本メーカー市場占有率
カラー・フィルター	凸版印刷，大日本印刷，東レ	80％
ドライバIC	日本TI，NEC，シャープ，サムスン電子，日立製作所，東芝，松下電器産業（現パナソニック）	40％
バックライト	スタンレー電気，デンソー，茶谷産業，富士通化成，多摩電気	84％
ガラス基板	コーニング，旭硝子，日本電気硝子，NHテクノグラス(現アヴァンストレート)	62％
偏光フィルム	日東電工，サンリッツ，住友化学	64％

出所：簡・長内・神吉（2011）

図表5-2．1998年当時の液晶部材の日本占有率

どのように液晶パネルの開発・生産技術を獲得したのであろうか。奇美電子は親会社の奇美実業が液晶事業参入のために1997年に設立した新規参入企業である。奇美グループは，主力のABS（アクソロニトリル・ブタジエン・スチレン）樹脂事業などの化学工業や食品事業などを手がけていたが，エレクトロニクス産業での経験は皆無であった。しかし，奇美電子は設立以来着実に成長を続け，2000年代後半には台湾で1，2位を争う液晶パネルメーカーに成長，09年には鴻海精密工業（Foxconn）グループの中小型液晶パネルメーカーの群創光電（Innolux）と合併して，新たな奇美電子（CMI; Chimei Innolux）[6]が誕生した。現在，奇美電子は，特に成長の著しいテレビ用大型液晶パネル分野ではトップ企業に成長している（図表5-4）。

奇美電子の成功は，奇美電子が入居する台南サイエンス・パークの成功と並行して語られている。奇美電子は台南サイエンス・パークの敷地面積の50％以上を保有して大工場群を建設し，売上額でもサイエンス・パーク内企業の50％を超えている。「台南サイエンス・パークは奇美サイエンス・パークだ」という冗談がささやかれるほどである（楊，2004）。

先述のように，日本企業が液晶技術とその部材をもっているので，台湾企業が原材料を確保するためには日本企業にアクセスするしかない。奇美電子と台南サイエンス・パークの成功は，奇美電子が後発ながら日本の液晶部材メーカ

---

[6] 合併後の新奇美電子の存続会社は群創光電であり，英語へ社名はChimei Innoluxに変更されたが，中国語社名は2012年までは奇美電子のままであった（現在は，群創光電（Innolux））。本章では新奇美電子（CMI）と区別する必要がある場合を除いて，調査当時の社名であるCMOもしくは奇美電子と記す。

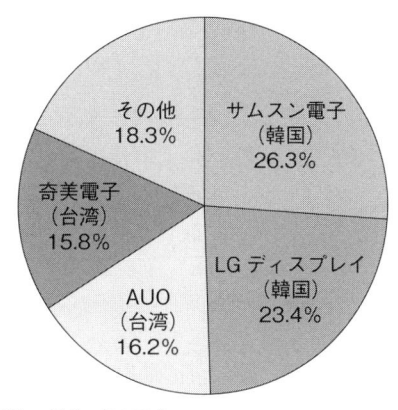

出所：長内（2010b）
図表5−3．液晶パネル世界シェア（2010年）

順位	ノートPC	ネットブック	PCモニター	テレビ
1	LGディスプレイ	LGディスプレイ	LGディスプレイ	奇美電子
2	サムスン電子	ハンスター	奇美電子	サムスン電子
3	AUO	AUO	サムスン電子	LGディスプレイ

出所：長内（2010b）
図表5−4．用途別液晶パネル世界シェア（2010年）

ーの多くから台南サイエンス・パークへの投資をうまく引き出し，台南サイエンス・パークに独自の液晶パネル製造サプライチェーンを構築したためと考えられる。

　液晶パネル関連の日本の部材企業の多くは他のいずれのサイエンス・パークでもなく，台南サイエンス・パークに入居している。2003年8月のデータによると，サイエンス・パーク内の液晶パネル産業の日本人エンジニアは118人であり，外国エンジニアの総数の半分を占めていた。その内訳は，新竹サイエンス・パークが13人，台南サイエンス・パークが105人であり，日本人エンジニアのほとんどが台南サイエンス・パークで働いていた。

　日本企業が台湾進出を決めたことには，日本の部材メーカーにとっての損得勘定が働いたことはいうまでもない。台湾液晶産業の成長とは反対に，日本の液晶パネルメーカーは，シェアの低下や撤退が相次いでいたため[7]，台湾の市場

7　シャープを除く日本の大型液晶パネルメーカーは，国内生産から台湾パネルの調達に切

は魅力的であった。台湾南部の雲林県に進出した旭硝子發殷の社長，村山武靖氏は台湾の液晶部材市場について次のように語っている。

「今年（2003年）私たちのガラスの台湾での使用量は全世界の28％，2004年は37％で世界1の市場となり，……さらに2007年は48％になると予測する。将来，ガラス基板メーカーが生産するガラスは台湾企業向けが半数以上になるので，台湾進出が必要であった」[8]

このように日本の部材メーカーが，台湾進出を決めたこと自体は不自然ではない。しかしながら，なぜ台南サイエンス・パークであり，なぜ奇美電子なのか，という疑問が残る。なぜ，日本の部材メーカーは奇美電子の呼びかけに応じたのであろうか。先述のように，奇美電子は，他産業からの新規参入企業であり，奇美グループがABS樹脂ビジネスで成功したからといって，液晶事業で成功するという保証はなかった。日本の部材・設備メーカーにしても，エレクトロニクス産業において実績のある他の液晶パネルメーカーの方が好ましいと考えても良さそうなものであるが，なぜ他の台湾液晶パネルメーカーではなく奇美電子と組んだのであろうか。

3．台南サイエンス・パークの概要

台南サイエンス・パークは台湾南部の台南県にあり，台北から台南までは台湾高速鉄道（台湾新幹線）で1時間45分程度の距離である。台南サイエンス・パークは，現在では南部科学園区（南部サイエンス・パーク）の一部で，台湾南部で最初に開発されたサイエンス・パークである。[9]

台南サイエンス・パークを含む南部サイエンス・パーク建設の経緯は次のとおりである。1990年代に入ると，台湾半導体産業の発展に伴って，新竹サイ

り替えている。この際，安定供給の保証を技術提携先の台湾企業と契約している。
8 「100％獨資，技術不分享」（http://www.techvantage.com.tw/content/034/034124.asp）。
9 南部サイエンス・パークには，「台南区一期」，「台南区二期」，「高雄区」，「高雄バイオテクナノジー園区」が含まれる。敷地総面積約1600ヘクタールの広大なサイエンス・パークである。

エンス・パークは新規入居，あるいは増築を希望する半導体企業が急増し，次第に手狭になっていた。台湾政府は別の地域に新規のサイエンス・パーク建設が必要と判断し，91年に新設科学園区計画を提出した。93年には，台湾の北部と南部の経済格差是正を目的として，南部でのサイエンス・パーク建設が決まった。94年２月に，台南県の官有地でサトウキビ畑となっていたところを建設予定地とし，同年５月に準備委員会が発足，95年に新サイエンス・パークが設立された。96年６月，徳基半導体，台湾積體電路，智邦科技の３社が新サイエンス・パークの最初の入居者となったが，これらは半導体産業の会社であった。このとき開かれた地域が現在の台南区一期であり，台南科学園区（台南サイエンス・パーク）と命名された。

2000年代に入ると，台南区一期の80％に企業が入居し，大規模な製造設備を必要とする半導体産業と液晶パネル産業のためにさらにサイエンス・パークを拡張する必要が生じた。01年には，高雄県に高雄区が建設された。台南区一期地区では，07年に開業する台湾新幹線が近くを通過することが決まり，その振動がサイエンス・パークに影響をおよぼすことが懸念されたため，01年に台南区二期が設立された。03年に，準備委員会が科学園区の管理局に昇格し，台南科学園区は台南区二期，高雄区を含めて南部科学園区（南部サイエンス・パーク）という名称に変わった。

南部サイエンス・パークに進出している企業は①半導体，②光電[10]，③バイオテクノロジー，④通信，⑤精密機械，⑥コンピューター周辺機器の６つの産業が主である。それぞれの企業数と生産額を図表５－５と図表５－６に示した。2000年には光電産業の企業数が一番多くなり（図表５－５），02年には半導体の売上高を抜いて，南部サイエンス・パークで主な産業となる（図表５－６）。光電産業企業の多くは液晶関連産業である。

次に，台南サイエンス・パークにおける液晶産業のサプライチェーンを図表５－７に示した。台南サイエンス・パークには，川上から川下までの企業が出揃い，特に一般的に台湾が弱いとされている川上産業において，台湾独自資本や台日合弁企業が多いことがわかる。

10　光電産業は，太陽電池，フラットパネルディスプレイ，光学部品（レンズなど）あるいはこれらの関連技術や部品に関した産業分類である（新竹サイエンス・パークホームページ（http://www.sipa.gov.tw/jweb/industries.htm）より）。

	1998	99	2000	01	02	03	04	05
半導体	1	1	3	5	8	7	8	10
光電	0	1	4	10	12	17	23	28
バイオテクノロジー	0	1	2	2	6	11	11	17
通信	1	1	3	5	5	7	8	9
精密機械	0	1	1	1	2	6	13	23
コンピューター周辺機器	0	0	0	0	0	1	1	2
その他	0	0	0	0	0	1	1	2
合計	2	5	13	23	33	50	65	91

出所：簡・長内・神吉（2011）

図表5－5．南部サイエンス・パークの企業数

（億新台湾ドル）

	1998	99	2000	01	02	03	04	05
半導体	0.7	11.4	139.1	287.4	485.4	609.0	831.5	831.7
光電	0.0	0.5	98.4	199.6	523.4	897.3	1685.8	2604.6
バイオテクノロジー	0.0	0.1	0.6	1.5	2.4	5.3	11.6	15.4
通信	0.4	3.1	6.7	5.5	3.7	6.6	8.7	10.6
精密機械	0.0	0.8	2.5	7.8	16.1	32.7	46.0	50.7
コンピューター周辺機器	0.0	0.0	0.0	0.0	0.0	1.1	9.0	11.3
その他	0.0	0.0	0.0	0.0	0.0	1.2	1.7	3.5
合計	1.1	15.9	247.3	501.8	1031.0	1553.2	2594.3	3527.8

出所：簡・長内・神吉（2011）

図表5－6．南部サイエンス・パークの生産額

　台湾政府は，台南サイエンス・パークへの企業誘致のため，様々な優遇税制を実施した。例えば，台南サイエンス・パークで設備投資を行う場合は5％から20％，研究開発・人材育成への投資は最大35％の減税措置が受けられる。また，「新興重要策略性産業」と「製造業及びその関連技術サービス業」であれば，5年間の営業所得税（法人税）が免除されている。

　また，優遇税制だけでなく，台南サイエンス・パークの広大な敷地面積も企業にとって魅力のひとつとなっている。

「新竹や中部のサイエンス・パークと比べると，台南サイエンス・パークの利点は用地面積の広さだ。これは液晶産業集積の発展には必須要件となる。企業が今後大規模な液晶生産設備を建設する際に，台南サイエンス・パークの広いスペースは十分にそのニーズを満たすことができるだろう（李，2004）」。

　この土地のメリットは日本企業にとって同じである。

	項目	会社名	
川上	ガラス基板	台湾コーニング	アメリカ系
	カラー・フィルター	南鑫光電 (現和鑫光電 (Sintek))	大日本印刷との技術提携
		展茂光電	凸版印刷 (Allied Material) との技術提携
	偏光板	住華科技 (住友化学系)	日系
		力特光電 (Optimax Technology)	サンリッツ (日系) との技術提携
	ドライバー IC	瑞儀光電 (Radiant Opto-Electoronics), 中強光電 (Coretronic), 和立聯合科技 (Helix)	台湾系
		大億科技 (Kenmos Technology)	スタンレー電気 (日系) との技術提携
	液晶材料	台湾チッソ	日系
	フォトマスク	頂正科技 (Finex)	日系
	CCFL (蛍光管)	台湾 NEC, 西虹電子 (West; パナソニック系), 台湾スタンレー電気	日系
川中	TFT 液晶	奇美電子, 瀚宇彩晶 (Hann Star)	台湾系
川下	液晶テレビ	駿林 (Digi Media)	台湾系

出所：簡・長内・神吉 (2011)

図表5－7．台南サイエンス・パークの液晶パネル産業のサプライチェーン

「土地も大きな誘因となる。新竹サイエンス・パークも飽和した。現在，台南サイエンス・パークではまだ多くの土地を使うことができる（楊，2004：p.119)。

しかし，日本企業の台南への投資を促進させたのは，減税や用地のメリット以上に奇美電子の存在が大きかったといわれる。

4．奇美電子と創業者・許文龍氏の果たした役割

4－1．許文龍氏と奇美実業[11]

許文龍氏は1928年に台南市で生まれた。戦前の日本統治時代には日本教育

---

11 許文龍氏の父親は美しく「奇な」もの（珍しいもの）であれば必ず売れると考えていた。この考えに従って，「奇美実業」と名づけられた（黄，1996)。

を受けていた。当時は進学のプレッシャーがなかった時代であり，日本人教師も台湾という新天地で使命感が強く，主要科目を教えるだけではなく，生徒に美術や音楽などの教養を得ることを勧めていた。こうした少年期の教育環境の中で，許文龍氏は18歳まで自分が日本人だと思っていたという。第2次世界大戦の終結によって，自分が台湾人だと思い知らされた許文龍氏であったが，日本人教師の影響で習い始めたバイオリンを戦後も続けているなど，音楽や美術の愛好家となった。[12]

奇美グループは台南の下町で兄弟とともに始めたプラスチック玩具や日用雑貨を製造する町工場から始まり，奇美食品による冷凍ウナギの対日輸出などの事業も手がけ次第に会社は大きくなった。その後，「もっと大きな仕事をしたい」と許文龍氏の得意分野である化学工業分野に進出し，1957年，台南の中国生産力センターで行われたアクリルシート・ゼミナールという研修に参加し，アクリル板事業への参入を決めた。許文龍氏は研修の資料からこの技術をもつのは日本の三菱レイヨンであることを知り，技術を習得するために，59年7月に同社を訪問した。三菱レイヨンからは藤井部長（当時）が対応した。[13]

三菱レイヨン訪問は許文龍氏にとって，とてもラッキーなことだった。氏と藤井氏は同じ化学エンジニアとして意気投合しただけでなく，2人は音楽という共通の趣味をもち，互いの家を行き来する程の仲になった。1959年9月，三菱レイヨンの支援のもと奇美実業が成立された。奇美実業本体の創業と成長の経緯は西原（2002）に詳しく述べられるので詳細な説明は同稿にゆずり，本章では概略だけたどっていこう。

その後三菱グループとの縁がもとで，台湾のプラスチック市場への参入を求める三菱油化と奇美実業との提携話がもちあがった。許文龍氏はこの提携案を断わることを検討したが，長期的には日本企業との合弁事業の経験を通じて，将来に必要なノウハウを得ることができると考え，1965年に三菱油化，三菱商事，奇美実業の3社合弁で奇菱樹脂株式会社を設立した。これは奇美グルー

---

[12] 1992年に台南の奇美実業本社内に絵画や楽器などを陳列した奇美博物館を設立している。特に，世界的に有名なストラディバリ（Stradivari）のバイオリンを多数所蔵し，音楽家に無償で貸し出している。演奏会のため奇美博物館から楽器を借りる著名な音楽家も少なくない。
[13] 三菱レイヨン訪問時における藤井氏とのかかわりについては，黄（1996）を参照した。

プにとって初めての外資との提携であった。三菱油化と合弁会社を作るという経験は奇美実業の発展の基礎となっただけでなく，奇美グループと三菱グループの結びつき，さらには日本の産業界との結びつきを強くすることにつながった。

奇美実業は，1974年に家電や自動車部品に使われるプラスチック原料であるABS樹脂の製造を開始した。奇美実業が生産するABS樹脂は，家電製品の筐体や自動車の内装などに使われ，多くの日本企業が奇美実業の顧客となった。また，先行する日本の樹脂メーカーに対し，許文龍氏は正面から競合するのではなく，棲み分けを行っている。技術的には日本の化学メーカーの方が進んでおり，高品質のABS樹脂を作る技術は日本の方が長けていた。しかし，日本メーカーは品質基準が厳しいため，高品質ではあるが高コストでもあった。許文龍氏は，「全ての樹脂製品が日本の厳しい品質基準を満たしていなくてもいいのではないか。例えば，テレビの前面のキャビネットは高品質な日本製がいいだろうが，普段見えない背面のキャビネットは中品質の樹脂でもよいのではないか」と考え，中品質，低コストなABS樹脂に特化して製品化を行った。この事業がABS樹脂の需要を喚起し，奇美実業は日本企業と相互補完的な関係を築きながら，国際的な企業に発展することができた。

こうして許文龍氏は奇美実業を世界最大のABSメーカーに育て上げた。氏は，2005年に会長職を退いたが，今日でも奇美グループのみならず台湾の政財界に影響力をもっている。1999年に許文龍氏は日本経済新聞社の「第4回日経アジア賞」を受賞し，奇美実業も「日本TPM優秀賞」を受賞している[14]。前者の賞は，民間人としても台湾人としても許文龍氏が初めての受賞者であったため，氏は，日本の経済界でも高い知名度をもつようになった。

こうした奇美実業の事業で獲得した日本人人脈や知名度は日本企業とのつきあいに重要な財産となり，奇美電子と台南サイエンス・パークの液晶パネル産業集積の発展にも大きく貢献している。

4－2．奇美電子

許文龍氏は1997年に液晶パネル産業に参入するため，奇美電子を設立した。

---

14 「工商時報」（2002/ 6 /19）。

2000年代半ばには，従業員数1万5000人，台南サイエンス・パークに第3.5代，4代，5代，5.5代[15]の工場を有し，PCディスプレイ用パネル，ノートPC用パネル，液晶テレビ用パネルを生産するまでになった。台湾では，AUOに次いで生産額第2位の液晶パネルメーカーであるが，テレビ用液晶パネルに限っていえば，世界トップのメーカーである（図表5－2，5－4）。

　陳（2004）によれば，奇美電子には次のような特徴がある。第1に，技術開発については自主路線を重視し，唯一日本企業に技術移転費を支払っていない企業である（新宅・許・蘇，2006）。2001年に日本IBMのTFT液晶部門[16]を買収したが，これはIBMが持つ技術よりもむしろ顧客を獲得することが目的であった。第2に，工場の量産体制が整う前から富士通が計画生産量の3分の1の数の液晶パネルを買い付ける契約を行うなど，日本企業からの信頼が厚いメーカーである。第3に，唯一カラーフィルターを自社（奇美実業）生産できる企業である。

　3番目の点について補足すると，そもそも奇美グループが液晶事業に進出するきっかけとなったのは液晶パネルメーカーからカラーフィルターの開発製造を打診されたためであった（長内，2010a）。その頃はまだ許文龍氏を始め多くの奇美グループの人間が，液晶とはなんなのかすら知らない状態で，まず，液晶パネルについて勉強することからはじめたと許文龍氏は述べている（長内，2010a）。そして，液晶について勉強をすると「これはエレクトロニクスというよりケミカル（化学）に近い製品であり，それならうちでも作れるのではないか」と思うようになり，許文龍氏の決断により液晶事業参入が決まったという（長内，2010a）。

　さらにサプライヤー・リスト（図表5－8）をみると，奇美電子と日本企業との深い関わりがわかる。そして，こうしたサプライヤーの多くも台南サイエンス・パークに会社を置いている。

　以下では許文龍氏から関係者の言葉を引用しつつ，奇美電子の，設立過程とその背景について述べる。1990年代頃，許文龍氏は新事業への進出を模索していた。

15　パネルの世代はガラスの大きさを意味する。サイズが大きくなればなるほど，より優れる生産技術が必要とする。
16　日本IBMのTFT液晶部門を買収してから，日本IDTechが作られた。

原材料	サプライヤー
ガラス	コーニング，NHT（現アヴァンストレート）（日），旭硝子（日）
偏光板	日東電工（日），稲畑産業（日）
バックライト	中強光電，富士通化成（日），瑞儀光電，油化電子（日）
ドライバIC	テキサス・インスツルメンツ，奇景，菱台，富士通マイクロエレクトロニクス（現富士通セミコンダクター）（日），東芝（日）

出所：奇美電子公開資料をもとに筆者作成

図表5-8．奇美電子のサプライヤー・リスト

「会社（奇美実業）発展の限界を感じて，別の事業を考えていた。最初，ABS樹脂の川上事業の話があったが，環境汚染の問題があり，十分な用地が必要なために台湾でこの事業をするのには消極的であった。国土の広いアメリカで土地を買って行うことも検討したが，それでは今までのような高効率なリターンを得ることができないと判断し，この投資はやめることにした」[17]。

1995年に，韓国液晶大手のサムスン電子から，液晶のカラーフィルターを製造する化学会社に投資してくれないかという誘いがきた。そこで許文龍氏は奇美実業の何昭陽部長とともに韓国を訪れ，サムスン電子の液晶事業を視察した。液晶パネルの材料コストは総コストの60%を占め，原材料には化学製品が多い。これは奇美実業に共通した部分があると感じた[18]。技術自主の精神が奇美の社是であり，技術はある程度自社で把握しなければならないと考えていたため，サムスン電子との合弁には消極的であった。

その後，何昭陽部長は友人の紹介で呉炳昇氏と知り合った。台南生まれの呉炳昇氏は，台南の国立成功大学の電気工学博士を取得し，PVIに勤めていた。1996年ごろ，大型サイズのTFT液晶事業への想いを抱いてPVIを退職し，事業の出資者を探していた[19]。

事業案に興味を示した何昭陽部長は，事業計画資料からカラーフィルターの

---

17 「TFT-LCD新股王：奇美電子許文龍的F4」（http://www.techvantage.com.tw/content/019/019044.asp）（2005/11/9）。
18 同上。
19 当初，中鉄集団だけがこの投資案に興味を示したが，官営企業であるため新しい産業への投資には慎重であり，結局実行に移すことはなかった（陳，2004）。

原料がアクリルシート製造技術と関連していることを知った(陳, 2004)。また，株主である三菱化学がカラーフィルターに投資していたことも，この計画を後押しした。

そして，1997年6月23日に，許文龍氏は呉炳昇氏と事業案について話し合いをもった。これによって技術的な問題を独自に解決できるめどが立ち，打ち合わせの翌日，大型TFT液晶事業参入が決まった。[20]そして許文龍氏は，大型TFT液晶パネルの用途を主に液晶テレビに定めた。PC用の液晶パネルは競合も多く価格下落が激しい。液晶テレビは当時においてまさにこれからの産業であり，ブラウン管との世代交代で需要も十分にあると判断された。

とはいえ，当時の台湾の技術だけでの事業展開は難しかったため，許文龍氏を始め，奇美の担当者たちは日本の液晶部材メーカーにコンタクトをとり，情報提供などの協力を求めた。

「説明を聞いてから，すぐ日本に連絡した。台湾の技術者は第2世代の液晶製造技術をもつだけで，テレビ用パネル製造に必要な第3世代の技術をもっていなかった。台湾で先行していた元太科技も第2世代までだけだった。だから，奇美は初めから第3世代で行こうと考えた。私たちは日本企業とすぐに話ができる。日本との関係がいいので，1本の電話ですぐにやってくれた」(荘, 2000)。

新事業の内容を決めると，次は会社の所在地をどこにおくかが検討された。奇美グループの主要企業は台南にあった。また，先述の奇美博物館や奇美病院など本業とは直接かかわりのない事業を台南で営んでいる。これらは，奇美グループが台南の人たちとともに成長を遂げており，その恩返しとして地元への社会貢献として行っている事業である。また許文龍氏自身も台南出身であり，強い思い入れをもっていた。さらに，ちょうど台南にサイエンス・パークができたこともあったので，液晶事業は台南サイエンス・パークに入居して行うこととなった（楊, 2004）。[21]こうして1997年12月に手始めとしてカラーフィル

20　「奇美電子資深副取締役である呉炳昇／抗韓「液晶面板教父」」(http://www.bnext.com.tw/mag//2005_04_15/2005_04_15_3186.html)。
21　楊（2004），p.107。

ターのメーカーである奇美電子が台南サイエンス・パークで設立された。

カラーフィルター生産は設備投資が大きいため，日本シイエムケイに第1世代の古い生産設備を購入して生産を開始した（陳，2004）。当時，台湾で液晶パネルを製造していた聯友光電（Unipac。現在は達碁科技（Acer Display）と合併してAUOになっている）やPVIは日本からカラーフィルターを買っていたため，奇美はカラーフィルターの生産だけでは十分な事業成果を得ることはできなかった。

先述のように，許文龍氏は，液晶パネルにはケミカルの要素が多いと感じていたため，カラーフィルターのみの生産ではなく，液晶パネルそのものを作るべきだと判断し，1998年8月6日にTFT液晶パネルを生産する奇晶光電を設立した。奇美グループ自身が液晶パネル事業に参入した背景には，パネルモジュールに奇美実業の樹脂製品を使えるという思惑もあった。その後，奇美電子と奇晶光電の2社は合併して液晶パネルメーカーとしての新「奇美電子」が誕生し，99年12月よりTFT液晶パネルの生産を開始した。

4-3．日台協力による液晶パネル・サプライチェーンの完成－日本企業の台南サイエンス・パーク投資

先にも述べたように，液晶パネルの原材料コストは全体の60％以上を占める。また，前工程まで終わった液晶パネルは作り直すことはできないので，液晶パネルを構成する材料のどれかひとつに問題があると，製造した液晶パネル全体が不良品となってしまう。したがって，液晶パネルメーカーにとって，パネル生産の歩留まりは利益率に直結してしまう。歩留まり改善のためには，サプライヤーである部材メーカーが液晶パネル工場の近くにいれば問題解決の可能性が高まるため，川上の部材メーカーと産業集積を形成することが望まれていた。しかし，発展途上の台湾液晶産業は，液晶パネル自体の技術だけでなく，原材料となる部材メーカーを台湾内で育成することもできていなかった。

台湾政府もこの問題を重視し，1999年に日本に液晶の川上産業への投資を求めた。[22]当時，台湾経済部の王金岸氏は日本企業による投資を促進するために，

---

22 「美日「玻璃」大戰燒到台灣」（http://www.techvantage.com.tw/content/013/013173.asp）。

日本で投資説明会を開いた。そのとき，王氏には，焦佑麒氏（瀚宇彩晶（Hann Star）社長），林文彬氏（碧悠電子（旧Pievue取締役），許庭禎氏（奇美電子営業副部長），凌安海氏（劍度（Cando）取締役）が同行した。しかし，説明会に参加した日本企業は少なかった。日本と台湾との商慣習の違いや技術流出を恐れた日本企業は二の足を踏んだのである。

　一方，奇美電子も積極的に日本企業に台南サイエンス・パークに入居することを促していた。奇美電子も歩留まり改善によるコストダウンに日本の部材メーカーが台南サイエンス・パーク内にいることが欠かせないと考えていた[23]。台湾に警戒心をいだく日本企業も奇美には協力的であった。

「私たちはここ（台南サイエンス・パーク）に来た主な理由のひとつは奇美電子がいることである。奇美電子はうちの工場を建設することに当初から協力してくれた。台南サイエンス・パークは最新のサイエンス・パークであり，近くに製品輸出のための港もある。今は台湾で最も重要な液晶パネル産業集積だ。……（楊2004：p.118）」（頂正科技；エスケーエレクトロニクス（京都府）の台湾子会社）。

「台南サイエンス・パークに来る前に，私たちはすでに（2001年に）高雄で事業を行っていた。許文龍さんがうち（住友）のトップに台湾への投資話をもってきた。その話を受け，検討してから，台南サイエンス・パークにも工場を作った」（住華；住友化学の台湾子会社）。

「私たちは材料メーカーのために工場を建設して，そこに入居してもらっていた。……日本の偏光板メーカーも奇美が作った台南サイエンス・パーク内の工場に誘致した……つまり，私たちは部材メーカーの工場となるHouse（箱物）に多額の投資をすることで，関連するすべての企業をひとつの連携関係の中に置こうとした。奇美には長年築いてきた日本との信頼関係をもとに最初からこういう戦略を考えていた。奇美がまずクラスターをつくる。そして日系企業を

23　「奇美帶動群聚效應　光電成為台南科學園區火車頭」（http://www.techvantage.com.tw/019/019072.asp）。

私たちの会社の近くに集める。液晶事業で一番難しい部分はサプライチェーンの構築にある。ひとつの部分にミスがあれば，全ての工場の作業が停止してしまうからだ」(奇美電子)。

　また，奇美電子が部材メーカーの工場建設に協力することによって，このサプライヤーより川上の産業においてもクラスター効果が出てくると奇美電子は考えていた。

「台南サイエンス・パークは台湾の中でも産業集積効果が一番顕著だが，それは奇美がここにあるからだ。私たちは，集まったサプライヤーのずっと川上産業の企業もここに招いてほしいと考えている。私たちは部材メーカーのために工場を作ることで，部材メーカーを中心にした産業集積効果が発生することを期待している。奇美電子はこのような部分でかなり力を入れ，サイエンス・パーク入居のためいろいろなインセンティブを増加させようとしていた（楊 2004：p.118)」(奇美電子)。

　日本企業に台南サイエンス・パークへの投資を促す際の奇美グループのアドバンテージは日本企業との長年の関係であった。奇美実業の発展に伴って築いた日本企業との良好な関係や，日本教育を受けた影響で日本人と価値観を共有しやすかった創業者・許文龍氏の対日本企業交渉は奇美のアドバンテージであり，好ましい結果をもたらした。

「許文龍氏は日本のビジネス業界での知名度が高い。……今回（台湾政府の），日本での投資説明会は低調であったが，……奇美が日本企業に呼び掛けることで高いレベルの日本企業が誘致される可能性がある。……今後発展する商品市場において日本の液晶関連企業のトップは，主に許文龍氏と将来の台湾液晶産業のビジョンと全体的な戦略について意見を交換することになるだろう」[24]。

「……液晶パネル技術の多くは日本から来たものだ。しかし，関連部品メーカ

24　「工商時報」2002/6/19。

ーの多くは中小企業であり，海外（台湾）投資を行う意欲がなかった。奇美電子の許文龍は個人的な魅力を利用し，日本で2回の説明会を開いた。その結果多くの日本企業が興味をもってくれた。現在まで，国際日東，頂正科技，住友，日本真空などの日本企業が台南サイエンス・パークに工場を建設し，台南サイエンス・パークの液晶パネル産業集積の形成に貢献した」[25]。

「3年前に，日本真空が台湾に工場を作るという計画があったが，台湾側からの返事がなかった。台南サイエンス・パーク内に液晶生産設備の工場を作る計画を考えたのは，第5世代設備は規模が大きくなり日本からの輸入が難しく，現地で組み立てる必要があるためだ。今回は，（日本とのパイプを持つ）奇美電子に南部準備委員会を紹介してもらうことをリクエストした」[26]。

　こうした奇美電子，および許文龍氏による日本企業の入居促進は，台南サイエンス・パークの産業集積効果を増加させた。当時，台南サイエンス・パークの入居企業の多くは，事業を拡大するために手狭な新竹サイエンス・パークから移転してきた半導体企業であった。しかし，景気の悪化に加え，建築中の台湾新幹線の振動問題も懸念されたため，入居を取り消したり，延期したりする企業も少なくなかった。そのため，奇美電子の積極的な行動は台南サイエンス・パークにとって救世主であった（楊，2004）。奇美電子に続いて，同じ液晶パネルメーカーであるHannStarもこの完備した液晶パネル・サプライチェーンを利用するため，台南サイエンス・パークに開発製造拠点を作った。
　前述のように，奇美電子は液晶パネル産業に参入する際，当初から近い将来，液晶テレビ向け製品が主力になると考えていた[27]。しかし，液晶テレビが大型になればなるほど重量や面積が増すことで運送コストが高くなり，輸送中に液晶パネルにキズが入るリスクも高くなる。さらに，在庫保管のコストも他の電子製品より高い[28]。これらの問題を解決するため，液晶テレビ産業のサプライチ

25　「中時電子報」2002/11/ 4。
26　「精實新聞」2002/11/ 4。
27　「奇美陸材台用　向阿里郎宣戰！」（http://www.businesstoday.com.tw/Web_Content/article.aspx）。
28　「奇美啟動台南科學園區「液晶電子專門區」」（http://www.bnext.com.tw/mag//2005_

ェーン強化を図る必要があった。その具体的な施策として関連部品メーカーが集積する工業区を作ろうと，台南県に提案したのも許文龍氏であった。[29]

　台南県政府はこの提案を受け，2004年に台南サイエンス・パークの西南側に「液晶テレビ及び関連産業支援工業区」を設けた。この工業区は未完成のうちから12社[30]の関連企業が入居し，うち7社は奇美グループの子会社や出資を得た台湾企業であった。さらに，この工業区には結果として台湾企業や奇美グループと日本企業との合弁企業が入居している。純粋な日本企業は唯一日本旭硝子發股だけである。奇美グループは日本企業を日本本社工場のエクステンデッド・アームとして誘致するのではなく，奇美グループを中心とした台湾液晶産業のサプライチェーンの一部に組み込むことに成功している。このことは，液晶パネル生産の歩留まり改善だけでなく，長期的に見れば，液晶パネル開発・製造に関する様々な技術を台南サイエンス・パークに蓄積させることにもつながっている。

5．むすび

　台南サイエンス・パークは台湾最大の液晶パネル産業集積である。台湾政府は，税金免除や土地提供などのメリットを提供することによって，サイエンス・パークへの企業誘致を行った。しかし，台南サイエンス・パークに進出した日本の部材メーカーの多くにとっては，政府の施策よりも，民間部門である奇美電子の存在が大きかった。

　奇美電子にとっては，原材料の確保とコスト削減のため，サプライチェーン全体を台南に集積させることが重要であった。しかし，台湾では，液晶パネル自体の技術だけではなく，原材料についても日本企業に頼っている状況であった。そこで，許文龍氏は，日本とのつながりを活用して，日本企業の台南サイ

05_01/2005_05_01_3200.html）。
29　「台南科學園區液晶專區週五動土」（http://www.tssdnews.com.tw/daily/2005/04/20/text/940420h8.htm）。
30　奇美グループと資本関係があるのは川銘精密科技，奇景光電，啟耀光電，活水託兒所，奇美材料科技，奇美電子，奇美物流である。それ以外は，旭硝子發股科技，緯創資通（Wistron），創億光電（液晶テレビODMメーカー），英齊實業，特銓國際であった。

エンス・パークへの投資を促し，自社を中心としたサプライチェーンの構築を実現した。

　奇美グループによるサプライチェーン構築の直接的な狙いは液晶パネルの品質向上と，それによってもたらされる利益率の向上である。しかし，台南サイエンス・パークの成果はそれだけではない。奇美グループは，自身のサプライヤーに対して，さらにその川上のサプライヤーも含めて台南サイエンス・パークに立地してもらうことを促していた。その結果，台南サイエンス・パークは液晶パネルモジュールの組み立て加工地であるに留まらず，設備・材料から完成品に至るまで内製可能な産業集積に成長している。さらに，その過程で奇美グループが工場建設などの融資をすることで，台南サイエンス・パークはサプライチェーンの川上から川下まで台湾系の企業で占めることができている。

　台南サイエンス・パークでは，統合型の製品開発の成果物としての日本の設備や部品をモジュール的に輸入して加工するだけでなく，サイエンス・パーク内部に統合型の製品開発拠点を築いている。台南サイエンス・パークの産業集積効果は，統合型の部材・設備の開発プロセスと液晶パネル，ドライバーIC，液晶テレビなどのモジュラー型の開発プロセスの効果的な技術統合プロセスとみなすこともできる。サプライチェーン全体を台湾系企業が占め，かつ台南という集積に立地することで，技術と技術との間，あるいは部品と部品との間の調整が行いやすくなっているのではないだろうか。こうした企業間の調整が可能なのは，単に地理的に近接しているだけではなく，台湾のエレクトロニクスが，機能ごとの中小企業が組み合わさって全体でひとつの製品開発プロジェクトを構成する徹底した水平分業の構造を持ち，企業間での連携や情報の流通・共有のハードルが低いからこそ可能なのかもしれない（長内，2007a）。いずれにしても，台南サイエンス・パークでは，産業集積の効果が歩留まりの改善だけではなく，集積内での技術蓄積や，技術統合を促進させる組織能力の深化といったメリットを生じさせていると考えられる。

　奇美グループと許文龍氏は，台湾社会，とりわけ台南地域の企業や住民と強く結びついている。それは，奇美グループが地元に雇用を創出しているからだけではなく，地元台南への貢献として奇美博物館や奇美病院の設立や，大学への寄付などの社会貢献活動も含まれている。他方で，親日家として知られる許文龍氏は日本の産業界と協調的な関係を構築している。このことは，日本企業

の資本参加によって台南サイエンス・パークのサプライチェーンが完成し，奇美電子の事業が軌道に乗った直接的な要因である。

　この点に関して，台湾と日本の産業界は，共に互いの産業のネットワークから情報を直接的に入手することが困難であったが，許文龍氏は両者の情報にアクセスしやすい位置にあったと考えてみる。オルドリッチ（2007）は，元々結びついていなかった２つのネットワークを引き合わせる役割を担うことで，より有利な立場につくことを，ブローカーの役割として定義している。台湾の液晶関連企業は日本の部材メーカーとのつながりを欲していた。一方，日本国内の市場が縮小する中で，日本の部材メーカーは，台湾企業の購買力に期待していた。台南サイエンス・パークで奇美電子が中心的な果たせたのは，この両者のネットワークを結びつけたことによって，ブローカーとしての地位を獲得できたからということができるかもしれない。モジュラー型と統合型の製品開発は，その組織，プロセス，企業文化など様々な点で相互に異質なものであり，それぞれのタイプの開発組織同士は必ずしも互いの組織の製品開発のスタイルを正しく理解することは困難である。日本企業（やその背後にある日本文化）を手本とし，台湾企業として台湾で育った奇美グループだからこそ，統合型とモジュール型のバランスをうまくとれたのかもしれない。

第6章

台湾の液晶産業参入と発展

許経明・新宅純二郎・蘇世庭

　世界的な国際競争力をもつ台湾の半導体産業，液晶産業，PC（パソコン）産業，光ディスク産業にとって，製造設備，部品，材料における日本企業との協力関係はきわめて重要である。また日本企業にとっても，生産面で圧倒的な競争力をもつ台湾企業との間に，取引関係，技術提携，生産開発委託関係を築くことは，重要な意味をもっている。その中で，台湾のTFT液晶産業は，日本企業との技術提携関係に基づいて立ち上がった典型例であろう。

　台湾のTFT液晶産業は，1997年に日本企業から技術移転を受けて大規模な設備投資を始め，99年に量産体制を立ち上げた。当初の99年にはわずか2％しかなかった台湾企業のTFT液晶ディスプレイの世界生産シェアは，その後急激に拡大し，2004年には数量ベースで世界トップシェアとなる約40％を獲得した。その背景として，とりわけ日本企業との連携，技術供与の関与が広く知られている。しかし，生産シェアでトップを獲得するまでには，台湾企業自らの努力による改善活動や製品・工程開発活動も大きく寄与していたと考えられる。すなわち，単なる技術移転を受けた工場の運営だけでは不十分であり，企業自らの努力による改善活動や，製品，工程の企画，部品の内製ができるようになって，はじめて競争力をもった企業になりうる。

　このような台湾のTFT液晶産業の発展に関して，その生成期については，赤羽（2004）が日本企業や台湾政府の役割をきわめて明快に分析している。ところが，その後の急成長期の台湾TFT液晶産業の発展の要因と台湾企業の戦略について分析した研究はみられない。そこで，急成長期と現在の台湾TFT液晶産業の実態に焦点を当て，台湾でのフィールド調査を行った。台湾企業が

1　Thin Film Transistorの略称で液晶を駆動させるスイッチとなる薄膜トランジスタのこと。

どのようにして日本から導入された技術を吸収し，学習していったのか，また，日本のシャープや韓国のサムスン電子，LG フィリップス（現 LG ディスプレイ）とどのような戦略で競争しようとしているのかといった点を明らかにしていこうという目的である。

　技術提携や技術移転の成功には，技術供与側と技術吸収側の双方に，適切なアプローチが必要だろう。教える側による技術供与の内容と方法はもちろんだが，それのみならず，受け入れ側の吸収能力が，技術移転の成否に大きく影響しうると考えられる。TFT 液晶産業は，台湾企業と日本企業の間に複数の技術提携がみえ，同一時期に同一技術領域で複数の技術組み合わせが観察される希有な事例である。畢竟，TFT 液晶産業は，技術提携のパターンが技術移転の成否に与える影響を研究するうえで，適切な事例だと考えられる。われわれは，台湾の TFT 液晶企業への調査を通じて，どのような技術がどのような体制で移転され，学習されていったかという技術提携のパターンとその違いを把握したい。

　本章の事例は，下記の調査で得られたヒアリング内容と，会社案内，新聞報道など二次資料をまとめたものである。

　　調査時期：2006 年 3 月 21〜24 日
　　場所：台湾の新竹，台北，台南，楊梅
　　訪問先：工業技術研究院（ITRI）産業經濟興資訊服務中心
　　経済部工業局カラーイメージング産業推進事務所
　　友達光電（AUO）
　　大和総研台北事務所
　　奇美電子（CMO：現 CMI）
　　瀚宇彩晶（HannStar）

1．TFT 液晶産業における日台メーカーの協力関係

1−1．台湾 TFT 液晶産業の発展と技術移転の背景

　前章では台南サイエンス・パークにおける液晶産業集積に焦点を当てたが，ここでは，広く台湾液晶産業の全体像をみてみよう。台湾経済は 1980 年代に

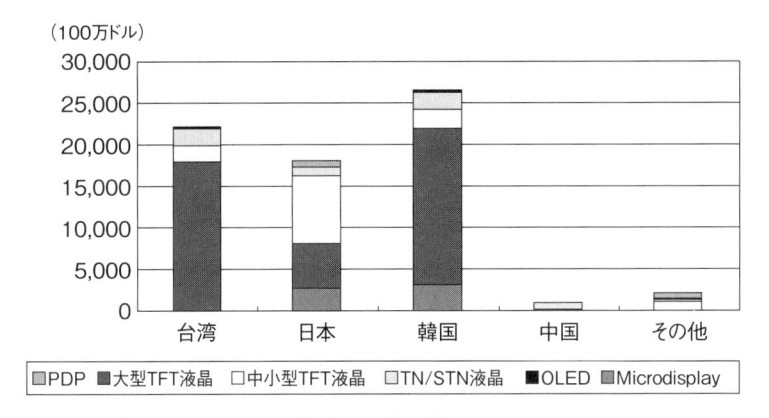

出所：ITRI IEK-IT IS 計画 2006 年 3 月
図表 6 - 1．2005 年世界各国フラット・ディスプレイ生産金額一覧

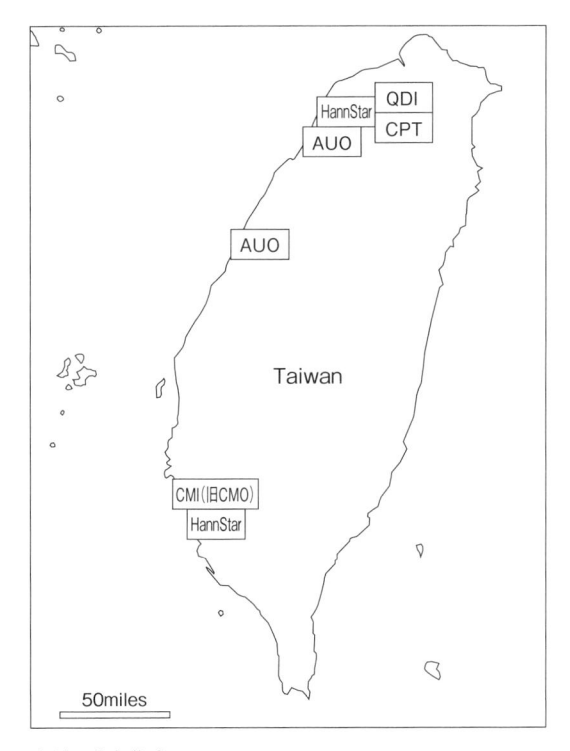

出所：著者作成
図表 6 - 2．台湾 TFT 液晶企業分布図

第 6 章　台湾の液晶産業参入と発展　93

電子産業をベースにして発展し，90年代には一貫して貿易黒字を稼ぐ状態になった。しかしながら，台湾の産業は完全に独立したものではなかった。例えば，台湾電子産業の中心であるPC製造では，多くの部品を海外からの輸入に頼っていた。とりわけ，日本から電子部品その他の部品原材料が輸入されていた。図表6－3は，台湾の総輸出額と日本からの輸入額の関係を示したものである。この総輸出・対日輸入の金額は正の相関関係にあり，台湾の輸出産業が日本からの輸入に依存している関係を示唆している。

　台湾政府にとっては，日本依存の産業構造は大きな問題であると認識されていた。そこで，日本からの輸入に頼っている品目の国産化を進める方針を打ち立てた。具体的には，1992年に「重要部品・製品発展法」が制定され，国産化推進品目として66品目が指定された。ここで指定された66品目の輸入額は30億ドルに達し，そのうち16億ドルが日本からのものだった。計画は2000年6月をその期限としてスタートした。台湾政府はITRIなどの政府主体の研究機関に累計172億新台湾ドルの研究開発投資を行い，また26.4億新台湾ドルの補助金を出して民間の共同開発を奨励した。さらに，外資の直接投資を優遇し，積極的に外資の誘致を行った[2]。その際の，国産化対象製品のひとつが，液晶パネルでありITRIが中心になって「フラット・ディスプレイ技術発展四

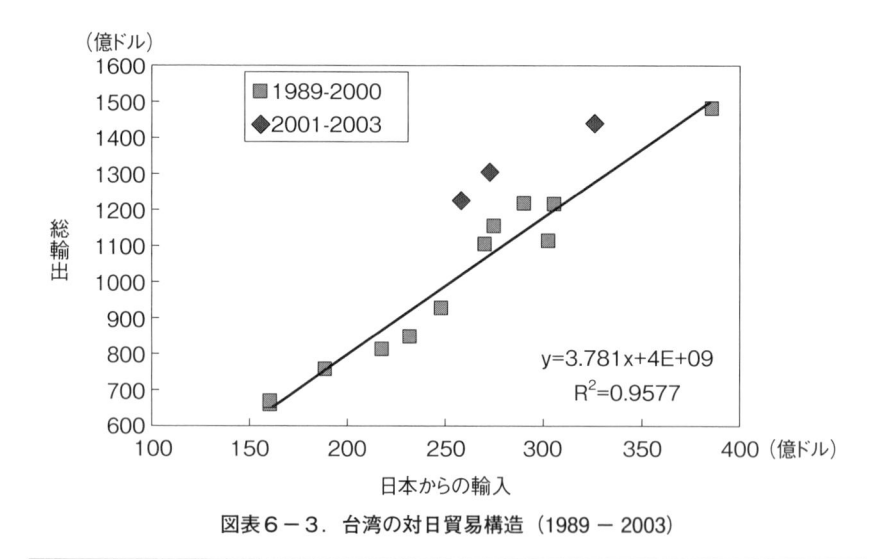

図表6－3．台湾の対日貿易構造（1989 － 2003）

(グラフ: 日本からの輸入（億ドル）を横軸，総輸出（億ドル）を縦軸。1989-2000および2001-2003のデータ。$y=3.781x+4E+09$，$R^2=0.9577$)

---
[2] 台湾の部品国産化計画については，水橋（2001），pp. 105-107を参照した。

年計画」が1993年から実施された（2 – 4.2）を参照）。

　台湾はPC用部品の供給国として世界トップであり，ノートPCでも世界のおよそ半分を製造，供給している。ところが，PCの重要なデバイスであるTFT液晶パネルは1999年までほとんど日本,韓国からの輸入に依存していた。TFT液晶パネルはノートPC生産コストの約30％を占める。したがって，台湾にとって液晶パネルの国産化には大きなメリットがあり，是非とも取り組むべき課題であると考えられていた。

　台湾の各メーカーは1999年に本格的な設備投資を開始し，2004年には技術供与元の日本メーカーを抜き去り生産シェアで韓国企業と1位を争うほどになった。また，04年当時の国別生産能力は，台湾が40％弱で世界第1位，韓国が約35％で第2位，日本は25％程度で第3位であった。なお液晶産業は，04年には，全世界で5兆円市場に達した。

　1992年に設立されたPVIは，台湾で最も歴史のあるTFT液晶企業である。株主である大手製紙会社の永豊餘社長は，フラットパネルが将来紙を代替するものになる可能性を信じ，アメリカに留学していた人材を招きくなどしてITRIと共同で研究開発を行ってきた。CMO，HannStarなど台湾の主要TFT液晶企業の要職の多くは，PVIでの職歴をもっている。[3] しかし当時は，重要な基本技術を入手できる当てはなく，人材も乏しかったことから，生産性がなかなか上がらなかったのが現実であった。そこで，台湾企業側は外部からの技術導入を図り，TFT液晶技術を有し市場をほぼ独占していた日本の液晶企業に技術移転を打診した。ところが，いずれの日本企業にも台湾へ技術移転を行う意思はなかった。とはいえ，このときすでに，ITRIの研究開発計画によって，台湾企業の技術はある程度の水準に達し，いざ要素技術や製造ノウハウを入手できれば，短時間でキャッチアップできる「準備態勢」が整っていたといえるだろう。

1 – 2．日本企業が台湾へTFT液晶の生産技術を移転した背景

　後発の韓国TFT液晶企業は，1997年のアジア通貨危機の影響を受けて資金繰りが悪化したが，ウォン安を利用してパネルを低価格で販売し，一躍市場シ

3　陳（2004），参照。

ェアを拡大した。当時のウォン安で部材の仕入れコストは高騰したが，売れ行きの好調はそれすら相殺するほどであった。日本の液晶企業は激しい価格競争に追いつけず，迫りくる韓国液晶企業の脅威に晒されるという厳しい事業環境に直面し，台湾への技術移転に踏み切った。

　当時，TFT 液晶の最大市場はノート PC であり，台湾企業は大きな顧客であった。1996 年頃までの台湾企業は TFT 液晶のほとんどを日本から購入していたが，韓国メーカーが TFT 液晶の量産化を始め，低価格な製品が台湾に売り込まれるようになった。当時，韓国製の DRAM がすでに台湾市場にも浸透し，日本製品のシェアは低下していた。韓国製のパネルが大量に流れて，ノート PC の生産量が急拡大する台湾市場を席巻する恐れがあったため，これを阻止するには台湾で生産するしかないという判断が，日本からの技術供与につながったと思われる。

1－3．日台 TFT 液晶メーカーの協力関係

　台湾企業が長期間にわたり日本企業へ積極的なアプローチを続けたところに，通貨危機がきっかけとなり，日本液晶企業はついに台湾企業と手を組むようになった。1997 年，三菱電機と CPT が TFT 液晶の技術提携契約を交わした。これを機に，東芝，日本 IBM，松下電器（現パナソニック）やシャープも次々と台湾への技術移転に踏み切った。「IMF 危機がなかったら，台湾は容易にこの産業に参入できなかっただろう」と HannStar の副総経理（当時）である楊界雄氏は語っている[5]。こうして TFT 液晶の量産技術を手に入れた台湾企業は，日本と比べればかなり遅いスタートだったが，急速な追い上げをみせ，2004 年には世界生産シェアの 38.2％を占めるに至っている。

　台湾企業は，技術移転に伴う学習や現場指導を受け，短時間で歩留まりを上げ，獲得した技術をしっかりと根付かせたうえで，その後さらに発展させることができた。一方，日本企業が台湾企業に技術移転したことによって得たのは，単なるライセンス費による利益だけではなく，生産コストを安くかつ大量生産

---

[4] サムスン電子は IMF が発生する寸前に新世代のプラントへ投資を行ったため，2000 年以降の生産シェアの確保に大きく影響した。一方，LG は IMF による資金難がきっかけとなり，フィリップスと合弁で LG フィリップス LCD を設立した。
[5] HannStar の副総経理，楊界雄氏へのインタビュー。

日本側	台湾側	工程世代	提携契約	量産開始	主要株主	事業内容
三菱電機	CPT	第3世代	1997年	1999年5月	大同	家電製品, モニター
東　芝	HannStar	第3世代	1998年3月	2000年3月	華新麗華	電線, 半導体
日本IBM	達碁科技	第3.5世代	1998年3月	1999年7月	ACER	PC, IT製品
松下電器	聯友光電	第3.5世代	1998年	1999年10月	UMC	半導体
独自技術	奇晶電子	第3.5世代	―	1999年10月	奇美実業	ABS樹脂, 化学品
シャープ	廣輝電子	第3.5世代	1999年5月	2001年3月	広達	ノートパソコン

注：達碁科技と聯友光電（Unipac）は2001年9月に合併し友達光電（AUO）となっている。奇晶電子は社名を2000年5月に奇美電子（CMO）に変更。当社の独自技術の源はITRIのプロジェクトで研究開発した製造技術と日本からのコンサル，台湾競合他社から移籍したエンジニアなど。広輝電子（QDI）は2006年4月，友達光電により吸収合併された。

図表6－4．TFT液晶産業における日台メーカーの協力関係

できる製造パートナーの確保である。このように，効果的に技術提携を行うことによって，対立を避けた精妙な国際分業体制を築くことができた。

1－4．技術移転後台湾企業が急速な成長を果たした背景の分析

1）半導体のファウンドリーで蓄積した独自の技術構築力

　技術移転後にも台湾企業はさらに急成長を遂げた。その要因と考えられるのは，まず，電子製品関連の委託生産型産業で蓄積した独自の技術構築力である。台湾は日本と同様，天然資源に乏しく，電子関連を中心とした加工組立産業の発展に力を入れてきた。1960年代から70年代にかけて，日米テレビ貿易戦争の中（新宅，1994），テレビの組み立て産業で基礎を固め，80年代からはIBM PC互換機ビジネスに中小企業が参入した。そして，近年に至ってPCの周辺部品で世界トップの供給国であることはよく知られている。また最終製品であるノートPCも，世界のおよそ半分を台湾が供給し続けている。そして，90年代には半導体産業がファウンドリー生産により急拡大し，世界有数の半導体生産国に成長した。台湾はこうした委託生産に伴う技術指導によってものづくり能力をレベルアップさせてきた。生産管理まで担うOEMに対応できる段階を経て，さらに設計から試作，部品調達，生産まで委託されるODMを主流とするまで発展し，海外のメジャーブランドや流通大手へ供給している。最近の傾向としては，アメリカで発展したEMS（Electronic Manufacturing Service）へ進んでいるメーカーが多い。EMSとは，電子機器の商品開発から設計，試作，部品調達，生産まで，すべてを請け負う形式の受託開発・製造サ

ービスである。台湾の電子産業では人材の流動が頻繁であり，特に TFT 液晶の前工程は一部の応用技術が半導体産業と類似していることから，TFT 液晶メーカーの立ち上げの際には，半導体業界から人材を吸収していた事実があった。したがって，新技術を素早く組織内に定着できた源泉には，電子業界で積み重ねた OEM，ODM や EMS による生産ノウハウや蓄積された知識が存在したと考えられる。

2）ITRI の研究プロジェクトと半導体ファウンドリーで蓄積した人材の流動

2001 年には，半導体の不況によって，多くの人材が液晶産業に移った。半導体業界で基幹を担った人々の一部は，液晶産業に転職したあとで昇進し，中間管理職になっている。また，ミドル層のマネジャーの産業間移動がよくみられる。[6]

ITRI による液晶研究開発チームの人材の民間企業へのスピンアウトも，台湾 TFT 液晶企業の量産体制を立ち上げるスピードに大きく影響したと考えられる。台湾における TFT 液晶製造技術の研究は次の 4 段階に分けられる。[7]

第 1 段階：1987～89 年　アモルファス液晶と高温ポリシリコン液晶技術の評価[8]
　　　　　半導体の製造設備を援用して，小規模の研究開発。
第 2 段階：1989～92 年「マイクロ電子技術発展計画」
　　　　　台湾国内の半導体メーカーに TFT 液晶製造に関する応用技術の基礎を与え，3～6 インチのパネルとドライバ IC の開発に成功。
第 3 段階：1993～97 年「フラットディスプレイ技術発展四年計画」
　　　　　1993 年に 20 億新台湾ドルの予算を投入し，累計 600 人がこのプロジェクトに参加。開発目標とされたのは 10.4 インチの TFT 液晶パネルおよびカラーフィルター，広視野，反射式液晶など。このプロ

6　ITRI へのインタビューによる。
7　ITRI へのインタビューと，赤羽（2004）を参照した。
8　アモルファス液晶（A-LCD），高温ポリシリコン液晶（HTPS-LCD），低温ポリシリコン液晶（LTPS-LCD）は，それぞれ液晶パネルのアクティブ素子（駆動スイッチ）である TFT（薄膜トランジスタ）の材料の違いである。

ジェクトの特徴は，ITRI と民間企業の共同開発であったこと，その成果を民間企業に移転することであった。
第4段階：1997～2003年「フラットディスプレイパネル核心技術発展六年計画」アモルファス液晶高温ポリシリコン液晶以外に，低温ポリシリコン液晶(LTPS-LCD)の開発も始まった。予算規模は40億新台湾ドル，約200人が参加した。

これらの研究成果は，一部，特許として取得された。さらに，その成果は民間企業に直接技術移転されたり，前述のようにITRIの研究者が民間企業へスピンアウトした。例えば，奇美実業の創業者にプレゼンを行い，CMOの設立を促した呉柄昇はITRI出身である。また低温ポリシリコン液晶の製造を専門としたToppoly（統宝光電）は，ITRIの電子研究所の副所長であった呉逸蔚がR&Dチームをスピンアウトして作った会社である。

ITRIで開発された技術はその後も次々と民間企業へ移転した。しかし，その技術は「研究開発段階」で成功しているものに過ぎず，まだまだ量産に対応できるレベルではないものが多かった。だからこそ，台湾のTFT液晶企業は，日本企業から量産技術を導入しようとしたのである。

2．台湾TFT液晶企業の発展プロセスと技術提携のパターン

2-1．2番手戦略を活かすAUO

AUOは，2001年に達碁科技（Acer Display Technology；Acer子会社）と聯友光電（Unipac；UMC子会社）が合併して設立された台湾最大のTFT液晶企業である。Acer DisplayとUnipacはともに，大型TFT液晶の商用生産を，1999年度後半から開始した。Acerは日本IBMから97年にセル技術を導入し，2000年には富士通からMVAという広視野角技術を導入した。一方，Unipacは，中小型液晶の生産がメインで，また，松下と大型TFT液晶（第3.5世代）の製造技術で協力することになっていた。両社の合併によって，製品群は大型から中小型まで，品揃えが豊富になった。

技術提携先：

台湾のTFT液晶産業は1990年代に発足し，日本からの技術はIP（知的財産）購入，技術移転，共同開発の形で吸収してきた。AUO設立前のUnipacは松下から，Acerは日本IBMから，それぞれが技術の導入を第3.5世代からスタートさせた。当時日本は第3世代の技術は成熟していたが，第3.5世代についてはまだ生産経験がなく，歩留まりの保証もなかった。そのため，この技術移転は，完全なターンキー方式（一括受注方式）ではなく，共同開発形式で行った。台湾の技術者は日本企業側へ派遣され，SOP（Standard Operation Process）を習得した。一方，日本の技術者は台湾の生産現場で立ち会いの技術指導を行った。[9]

製品ライン：

　AUOは第3.5～6世代の製造ラインが揃っており，大，中，小フルラインで展開できた。アプリケーションもテレビからモニター，IT製品など様々で，2006年当時は半年ごとのペースで新製品を出している。また，日本企業からの注文を受けて，台湾のエンジニアが設計から自力で行うようになっていた。

　世代ごとにガラス基板のサイズは大きくなっているが，製造ラインプロセスはほぼ同じで，設備装置が違うだけである。前世代の設備で蓄積した製造ノウハウをそのまま次世代の製造工程に応用できたため，順調に次世代サイズの製造に移行することができた。

　しかし，コア部品，材料はほぼ日本企業に支配されているため，AUOは部品内製化に努力していた。また，「TFT液晶の製造に関するIPが多すぎて，どれが一番よいのか判断するのも難しい」[10]といった製品アーキテクチャー上の問題を抱いていた。

オペレーションと組織：

　AUOがこれまで成功してきた理由は多数上げられる。まずはプロダクトミックスの迅速な切り替えである。市場における需要を正確に把握し，それに対応して，柔軟に生産ラインの調整を行う。あるいはガラス基板のカットサイズ

9　AUO副総経理・技術長（当時）　羅方禎博士へのインタビュー。
10　同上。

を切り替える。マネジメントの面からみると，設備投資に対する迅速な意思決定も AUO の発展に大きく影響している。また，AUO は前述のように 2001 年に Acer Display と Unipac の合併によって形成された新会社であるが，その企業規模と相乗効果が今の成功につながったとも考えられる。06 年 4 月に，AUO は QDI（廣輝電子）を吸収合併し，生産能力をさらに拡大した。企業規模の拡大につれて，外部から部品や材料を購買するときのバーゲンニングパワーも強くなり，他社より有利な条件で取引ができる。AUO の内部では，組織・個人の目標設定とその確実な達成を重視しており，能力主義による昇進（Base on Performance）制度を実行している。また，人材育成，ベンダー，そして客先などとクリーンな関係を維持し，接待を拒否するような企業文化も貢献しているだろう。

また，AUO はもともと半導体，PC に関する製造ノウハウをもっていたため，一旦 SOP を獲得すると，立ち上がり時の歩留まり率の向上は早かった。その理由としては，長年にわたる台湾の OEM や ODM 生産方式で培った独特の管理方法が，学習曲線をより早く傾斜せしめたことが挙げられる。ひとたび核心となる技術を学習したら，台湾のマネジメントを導入してあっという間にさらなる進化を遂げた。コストパフォーマンスと歩留まり率は，当時の日本企業を上回るほどであった。こうして，「日本の技術を複製することはわれわれにとってそれほど難しくはなかった」[11]という発言につながる。

さらに，AUO の First Follower 戦略へのこだわりにも注目すべきである。First Follower 戦略とは，First Mover いわゆる"1 番手"にはならないが，1 番手のあとを素早く追随する 2 番手となる戦略である。1 番手企業には先行者利益がある。しかし，液晶産業のような先端的技術分野では，1 番手企業は不確実な問題をリスクとコストをかけて自ら解決しなければならない。一方，2 番手企業は開発コストやリスクを回避することができるが，先行者利益を得るのは困難である。そこで，市場の立ち上がりを見計らいながら 1 番手企業にいち早く追随すれば，コストとリスクを回避しながら先行者利益を上げられるという戦略である。

AUO は，First Mover 戦略をとる日本のシャープや韓国のサムスン電子な

11　AUO 副総経理・技術長（当時）　羅方禎博士へのインタビュー。

ど他社が開発済みの最新技術や問題解決方法をいち早く導入し，そのあとを追う戦略をとった。これによって，設備投資による不確実性や新技術の開発コスト，工程上の問題解決時間を大幅に削減できるという後発の優位がもたらされた。また，追随する際の投資のタイミングは，技術で決まるのではなく，市場の成長，例えば液晶テレビ市場の成長をいかに捉えるかが決定的に重要であると考えているようだ。

2－2．独自技術で頑張ってきたCMO

　CMOは，台湾の世界最大のABS樹脂メーカー奇美実業の関連会社として，1997年に設立された。台湾のTFT液晶産業における技術移転では，いち早く量産体制を立ち上げ経営上のリスクを最小化するため多くの台湾企業が一括型のプラント導入方式を採用してきた。CMOはそのような台湾液晶企業の中において数少ない例外である。

　奇美実業の創業者である許文龍氏は先を見る目が鋭く，正確なタイミングで投資を行う。資金調達もうまく，今でも次々と新しいプラントへの投資を展開している。CMOは，独自開発の技術にこだわり，ITRIが開発した技術に基づいて，TFT液晶パネルを生産している。そのため，巨額のロイヤリティーを支払う必要もなく，自社製品の設計や開発に対する主導権と柔軟性ももつ。[12]

技術提携先：

　CMOは2001年9月に日本IBMのTFT液晶事業拠点であった野洲工場を買収し，その運営のためにID TECH（International Display Technology）を設立した[13]。これによってそれまでITRIの技術が中心であったCMOに，日本IBMの技術や生産ノウハウが入った。

　CMOは独自技術で工場を立ち上げてきたが，その運営には問題が多かったという。日本IBMから70人程度が奇美のあらゆる部門に配属されて経営状態

12　王（2003b），p.196を参照。
13　この経緯は次のとおりである。まず日本IBMと東芝がTFT液晶事業のために折半出資でDTI（ディスプレイ・テクノロジー株式会社）を1989年に設立した。2001年7月にこの合弁は解消されて事業分割された。CMOは分割後の日本IBMのTFT液晶事業を入手するために，新会社を設立した。その後，CMOは野洲工場をソニーに売却し，さらにソニーは京セラに売却した。

の改善がなされたが，その1年後には，日本IBMのエンジニアは30人にまで減った。2006年時点では，日本IBMのエンジニアは10人程度である。日本IBM側からくるエンジニアは，最終的にはCMOに転職するか，または日本IBM内の他の部署に異動した。[14] これは理想的な融合パターンともいえる。

　日本IBMのサポートは，主にマネジメント（購買，生産，品質管理など）と顧客管理（元日本IBMの客先を紹介）だった。CMOが野洲工場を買収した目的は，日本IBMの要素技術よりも，これらの工場管理や，顧客との関係を得ることであった。買収によって，日本IBMの顧客を確保でき，CMOのマーケットは広がった。

製品ライン：

　カラーフィルターの製造から事業を始め，自社生産したカラーフィルターを消費するために1999年より第3.5世代のTFT液晶の生産を開始した。現在では液晶テレビ用パネルの生産に力を入れており，全売上げの30％を占めている。顧客は，日系企業では三洋電機，ソニーであり，台湾の液晶テレビ会社，欧米の数社などを合わせると全部で50社の客先をもつ。そのうち半分がPC用IT関連の会社である。しかし，PC分野に依存していると，将来は供給過剰で利益があがらなくなるというリスクがあると考え，2000年に液晶テレビの研究開発を始めている。台湾企業としては液晶テレビ用パネルの開発が早く，その販売比率も高いのが特徴である。

　液晶テレビは広い視野角が求められるため，1999年に富士通から広視野角のコントラストを可能にしたMVAの技術を，2001年にはSuper-MVA技術を導入した。また，ドライバICをHimaxという子会社で設計し，応答速度の向上に向け開発を続けている。01年からNECとも技術提携をし，OEM生産を行っている。

　そして，液晶テレビ用のパネルを販売するだけでなく，グループ企業で液晶テレビも開発，販売している。2002年に新視代科技（Nexgen Mediatech）を設立し，液晶テレビのOEM/ODMおよび自社ブランドでの販売を手がけている（現在は自社ブランド生産のみ。第7章参照）。Nexgen Mediatechは，

14　CMO品保総処 協理（2006年3月当時）国本文亨氏へのインタビュー。

2005 年に全世界ではシェア 3 ％だが，台湾国内市場ではトップシェアを獲得した（8 章を参照）。

オペレーション：

　2001 年は TFT 液晶業界にとってひとつの転機であった。台湾や韓国の液晶メーカーが台頭し，日本の液晶製造装置メーカーの研究開発パートナーもそれも切り替わった。その原因は「製造装置メーカーは，（生産）量が多いところに目がいくから」[15]である。例えば，キヤノンは第 7 世代装置の開発でサムスン電子と組んだ。これは第 7 世代の投資ではサムスン電子が 1 番手であり，かつサムスン電子は大規模な投資を計画しており，製造装置メーカーにとって魅力的なパートナーであったからである。台湾企業の場合，日本あるいは韓国に導入したのと同様の設備で，大量の発注を実施する。1 番手ではないものの，製造装置メーカーにとっては，すでに開発済みの装置をベースにして，大量発注してくれる台湾の顧客は重要である。日本の液晶装置メーカーが，現在の規模を維持するためには，液晶パネル業界全体で年間 1 兆円規模の投資が必要であるといわれているという。日本企業だけでは，とても 1 兆円規模には及ばないので，日本の製造装置メーカーの存続のためには，韓国企業や台湾企業が顧客としてきわめて重要な存在になっている。

　日本の製造装置メーカーにとって，このような国際間の共同開発は現在約 70 ％を占めている。残り 30 ％は日本国内での共同開発，もしくは大学や個別の研究開発になっていると推定される。現在は，台湾液晶メーカーが日本装置メーカーと共同開発するケースも多くなってきた。例えば，CMO の研究開発活動のうち 7 割は，日本の装置，材料メーカーとの共同開発である。残りの 3 割は，CMO 社内，台湾の大学，そして政府との共同開発にあたる。また，日本に技術が逆輸入されるケースもいくつかある。

　CMO は研究開発に予算を立てる概念がなく，多額の資金でも必要なときに投入できる[16]。こうした研究開発投資のメリットは，技術や市場の変化のタイミングを逃さずに，迅速に行動できる点である。予算ベースで活動する日本企業

15　CMO 品保総処 協理（当時）国本文亨氏へのインタビューによる。
16　同上。

では，そのような急激な方向転換は難しい。しかしその反面，予算ベースで動かないデメリットとして，継続的な研究開発がないために，新技術が生まれにくいという点がある。

　液晶パネルの生産では，部品材料コストが製造コスト全体の60〜70％を占める。そこで，CMOは主要部品の内製化でコストダウンを図ろうとしている。カラーフィルターは事業開始当初から内製化し，その後，偏光板も内製化しようとしてきた。これは，カラーフィルター大手の大日本印刷や凸版印刷，偏光板の日東電工といった日本企業にとって脅威である。このような主要部品内製化の動きは，韓国企業でも見られる。しかし，CMOでは，それら部品のさらに川上にあたる化学材料の分野まで内製化することは難しいと考えているようである。すなわち，カラーフィルターに使われる顔料では大日精化工業，ガラス基板では旭硝子，偏光板に使われるTACフィルムでは富士写真フイルムとコニカミノルタなどの日本企業が優位にある。化学材料分野への参入は容易ではなく，この付加価値は日本企業に残されている（図表6－5）[17]。

　CMOは，台湾南部に，敷地の周辺に川上の関連企業を呼び寄せた「Tree Valley Park（樹谷園区）」という液晶産業クラスターを建設した（図表6－7）。この計画では，自らが生産できない部品，素材についても，それらのメーカー

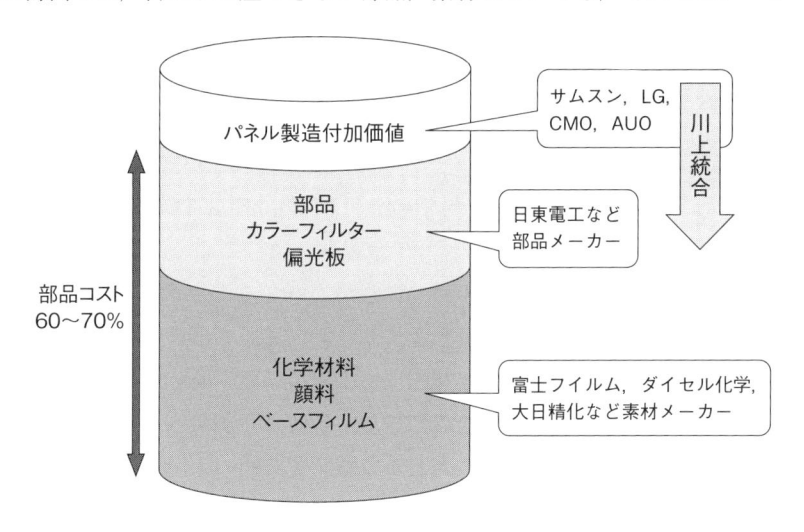

図表6－5．川上部品のコスト構成図

17　CMO品保総処 協理（当時）国本文亨氏へのインタビューによる。

	Substrate Siza (mm)	December 2005(ACT)	December 2006(EST)
Fab 1 (3.5G)	620 × 750	60	55
Fab 2 (4G)	680 × 880	88	88
Fab 3 (5G)	1100 × 1300	145	145
Fab 4 (5.5G)	1300 × 1500	90	180
Fab 5 (5G)	1100 × 1300	■ Design capacity of 180K per month ■ Equipment move-in 2Q 2006 ■ Mass production in 3Q 2006	
7.5G Fab	1950 × 2250	■ Ph-1 design capacity of 50K per month ■ Equipment move-in 4Q 2006 ■ Mass production in 2Q 2007	
Next Fab	TBD	■ Land development to commence mid-2006	

出所：CMO の会社案内

図表6－6．CMO の生産能力

(例えば，液晶ガラス工場)を自社のパネル工場の近隣に誘致することによって，一貫生産のメリットを享受した。また，パネルの後工程で，ドライバの組み込みなど労働集約的な部分では，中国のメーカーと戦略提携して生産し，市場シェアを拡大しようとしている。これに対抗するには，台湾と日本の液晶メーカー，部材メーカーが，もっと緊密で補完的な分業体制を築き上げなければいけない。

2－3．製品開発と自己ブランドで差異化を図る HannStar

1998 年 3 月，台湾大手の電線メーカー華新麗華と東芝が第 3 世代の TFT 液晶の生産技術移転契約を結び，同年の 5 月に HannStar Display Corporation という会社を立ち上げた。台湾の TFT 液晶メーカーの中で，技術移転の契約を結んでからプラントを建てたのは，これが初めてのことであった。[18]

親会社の華新麗華の傘下には華邦電子，華新先進など半導体関連のハイテク企業があるため，東芝からの技術移転はおよそ半年で完成した。技術移転初期の立ち上がりではほぼ東芝の技術者に任せ，歩留まりがある水準に達してから徐々に現地の技術者が引きとり，あとから華新麗華側の生産経験や目標を取り込んで歩留まりの再調整を行ってきた。歩留まりの立ち上がりは順調で，2001

---

18 陳 (2004) から抜粋。

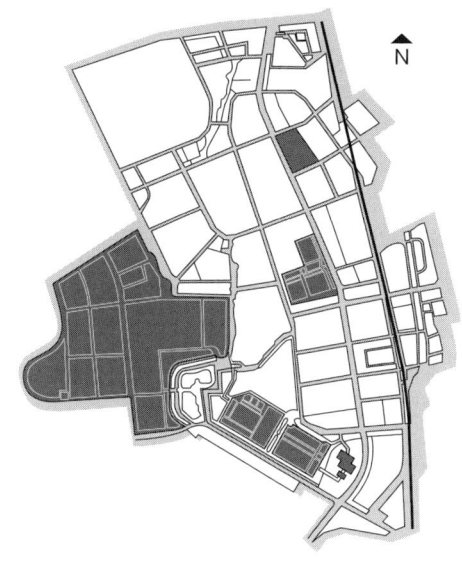

- Close to CMO Fabs
- Expand cluster effect
- Reduce logistics cost
- Facilitate efficient LDC TV supply chain

出所：CMO の会社案内

図表6－7．Tree Valley Park

年には HannStar の歩留まりが東芝の日本工場を超え，ノウハウを東芝にフィードバックするまでになった。

　現在は第3世代工場を2つ，第5世代工場をひとつ持っているが，競合相手と比べれば規模は小さく，自社ブランドの完成品（あるいは Disney，NBA，MBL からライセンスを受けた関連商品）を立ち上げる差異化戦略で市場シェアを確保しようとしているが，収益面ではいま一歩の状態である。

技術提携先：

　1997年のアジア通貨危機を契機に，華新麗華（WALSIN グループ）は DTI（東芝と日本 IBM，合弁会社）から技術移転を受けて HannStar を立ち上げた。もしも通貨危機がなかったら，ことはこれほどスムーズに運ばなかったであろう。

生産ライン：

　DTI の技術をもとに，1998年から99年にかけて2つの第3世代工場を立ち上げた。この頃の製品は IT デバイス向けであった。また，2003年には日立デ

ィスプレイと技術提携し，第5世代の工場を立ち上げた。こちらの製品はテレビ用パネルがメインになっている。

オペレーション：

　研究開発担当の楊氏[19]は，1991年からアメリカIBMで広視野角技術の研究を行っていた。サムスンのPVA技術は富士通のMVA技術に先んじて発表されたが，ここで使われたのは，楊氏がIBMで開発した技術である。第5世代への参入は，業界では後発だったが，ファブの設計と設備購入を自社で行った。設備装置は成熟化していたので，生産上の問題はほとんど解決済みであった。実用化に向けるステップは，研究開発成果が明らかにしてくれた。まず，レベル1では研究開発の方向をつかむ。例えば，TFTか，それともICなのか，である。レベル2では全社レベルでどのように進んで行くのかを考える。これは自力開発かあるいは技術提携の選択である。レベル3では，例えば何世代の設備で生産するのかなど細部の企画を行う。レベル4で細部の微調整，具体的にいえば，歩留まりや生産性の向上などを図る。

　技術提携については，必ずしも順調ではなかったようである[20]。HannStarは，1998年から東芝と技術提携していたが，2003年からは新たに日立と技術提携を結んだ。その提携内容や相互関係については，今回の調査では明らかにできなかった。

2－4．台湾TFT液晶メーカー発展の段階

　AUO，CMO，HannStarそしてITRIへのインタビュー内容や二次資料に基づけば，台湾TFT液晶メーカー発展の歩みは次の3段階で捉えることができる[21]。

①吸収（1997年～）：

19　楊界雄博士，HannStar研究中心副総経理。楊氏はアメリカIBMの研究開発部門に21年程在籍したのち，2000年にHannStarに転職した。
20　楊界雄博士へのインタビュー。
21　このようにキャッチアップ国企業の技術能力向上を段階論的にとらえるものとしては，曺・尹（2005）を参照されたい。

技術導入最初の段階であり，技術提携相手に人材を派遣し，設備操作や工場運営などの技術吸収に努めた。これは，台湾 TFT 液晶企業が 1998 年頃に，日本から第 3 世代や第 3.5 世代の技術を導入した時期にあたる。この段階は，プラントの設計から建設までのすべてを導入する一括型（Turnkey Base）で行われ，製造，品質，購買，機械設備保守の技術ノウハウは，すべて技術供与先に依存していた。

②定着（2002 年～）：

この段階は，量産技術吸収に注力する一方で，機械設備のリバース・エンジニアリングや部品の国産化を通じ，技術的自立を模索していった。これは台湾の第 5 世代における工場の立ち上げに相当すると考えられる。日本には第 5 世代ラインがなかったため，韓国企業の工場について設備メーカー経由で学習し，自社に導入していった。第 1 期との違いは，先行企業からの直接的な指導の有無である。

③発展（2005 年～）：

自力によるプラントの立ち上げや，新技術の開発を行える段階である。第 6 世代や第 7 世代の工場立ち上げにおいて，いかに独自の力で立ち上げるかが，この段階の鍵になる。しかし，この段階が台湾で本格的に始動しているか否かについては，まだ議論の余地があるだろう。

2007 年当時，10 インチ以上の大きいサイズの TFT 液晶パネルの製造に参入していた企業は 5 社あったが，興味深い現象がみられた。それは，技術移転を受けて量産を始めた当初は各社の規模がほぼ同じであったのに，04 年に AUO，CMO が他に先駆けて第 5 世代を立ち上げると，他社との差が大きく開いたことである。結局，AUO，CMO はテレビ向け大型パネルの製造に力を入れている。また，HannStar，CPT，QDI は中小型パネルに特化して，棲み分けがなされている。

台湾液晶産業は，各社の戦略によって，異なった市場セグメントに特化しようとしている。特に第 5 世代以上のファブをもつ企業は，液晶テレビ市場へ参入する傾向がある。また，台湾液晶企業は自主的な技術開発を進めると同時に，日本の装置メーカー，材料メーカーとの共同開発も行っている。

3．台湾液晶企業独自の戦略

　TFT 液晶産業は，日本企業が世界に先駆けて技術開発して，事業を立ち上げた産業であった。しかし 2004 年の段階では，その日本企業から技術移転を受けた台湾企業が世界生産の 40％を占めるまでに成長した。その背景には，台湾液晶企業の優れたキャッチアップ能力と生産オペレーション能力があると考えられる。

3－1．2番手の優位性

　Chandler[22]は企業を発展の前後順位で，「パイオニア」，「1番手企業」，「2番手企業」と位置づけている。液晶産業全体の発展から見ると，台湾液晶企業は間違いなく2番手企業（Second Mover；挑戦者企業）にあたるが，AUO が強調する「Fast Follower」戦略は，この2番手の優位性に近い概念になると考えられる。つまり，早期の投資に対するリターンが不確実な業界で，効率のよい2番手であることによって，コストやリスクを最小にする戦略である。

　図表6－8のように，台湾液晶メーカーは基本的に，シャープ，サムスンより1年遅れのペースで，新しい世代のファブに投資している。例えば第4世代で日本と韓国の企業が 2000 年からスタートしたのに対し，台湾企業は 01 年からである。すなわち，設備上の問題はシャープ，サムスンにより解決されるという，後発の優位性を享受していると考えられる。このように，台湾液晶メーカーは，日本，韓国液晶企業が生産設備の信頼性を向上させるのを待つことで，わざと一歩遅れで投資し，自社の試行錯誤による調整コストを最小化し，その後から自社の組織能力をフルに展開してすぐに追いつくことを Fast Follower

---

22　Chandler（1990）は新しい一連の改善をした製品や製法の開発過程において，最初に必要な設備投資を行って，新技術を発明した企業のことをパイオニア企業と定義し，その後に，新規あるいは改善した製品や製法に固有の規模か範囲（生産，流通，マネージメントなど）に投資した企業を1番手企業（First Mover）と呼んだ。2番手企業（Second Mover；挑戦者企業）は後発企業であり，同等の競争力を獲得するために必要な同等の投資を行うとともに，同等の技能を開発することによって，1番手企業に挑戦することになる。また，後発の優位について議論したものとしては，次のような研究がある（ガーシェンクロン，1962; Schnaars, 1994）。

国名	メーカー名	1999				2000				2001				2002				2003			
		Q1	Q2	Q3	Q4	Q1	Q2	Q3	Q4	Q1	Q2	Q3	Q4	Q1	Q2	Q3	Q4	Q1	Q2	Q3	Q4
台湾	AUO																	G5			
	AUO Acer			G3.5					G3.5	G4			G3.5								
	AUO Unipac				G3.5																
	CMO				G3.5								G4								G5
	CPT		G3								G4								G4.5		
	QDI									G3.5									G5		
	HannStar					G3															
	Innolux																				
日本	Sharp							G4													
	IPS Alpha																				
韓国	Samsung							G4								G5					G5
	LG						G3.5								G5				G5		
中国	BOE																				
	SVA-NEC																				
	Info Vision																				

国名	メーカー名	2004				2005				2006				2007				2008			
		Q1	Q2	Q3	Q4	Q1	Q2	Q3	Q4	Q1	Q2	Q3	Q4	Q1	Q2	Q3	Q4	Q1	Q2	Q3	Q4
台湾	AUO	G5				G6							G7.5								
	AUO Acer							G5													
	AUO Unipac							G6													
	CMO					G5.5						G5			G7.5				G6		
	CPT						G6														
	QDI							G6													
	HannStar	G5											G6								
	Innolux						G5														
日本	Sharp	G6										G8									
	IPS Alpha							G6													
韓国	Samsung					G7				G7						G8					
	LG				G6					G7.5											
中国	BOE				G5																
	SVA-NEC					G5															
	Info Vision										G5										

注：Acer Display と Unipac は 2001 年 9 月に合併し AUO となっている。

図表6－8．各国 TFT 液晶世代立ち上げ一覧表

戦略と呼んでいる[23]。この戦略の活用によって，学習時間を大幅に短縮し，歩留まりを短期間のうちに向上させることができた。

3－2．投資戦略

投資タイミングの判断は，技術進歩だけではなく，需要のトレンドを見込んで行うことが重要である[24]。投資タイミングの正確な判断には，アメリカでMBAを修得した人材が多いことが大きく影響している。特に，ファイナンス関連の人材が多い[25]。また，台湾液晶企業の経営陣は強力なリーダーシップをもっており，特に，投資の意思決定が速いといわれている。

また，台湾では，液晶企業同士が吸収合併を通して規模の経済性を追求する傾向が見られる。前述の2001年にAcer DisplayとUnipacの合併によってAUOが設立されたことである。両社の合併では，生産規模が拡大し，研究開発費用の節約や顧客層の重複を避けるなどのシナジー効果が生じた。さらに06年4月に，AUOはQDIを買収し，台湾最大手のTFT液晶メーカーの地位をより確固たるものした。QDIは，世界最大手のノートブックOEMメーカーである広達電脳（Quanta Computer）傘下の子会社であり，第3.5世代，第5世代と第6世代のラインをもっていた。

さらに，台湾のTFT液晶企業は既存のラインと同じ世代の製造設備を増設することで，生産キャパシティの拡大や新世代設備導入によるリスクを回避している。例えば，CMOが新しいプラント投資にあたり第5.5世代を続けて設立したという事実は，自社が築き上げた独自のノウハウを徹底活用し，コスト削減や，オペレーションの安定を図った戦略であった。

このような台湾企業による投資によって稼働した主要な工場を比較したのが図表6－9と図表6－10である。図表6－9は初期の第3世代，第3.5世代の工場である。図表6－10はその後の第5世代の工場であるが，この時期にAUOとCMOの生産能力が圧倒的になっていることがわかる。

23　AUO副総経理・技術長（当時）羅方禎博士へのインタビューによる。
24　ITRI, AUOへのインタビューよる。
25　CMO品保総処 協理（当時）国本文亨氏へのインタビューよる。

企業名	工場	基盤サイズ(mm)	設備(世代)	投資金額(億新台湾元)	基板総生産能力(万枚／月)	量産時期
AUO	新竹	600*720	3.5	200	5	1999/7
	2廠（新竹）	610*720	3.5	160	3	2000/1
	3A廠（新竹）	610*720	3.5	160	3	2000/Q4
CMO	台南	620*750	3.5	200	5	1999/12
HannStar	楊梅	550*650	3	200	4	1999/12
	楊梅	550*650	3	150	4	2001/Q2

出所：ITRI IT IS計画（2001年3月）に加筆

図表6－9．台湾TFT液晶企業第3.5世代（および第3世代）の生産能力，投資額の比較

企業名	工場	基盤サイズ(mm)	設備(世代)	投資金額(億新台湾元)	基板総生産能力(万枚／月)	量産時期
AUO	龍潭L8	1100*1250	5		7	2003Q1
	龍潭L9	1100*1300	5		7	2004Q2
CMO	台南F3	1100*1300	5		12	2003Q3
	台南F4	1300*1500	5.5		10	2005Q1
HannStar	台南	1200*1300	5		9	2004Q1

出所：ITRI IT IS計画（2004年2月）に加筆

図表6－10．台湾TFT液晶企業第5世代（および第5.5世代）の生産能力，投資額の比較

4．むすび

　台湾液晶産業は，日本からの技術移転を受けて発足したといわれる。しかし，台湾液晶産業の発展に関与した要因は多く，日本からの技術移転はその中のひとつにすぎない。業界参入のタイミング，投資の規模，量産体制を立ち上げるスピード，製品ラインの組み合わせ，日本の川上企業やパネルメーカーとの協業などの要因も考えられる。日本企業は第5世代に参入していないのだから，台湾液晶メーカーは第5世代から自力によるファブの立ち上げを完遂したともいえるであろう。

　台湾のTFT液晶企業は1999年から続々と量産を始めてきたが，その後，それぞれの企業による発展の差が歴然としてきた。工程技術を使いこなす能力が，そうした差を生み出す発展のキーとなるであろう。そして，オペレーションをうまく管理できる組織能力が高ければ高いほど，歩留まりと生産性を向上せしめ，他社を凌駕した優位性を獲得するのである。

第7章

台湾 PDP 産業の失敗

新宅純二郎・蘇世庭

　技術は企業の競争優位を決定する重要な要素である。後発国企業が先進国企業にキャッチアップするためには，何らかの形で先進国から技術を導入し，学習する必要がある。後発国が先進国から技術を獲得する手法として，リバース・エンジニアリング，クロスライセンス，合弁企業の設立，生産受託，設備・材料メーカーからのノウハウ取得，先進国からの技術者採用，企業買収や資本参加，自主技術開発体制の構築などが挙げられる。しかし，いかなる手法で技術を導入したにせよ，導入した技術を吸収・消化しなければ，自分のものにはならない（曺・尹　2005）。欧米や日本の企業に追随してキャッチアップに成功した台湾や韓国の企業は，技術導入とその吸収に成功した例である。

　本章では，フラットパネルディスプレイ産業における日本から台湾への技術移転の事例を取り上げて分析する。第6章では台湾のTFT型液晶パネル（以下，TFT液晶）産業を取り上げて，その順調な発展について説明した。しかし，同じくフラット・ディスプレイで類似した製品にもかかわらず，台湾のプラズマ・ディスプレイ・パネル（以下，PDP）産業は苦戦し，うまく立ち上がらなかった。なぜ，TFT液晶とPDPで技術導入の成果に明確な差が生まれたのであろうか。本章では，PDPの失敗事例を詳細に取り上げ，TFT液晶とPDPの成否の差を対比させて分析する。

　先行研究や二次資料によれば，1990年代からTFT液晶とPDPにおいて，台湾企業は独自に研究開発を行っていた。しかし，その成果は実験室レベルの試作ラインにとどまり，量産規模のラインを自力で立ち上げる水準までは至っていなかった。台湾でのTFT液晶，PDPの量産に関しては，両分野ともに，日本企業から量産技術を導入し，装置，材料の供給を多く依存してきた。台湾のフラットパネルディスプレイ産業の発展において，日本企業との協力関係は

きわめて重要であり，日本企業との間でライセンシング，ジョイントベンチャー，企業買収，直接投資など様々な形態が観察される（図表7－1）。

TFT液晶では，1999年に台湾で初めての量産ラインが稼動した。当時わずか2％しかなかった台湾企業のTFT液晶パネルの世界生産シェアは，その後急激に拡大し，2004年には世界でトップシェアとなる約40％を獲得した。一方，PDPの量産においては，日本から稼動実績のある生産ラインをそのまま台湾に移設し，03年から稼動し始めたが，液晶のように立ち上がらず，失敗に終わった。

台湾側技術受入側	日本側技術供与元	契約に基づき建設完了したライン	提携契約	量産開始	技術提携内容
CPT	三菱電機	TFT第3世代 PDP試作ライン	1999年 1997年	1999年 2002年	ターンキー方式 装置転売
HannStar	東芝	TFT第3世代	1998年	2000年	ターンキー方式
	日立		2003年		IPS広視野技術 CF，ドライバーIC開発 TV用パネル共同開発
Acer	日本IBM	TFT3.5世代	1998年	1999年	技術供与 ライセンス
	富士通		1999年		MVA広視野技術供与
Unipac	松下電器 (現パナソニック)	TFT3.5世代	1998年	1999年	技術供与 ライセンス
CMO		TFT3.5世代		1999年	自主技術
	富士通		1999年		MVA広視野技術供与
	日本IBM		2001年		企業買収
QDI	シャープ	TFT3.5世代	1999年	2001年	技術供与 ライセンス シャープが9％株式所有
Formosa	FHP (富士通日立プラズマディスプレイ)	PDP第1世代	2002年	2003年	合弁会社

出所：交流協会編（2005），pp.33-34に基づき，筆者加筆。
注：AcerとUnipacは2001年9月に合併しAUOとなっている。CMOの自主技術の源はITRIのプロジェクトで研究開発した製造技術と日本からのコンサルティング，台湾競合他社から移籍したエンジニアなど。QDIは06年4月，AUOに吸収合併された。

図表7－1．フラットパネルディスプレイ産業における日本と台湾企業の協力関係

1．技術移転の研究

　技術移転の成否に影響を与える要因のひとつとしては，受け手側企業の吸収能力（Absorptive capacity）があげられる。吸収能力とは，企業が新しい情報価値を認識し，その情報を消化し，さらにその情報を商業目的に利用する能力である（Cohen & Levinthal, 1990）。組織が外部から新しい情報を消化して活用するために，事前の関連知識が必要とされる。組織の吸収能力は外部環境との直接的なインターフェイスだけに頼るのではなく，企業のサブユニット内，または部門間での知識移転にも依存している。

　技術移転のうち特に近年注目されるもののひとつに，先進国企業と後発国企業との間での技術移転がある。この場合，ある産業で先行する国の企業が高い技術力を，一方で後発国企業は低コスト労働力などの補完的資源を供給する。その結果，先進国企業は技術を製品競争力に結びつけることができ，一方で後発国企業は技術を獲得することができるという互恵的な結果が得られる。しかし，後発国企業にとっては，いったん獲得した技術を独自に維持・発展できるかという問題がある。ひとたび技術提携を行えば，後発の利益として先行者よりもずっと少ない時間と労力で多くの技術を学ぶことができるが，過去における経験の蓄積が無いために，獲得した技術がきちんと根付かなかったり，獲得した水準から発展させることが難しかったりする（Lieberman & Montgomery, 1998）。

　後発国のキャッチアップ工業化を分析した末廣（2000）は，生産技術を，モノを作りだす技術と定義し，その内容を３つに分類して分析した。第１に，「製品技術（products technology）」とは製品の「性能」と，構造や強度などで示される製品の「機能」の２つを商品化するための設計，開発技術を指す。第２に，「生産技術（production technology）」とは，設計図に従い製品を作り出す加工・組み立て技術，オペレーション技術を指す。第３に，「製造技術」とは設備機械を直接扱う技術ではなく，製品の品質や生産の効率性を向上させるために，生産設備，原材料，部品，ヒト，情報の組み合わせを工夫したり，生産の手順・段取り改善したりするノウハウを指す。いわゆる職場での生産管理技術（production management know-how）がこれに該当する。

フラットパネルの生産技術は，その大部分が設備に依存しており，日本企業との提携などによって，かなりの程度移転していった。技術移転を考える際に見落としがちなのは，製造技術である。必要な製造技術が十分に移転されなかったり，移転先企業の吸収能力が不十分だったりすると，競争力のある生産ができない。製造技術が不十分であると，歩留まりが上がらないとか，品質のばらつきが大きいといった問題が起きる。

　また，曺・尹（2005）は，吸収段階，模倣段階，改良段階，革新段階という発展段階モデルを用いて，韓国のサムスン電子の技術能力構築プロセスを説明した。彼らによると，技術学習の過程は連続的かつ累積的であるという特徴をもっているので，その過程をどこかで区分して段階ごとの特徴を議論するのは決して容易ではない。しかし，技術学習の過程には，3～4段階が存在しており，各段階の間には，一種の「断絶」と「飛躍」が存在しているという。この「断絶」を超える「飛躍」によって技術学習の勝者と敗者がきまる。途上国の多くの企業が技術学習の途中で挫折してしまうのは，こうした「断絶」を乗り越えるのに失敗したからであると彼らは主張している。

　台湾のTFT液晶産業の発展に関して，その生成期については，赤羽（2004）が日本企業や台湾政府の役割を分析している。台湾TFT液晶産業が主に日本企業からの技術移転に基づいて勃興したことを確認したうえで，日本企業がTFT液晶の生産技術を移転した理由とともに，日本企業の継続的なコミットメントがどのように台湾TFT液晶産業の進化に貢献したのかを分析している。また，その一方で，台湾政府の役割を検証し，基本的に副次的な役割しか果たしてこなかったことをその理由も含めて明示した。

　また，台湾液晶産業の発展史を包括的にまとめた研究としては，王（2003b）が代表的である。この研究は台湾液晶関連企業の設立からの経緯が詳細に記述されており，関連政策事項や川上産業の発展概況も説明している。また，台湾液晶関連企業のキーパーソンへのヒアリングを実施し，統計データや新聞報道では得られない貴重な事実が豊富に整理されている。台湾液晶産業は日本企業への依存度が高く，国際競争力を高めるためには台湾企業内部で自力開発を強化するべきと指摘されている。

　技術移転の方法に関する研究には，李（2004）がある。TFT液晶製造に関する複雑な知識を分割し，モジュール化して移転するほうが効率的であること

を説明し，知識輸出側と受け入れ側の文化差異，パートナー関係，知識の類型がモジュール化知識移転の統合に影響をおよぼすことを指摘した。

　第6章では，台湾TFT-LDC産業急成長期の発展における要因と台湾企業の戦略について分析した。台湾液晶メーカーは，日本，韓国の液晶企業が生産設備の信頼性を向上させるのを待つことで，わざと一歩遅れで投資し，自社の試行錯誤による調整コストを最小化し，その後から自社の組織能力をフルに展開し，すぐに追いつくことをFast Follower戦略と呼んでいる。この戦略の活用によって，学習時間が大幅に短縮し，歩留まりを短時間のうちに向上させることができた。

　本章では探索的な事例分析の方法を用い，日本と台湾における液晶とプラズマの技術移転の事例に基づいて，技術の特性，工程知識の内容，技術供与の方法がどのように学習やキャッチアップに影響したのかを分析する。分析の対象とした時期は，台湾企業が日本企業から技術移転を受けた1997年より2004年頃までである。採用に用いるデータは公開されている文献・新聞・雑誌・プレス発表などの資料，およびフィールドベースの調査によるものである。

2．フラットパネルディスプレイ産業の概要

　フラットパネルディスプレイ（Flat Panel Display）とは，パソコンのモニター管などに代表される陰極線管（Cathode-Ray Tube：CRT）に比べると著しく薄型の電子ディスプレイ・デバイスである。主なフラットパネルディスプレイはTFT液晶とPDPであり，ほかにも有機EL，発光ダイオード（LED），フィールドエミッションディスプレイ（FED）などが挙げられる。従来のCRTディスプレイ（ブラウン管）に比べて，フラットパネルディスプレイは画面のゆがみが少なく，奥行きを必要としないというメリットをもっているため，省スペース，省エネルギーで大画面のディスプレイを設置することができる。しかも軽量であるため，中小型のフラットパネルディスプレイはノートPC，携帯電話，デジタルカメラなど情報機器の重要なデバイスでもあり，市場が拡大し続けている。2004年のフラットパネルディスプレイとCRTの市場規模を示した資料によれば，台数ベースでCRTはまだ半数を占めるものの，金額ベースではフラットパネルディスプレイが圧倒していた。

フラットパネルディスプレイの代表的製品であるTFT液晶とPDPの発展史の概略を見てみよう。液晶の基本原理は19世紀末にヨーロッパで発見された。1960年代にアメリカのRCA社などでディスプレイへの応用をする試みが始まり，欧米の大学や企業の研究所を中心に多数の発見と発明がなされた。しかしながら，全世界の液晶の大半を生産していたのは日本企業であった。70年代から日本企業が歩留まりや製品の信頼性，コストといった生産に関連した問題を改善し，電卓，時計など製品への応用・量産に成功した。90年代前半は，日本企業の世界シェアは90％を超えていたが，90年代後半からそのシェアは急落していった（新宅・天野，2009：第2章・第4章）。90年代後半以降，後発の韓国，台湾企業の量産体制が整い，現在では10インチ以上の大型TFT液晶パネル世界シェアの大半を韓国，台湾が占めており，多くの日本企業は中小型TFT液晶の生産へと特化している。

　一方，PDPは1964年にアメリカのイリノイ大学で交流の電気で動作するAC型プラズマの論文が発表され，その2年後に同原理を使った世界初の白黒タイプのPDP試作品が完成した。その後，70年代に富士通がモノクロ（単色）PDPを商品化した。80年代後半にラップトップPCの市場が成長する際には，PDPと液晶の間で競争が行われた。当時実際に販売された東芝のラップトップPC（J3100）には，赤く光るPDPが用いられた。しかし，低消費電力の面で液晶に勝てず販売中止となった。その後，PDPは駅の券売機や自動改札口用のディスプレイとして使われていた。

　1992年に，富士通が21インチのフルカラー式PDPを発表した。PDPのフルカラー化と大型化に伴い，30インチ以上のパネルでは液晶より有利との見方も多く，90年代後半には量産が始まった。薄型の大型テレビ用ディスプレイの主流となり，低消費電力，高輝度，大型，軽量，高画質といったCRTを超える性能が実現された。当時，世界中で見られたPDPのほとんどは日本と韓国で生産されている。

2－1．PDPの発展と製造技術

PDP技術発展の略史

　PDPはガス放電を利用した自発光型の薄型ディスプレイであり，CRTに似た映像を表示することができる。ガス放電を利用するのに高い消費電力が必要

であるが，蛍光体の開発，放電制御技術の開発などにより，目覚しい改良が行われてきた。1966年にイリノイ大学で基本原理が発明され特許出願が行われた。当時はガソリンスタンドのメーターや電車券売機に利用されていた。日本からは富士通と日立が視察に行ったが，富士通のみが導入し，日立は導入しなかった。

1970年に富士通はイリノイ大学特許のライセンス契約を締結した。70〜80年代は対向放電型が主流であったが面放電に移行し，79年にはAC面カラーを試作した。

1980〜90年代はプラズマ基板技術の確立時期となった。84年に3電極面放電構造の方式が開発され，放電と蛍光体領域の分離によって製品寿命と安定性が確保された。88年には反射型構造が開発され，蛍光体を通して表示するという方式で低輝度であったものが高輝度となった。そして90年にADS駆動方式の技術が現れ，16.7msを8分割して，256階調が表示可能となった。電源方式の二分化でAC型とDC型PDPパネルがあった。

1991〜2000年の技術発展において，AC型のカラーPDPパネルが業界のドミナント・デザインとなった。1992年にストライプ構造が開発され，構造を単純化することによってセル開光率が向上した。同年，富士通がAC型21インチフルカラーPDPを発表し，輝度と寿命でDC型PDPとの差異化を決定づけた。当時，1000台の注文がニューヨーク証券取引所から入った[1]。96年に富士通の宮崎工場で42インチVGA（640×480画素）のカラーディスプレイの量産化が実現され，世界初のプラズマディスプレイ工場となった。98年にはALIS方式によって，画素数が一気に向上した。これによって初めてHDTVに対応できた。2000年にTERES駆動方式によりCRT並みの性能が実現された。AC方式の認知と参入企業が増大し，テレビ用途の需要も増加したことによって，量産工場の建設も始まった。そして01年から2000年代半ばにかけて，PDPで低消費電力，高輝度，大型，軽量，高画質といったCRTを超える性能が実現された。

PDPの構造

PDPによる映像表示の原理はいわば「サンドイッチ型の蛍光灯」であり、

1　若林・大森（1999）と筆者FHPでのヒアリングノートを参照。

わずか0.1mmの空間を2枚のガラスで挟む構造になっている。前面ガラスに表示電極，バス電極が形成され，背面ガラスにはアドレス電極と隔壁が形成されている。隔壁で隔てられた隙間にRGB3原色の蛍光体が塗布され，この蛍光体が混合ガスから発生する紫外線に励起されて映像を表示する。このようにPDPの構造は非常にシンプルであり，大型テレビの量産性に優れている。

PDPは，放電空間に密封された混合ガスに電圧をかけて放電現象を起こし，紫外線を発生させ，この紫外線がRGB3原色（赤，緑，青）の蛍光体を刺激し発光する。この3原色のセル1組を1画素と呼び，各色の発光強度を制御することで繊細な色表現を可能にする。このようにPDPは放電現象を利用するため応答速度が速く，動画映像の表示に適している。

PDPの製造工程

PDPの製造工程は大きく3つにわけられる。前面，背面のガラス基板の加工とそれらを重ね合わせてパネルを完成させる工程である。前面ガラスにはITO（Indium Tin Oxide，酸化インジウムスズ）を使用する透明電極，金属を

PDPの発光原理

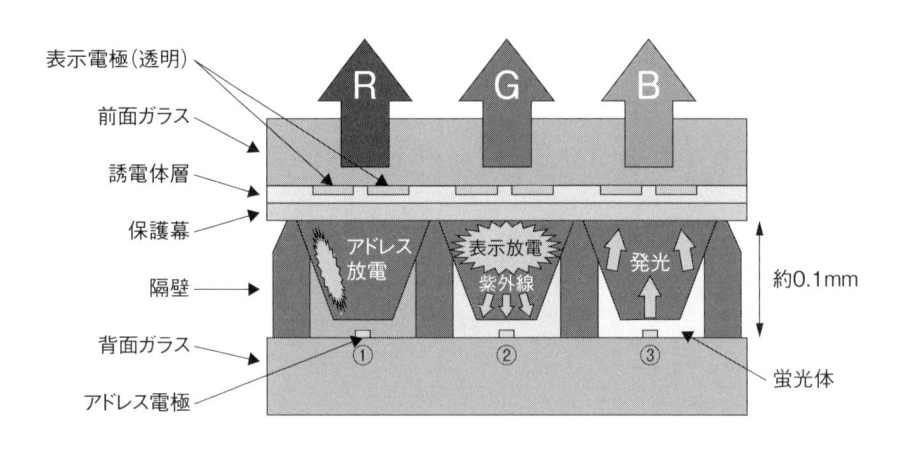

出所：FHPホームページから抜粋

図表7－2．PDPの構造

使用するバス電極を形成する。一方背面ガラスにはアドレス電極を形成した後，各画素を隔てるためにリブ（隔壁）を作り，RGB 3 原色の蛍光体を塗布する。この 2 枚のガラスを重ね合わせて接着した後，空気を排気し混合ガスを封入するとパネルが完成する。

　PDP 製造工程の特徴は焼成工程が多いことである。例えば，前面ガラス基板に酸化マグネシウム（MgO）の保護膜を蒸着する工程では 600 度の高温で焼成する。その他，背面ガラス基板にリブを作るとき，蛍光体，シール形成す

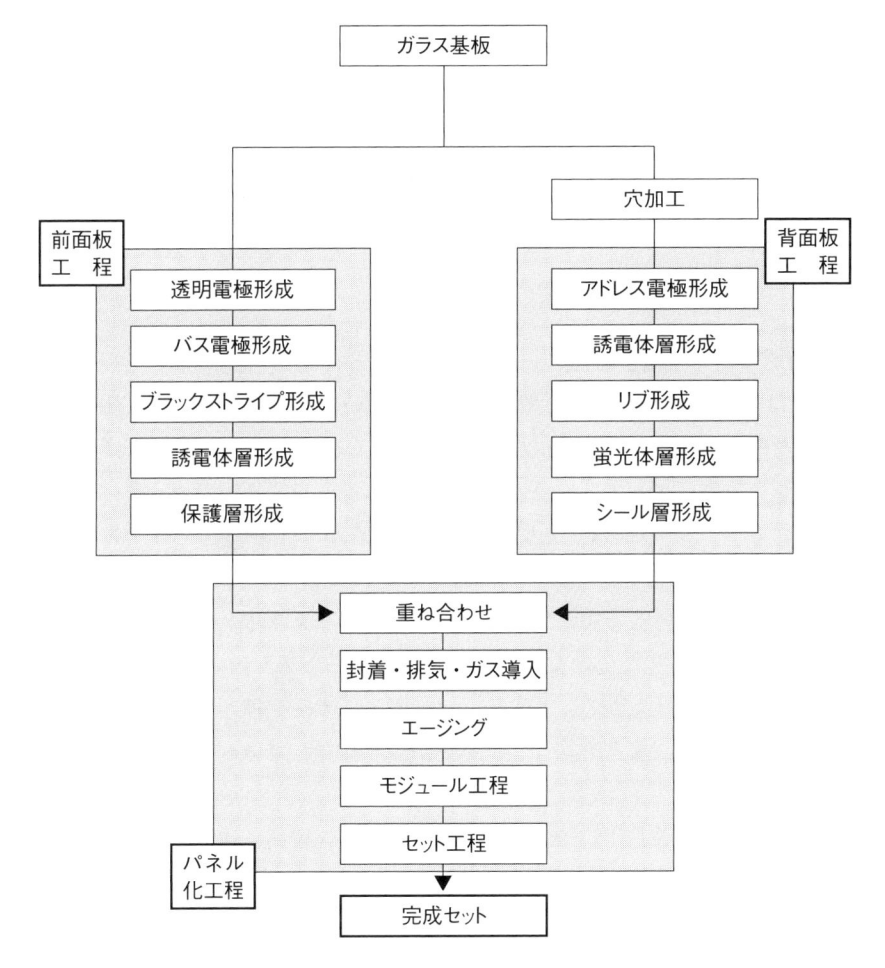

出所：社団法人 電子情報技術産業協会「FPD ガイドブック」
図表 7 − 3．PDP の製造工程

るとき，前面と背面ガラス基板を貼り合せるときにも高温で焼成する工程がある。このようにPDPはいわば焼き物である。PDPメーカーのエンジニアによると，PDP技術はハイテクというよりローテクであり，本来は微細加工に向かないローテクな技術が多い。[2]

　例えば，焼成温度とガラス組成の間には大きな依存性がある。ガラス基板は高温によって収縮するが，ガラス基板の組成はガラスメーカーによって異なるので，どれぐらいガラスが収縮するかを考えながら稼動条件を調整する必要がある。量産初期にPDPガラス基板のサプライヤーは1社しかなかったため，そのガラス基板にあわせて量産を立ち上げた。そのため，いったん工程をセッティングした後は，PDPメーカー側もガラスへの要求スペックを変えることはできなかった。例えば，電極形成用のフォトマスクを作った後で，基板ガラスの組成を変えることは大変なリスクが伴う。また，サプライヤー側も多くのスペックを作りたくないため，その後参入したPDP各社もそのガラスメーカーに合わせた。

PDP製造技術の模倣困難性

　PDPは作りやすいが模倣し難いといわれている。PDPはTFT液晶よりも構造，材料が単純で，汎用的な製造法が使える。発光原理からみれば，PDPがアドレス放電によって3原色の蛍光体を光らせる自発光型の表示モードであるのに対し，TFT液晶は受光型であり，バックライトから送られた光源をカラーフィルタ，偏光フィルムなどに透過し，TFTアレイ開口を制御することによって発光させる表示モードとなっている。バックライト，カラーフィルタ，偏光フィルムといった複雑な部材を必要としないため，PDPは構造，材料が比較的単純である。しかし，基本特許は日本メーカーが押さえているうえに，材料構成が不明で，製造方法にノウハウが多く存在しているため，模倣が困難である。

　焼成工程が多い製造工程で使う間接材料は，最終製品に残らないため，リバースエンジニアなど通じてどんな材料を使っていたのかを観察できない。模倣が難しいと考えられる原因は，製造プロセスの条件調整（温度，時間，材料調

2　FHP宮崎工場でパネル開発本部・主管技師長，脇谷雅行氏のヒアリングより。

和）が製品のできあがりに影響する点である。「材料や装置などは同じものを使ったとしても，装置の稼動条件に関するノウハウが全然違うので，一貫のラインを購入して作ろうとしても難しい」という。このような点で，稼働条件まで調整してくれる装置メーカーが存在するTFT液晶とは大きく異なっている。

そしてPDP工場の方が，投資規模が小さくて済む。例えば，PDPの電極形成に使われるフォトマスクはソーダガラスで作られ，1枚あたりのコストは石英で作られる液晶用フォトマスクより安価である。しかも一括露光を採用しているので，使用されるフォトマスクは1枚で済む。PDPの微細加工のデザインルールはTFT液晶よりも緩い30ミクロン程度である。クリーンルームのレベルもクラス10000程度で，TFT液晶よりも緩い。そのため，クリーンルームの設置コストもTFT液晶より少ないと考えられる。

TFT液晶の製造装置は新しい世代の装置が，前の世代の装置で使用上発生した不具合やその装置における特有のクセを改良しつつ，より完成度の高い装置として販売されている。また，韓国，台湾など参入企業の増加によって似たような装置の需要も増え，日本国内の液晶メーカーだけでなく，国際的な横展開が見られる。しかし，PDP装置ではTFT液晶のような展開がなく，日本国内のPDPメーカー市場規模も比較的小さい。

また，TFT液晶の場合，パネルメーカーは装置メーカーから工程プロセスを提案されるようになっている。PDPでは，PDPメーカーがわざとプロセスノウハウを見えないようにしており，装置メーカーからの提案はない。メンテナンスを装置メーカーにやらせる際に，PDPメーカーのノウハウや考え方が流出するのを防止するためである。

TFT液晶では，露光やパターンニング，CVDが肝となる工程であるが，装置は他社と同じものを使用している。しかし，PDPにおける厚膜工程や蛍光体の印刷，誘電体塗布・焼成，乾燥はPDPパネルだけの技術であって，装置メーカーは工程の前後関係がわからないため，装置メーカーが主導ではない。なお，TFT液晶とPDPで共通する装置メーカーは，成膜メーカー，搬送系メーカー，ウェット洗浄系メーカー，検査装置メーカーなどである。

2－2．台湾におけるPDP産業の勃興

台湾におけるPDPの研究開発は1995年から始まっていた。最初は台湾の

ITRIが日本の沖電気からDC-PDPの技術を導入して研究活動を行った。その翌年の96年10月，ITRIにいたPDP研究チームメンバーが台湾大手PCメーカーのAcerへ移籍し，PDPを生産するための子会社Acer Display Technology（ADT）を設立した。さらに99年から，モニター生産大手のCPTと石油化学メーカー台湾塑膠工業（FORMOSA Plastic Co.，以下FORMOSA）はそれぞれ日本の三菱電機とアメリカのPhotonics社から技術を導入し，PDPの生産に参入した。上述3社のエンジニアたちの努力によって，次々と42インチSVGA（600×800画素），50インチXGA（1024×768画素）などのPDP生産が開始されたが，生産能力は月産100～600枚の規模で少量生産に留まっていた。

この時期，液晶パネルにおいては台湾企業が量産体制を確立していたのと対照的である。2002年当時はちょうど液晶の量産技術が台湾で定着しつつあった時期であって，製造装置のリバース・エンジニアリングや部品の国産化も始まり，順調に液晶パネルの世界シェアを拡大していた（新宅・許・蘇，2006）。しかし，当時の液晶ガラス基板は比較的小さい第3世代，第4世代のものであり，その用途はノートPCやPCモニターがほとんどで，液晶パネルで大型テレビを製造する技術はまだ普及していなかった。30インチを超える大型かつ薄型のモニターやテレビの分野では，PDPがCRTを代替する有力な技術候補であった。

そのような状況の中で，2002年，FORMOSAはPDPの先駆的企業であった富士通日立プラズマディスプレイ（FHP）と合弁企業を設立し，日本企業からの技術導入によって台湾におけるPDPの本格的量産展開を目指した。そのとき，FHPの日本工場で歩留稼動実績のあるPDPの生産ラインが台湾に移

---

3 ITRI IEK 陳茂成（2002年）「台灣PDP産業之發展瓶頸與挑戰」http://www.itri.org.tw/chi/services/ieknews/e0302-B10-01894-72DB-0.doc を参照。

4 ITRI IEK 陳嘉荔(2002年9月) ITIS計画レポート（http://www.itri.org.tw/chi/services/ieknews/e0302-B10-02185-663E-0.doc）を参照した。
   2001年9月，ADTはUnipacと合併しAUOになった。当時は新竹の本社・液晶工場内の約3300㎡のクリーンルームでPDPを少量生産していた（月産2000台程度）。その後同社はPDPのパイロット生産を中止し，PDPの技術をいっそう磨き上げるために研究開発段階へと戻した。03年のFPD International展示会で50型のPDPを出品し，量産目前にしていたが，経営資源を液晶事業に集中するためPDP事業化については中止を決定した。

メーカー	生産拠点	主要製品	生産能力／月	投資額	製品規格	試作開始時期
Acer	新竹	42"SVGA	100 枚		42"SVGA	2001 年 Q4
					50"WXGA	2002 年 Q3
CPT	桃園	46"WVGA／XGA		52.8 億新台湾ドル	50"XGA	2002 年 8 月
					34"WVGA	
FORMOSA	台北	42"WVGA	600 枚	12 億新台湾ドル		2001 年 9 月

出所：工研院經資中心 ITIS 計劃（2002/09）
注：表に掲載する FORMOSA の生産ラインは FHP から設備を移設する前の試作ラインである。

図表 7－4．台湾企業の PDP 生産参入状況

設されたが，台湾人エンジニアによるオペレーションでは日本での歩留まりを達成できず，この合弁事業は失敗に終わった。次節では，この PDP における日本からの技術移転と学習が，なぜうまくいかなかったのかを分析する。

3．PDP における日台合弁事業の事例分析

本節では，台湾の石油化学メーカー FORMOSA と日本のプラズマ最大手メーカーであった FHP が 2002 年に設立した PDP の合弁会社「台塑光電（Formosa Plasma Display Corp.；以下 FPDC）」の事業経過について分析する。本事例は，当時の生産ライン移設に実際かかわった FHP の最高責任者や各工程を担当した人々へのヒアリングをベースにしている。[5] 当時，製造設備に関しては，FHP の子会社だった九州 FHP の 1 番館と呼ばれる建屋にあった設備をこの合弁会社に売却し，台湾に移設した。これは，日本では高い歩留まりで稼動していた生産ラインであった。台湾への移設後，当初は日本人エンジニアの指導の下で生産は順調に立ち上がり，歩留まりもある程度まで維持できた。しかし，日本人エンジニアが帰国した後，台湾人エンジニアは自分たちの力で高い歩留まりを維持しようと試みたが，なかなかうまくいかず，稼働率が低いままこの合弁

---

[5] 2007 年 11 月 8 日，FHP 宮崎工場でパネル開発本部・主管技師長の脇谷雅行氏，製造本部製造統括部製造技術部長の中山保彦氏ほか 8 名へのヒアリングを実施した。

事業は失敗に終わった。05年に生産は停止し,07年には合弁契約も解消された。

3－1．FHP社とFORMOSAグループの概要

富士通日立プラズマディスプレイ（FHP）[6]

　富士通は,「AC型3電極面放電方式」,「ADSサブフィールド駆動方式」,「ストライプリブ・パネル構造」などの基本技術を発明して特許を取得するとともに,カラーPDPの実用化への道を切り開いてきた。1995年には世界初の42型カラーPDPモジュール「Image Site」を開発し,96年10月から宮崎県の㈱九州富士通エレクトロニクス宮崎事業所で量産を開始した。[7]当時は月産約1万台の生産規模であった。

　日立製作所は,ディスプレイの総合メーカーとして,CRTや液晶パネルなどのディスプレイデバイスからPCモニターやカラーテレビなどの応用製品まで,幅広い製品を手掛けてきた。PDPについては,1970年から研究開発を行っており,「擬似輪郭防止方式」などの基本特許を有している。96年には,新ディスプレイ事業推進センターを発足し,業界初の25型XGA対応PDPモニター「HI-PLASMA」を開発,97年には41型XGA対応PDPを開発するなど,カラーPDPの高精細化を中心とした開発および事業化を推進していた。[8]

　1999年4月,富士通と日立製作所によってPDPの開発・製造・販売を行う合弁会社「富士通日立プラズマディスプレイ（FHP）」が設立された。合弁の

6　われわれの調査は2007年であったが,その後,FHPは日立の100％保有子会社になり,08年4月1日付で「日立プラズマディスプレイ株式会社」に名称変更した。さらに同年9月には,08年度内にPDP生産から撤退すると発表した。パネルはパナソニックから調達し,回路の生産とプラズマテレビセットの組み立て,販売に特化すると発表した。その一方で,宮崎工場の土地・建屋は昭和シェルの子会社である昭和シェルソーラーに,生産設備は中国安徽省合肥市の企業に売却されることになった。生産設備を購入した中国企業のホームページによれば,当初の予定どおり11年3月に,42インチのパネルを年産150万枚の生産能力で量産開始したという（http://www.ahzp.com/qiye/100138381）。

7　FHPのヒアリングによると,宮崎に工場を建設したのは,九州富士通がDRAM用工場用地として確保していた遊休地があったからである。九州富士通は,DRAM用工場用地として1985年に用地取得し,86年から半導体のアセンブリ工場としてスタートしていたが,DRAMの価格低下によって生産は立ち上がらなかった。そのため,96年,PDP工場の建設を検討していた富士通ディスプレイ事業が,ここにPDP工場を設立した（1番館）。

8　富士通ホームページ1999年4月6日のプレスリリース（http://pr.fujitsu.com/jp/news/1999/Apr/6.html）より抜粋。

目的は PDP モニターおよび PDP-TV の開発・量産効率を上げることであった。FHP の本社は神奈川県サイエンスパーク（KSP）に置かれており，商品開発と営業を行っている。日立製作所の横浜工場内にある横浜事業所は駆動回路の設計，開発を担っており，富士通の明石工場内にある明石事業所は PDP パネルの開発，試作を担当している。富士通の生産子会社だった九州富士通エレクトロニクス宮崎事業所も，FHP の設立に伴い，FHP の 100％所有による子会社である九州 FHP となった。2002 年 5 月，FHP は製品の性能，歩留まり向

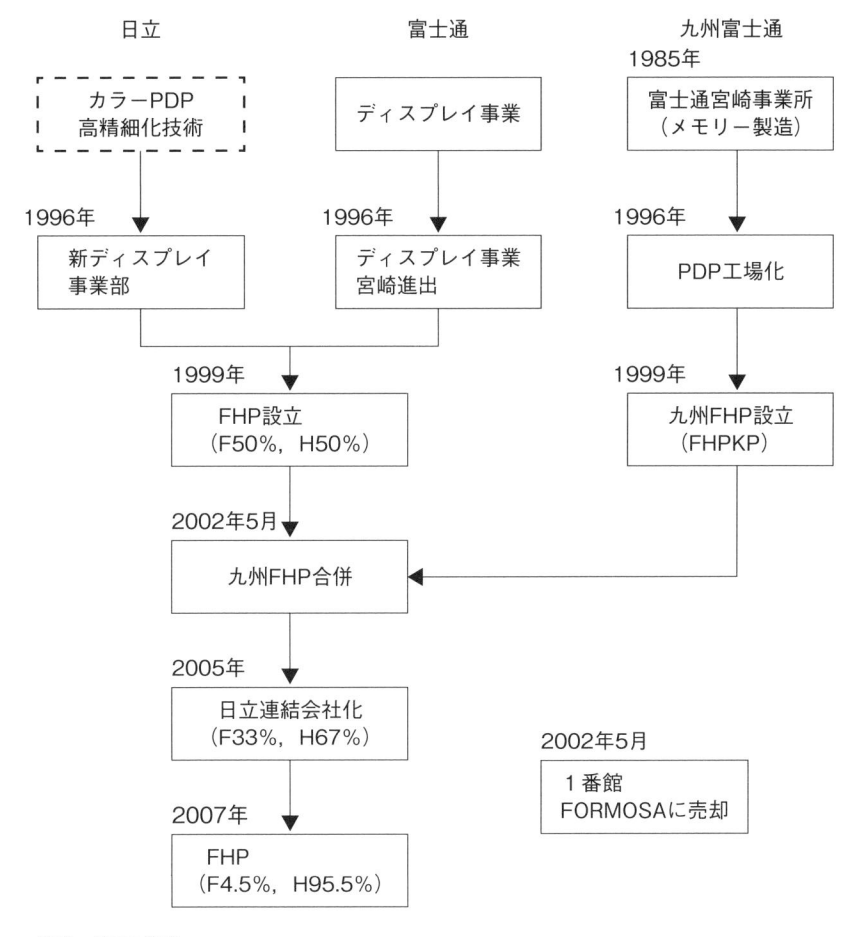

```
日立                        富士通              九州富士通
                                              1985年
┌ ─ ─ ─ ─ ─ ─ ─ ┐      ┌─────────┐      ┌─────────┐
│  カラーPDP      │      │ディスプレイ事業│      │富士通宮崎事業所│
│ 高精細化技術    │      │              │      │（メモリー製造）│
└ ─ ─ ─ ─ ─ ─ ─ ┘      └─────────┘      └─────────┘
        │                    │                    │
1996年  │           1996年   │           1996年   │
        ▼                    ▼                    ▼
┌─────────┐      ┌─────────┐      ┌─────────┐
│新ディスプレイ│      │ディスプレイ事業│      │  PDP工場化   │
│  事業部      │      │  宮崎進出    │      │              │
└─────────┘      └─────────┘      └─────────┘
        │                                        │
1999年  │                              1999年   │
        ▼                                        ▼
┌─────────┐                          ┌─────────┐
│  FHP設立    │                          │ 九州FHP設立  │
│(F50%, H50%) │                          │  (FHPKP)    │
└─────────┘                          └─────────┘
2002年5月 │                                        │
        ▼◄────────────────────────────────┘
┌─────────┐
│ 九州FHP合併 │
└─────────┘
        │
2005年  │
        ▼
┌─────────┐
│ 日立連結会社化│                    2002年5月
│(F33%, H67%) │                    ┌─────────┐
└─────────┘                    │  1番館       │
2007年  │                            │ FORMOSAに売却│
        ▼                            └─────────┘
┌─────────┐
│    FHP      │
│(F4.5%,H95.5%)│
└─────────┘
```

出所：FHP 資料

図表 7－5．FHP 組織歴史図

上および管理部門の経費削減のために九州FHPを吸収合併した。

　筆者らが調査をした2007年11月時点で，宮崎工場では1番館から3番館まで3つの建屋があり，以下のような生産状況であった。生産ラインの設計は，1番館から3番館まで基本的な工程フローは同じであり，異なっているのは，ガラス基板が大型化している点である。

●1番館
　5000㎡（100m×50m）　基板サイズ　650mm×1050mm
　1996年に稼働。世界初のPDP量産工場。生産能力は1万枚／月(1999年)
　2002年に設備を台湾FORMOSAへ売却。その後，管理棟として使用
●2番館
　2万8000㎡（280×100m）　基板サイズ　1030mm×1460mm
　2001年に稼働。生産能力は10万枚／月（2007年）
●3番館
　3万8400㎡（320m×120m）　基板サイズ　1210mm×2020mm
　2006年に稼働。生産能力は20万枚／月（2007年）

FORMOSAグループ

　1954年，台湾プラスチック株式会社の設立から発足し，現在は台湾最大手の産業グループのひとつである。汎用プラスチック原料をはじめ，繊維，エネルギー，海運，半導体，自動車，病院，大学などを傘下で運営している。高画質で安価なテレビを提供し，すべて家庭に普及するという経営者のビジョンの下，プラズマモジュールのコスト削減，および産業の垂直統合に向けて研究開発に取り込んできた。[9] FORMOSAグループの電子部門に所属するプラズマディスプレイ事業部（台塑電子組電漿顯示器部）は，99年にアメリカのPhotonics社から技術導入し，PDP事業をスタートした。台北から40分の三峡に技術開発センターを設け，PDPの試作ラインを設置していた。そのラインは2001年9月から稼働し始め，製品は42インチのWVGAパネル，月約600枚の生産能力を持っていた。当時エンジニアは40～50人ほどいた。[10]

9　台湾FORMOSAグループホームページを参照。
10　ITRI IEK 陳嘉茘（2002年9月）ITIS計画レポート（http://www.itri.org.tw/chi/services/ieknews/e0302-B10-02185-663E-0.doc）を参照。

3－2．合弁会社設立とその後の経緯

合弁の決定から工場建設（2002 年前後）

　合弁会社を設立する最初のきっかけは FORMOSA からの引き合いであり，FHP に技術移転を依頼した。その後，FHP 側は FORMOSA 台北本社で PDP の開発・試作ラインを視察し，実験室レベルの能力を確認した。

　2002 年 2 月の新聞記事によれば，FORMOSA 社以外にも台湾液晶パネル大手の AUO から FHP に提携の申し出があり，01 年 5 月から提携交渉が始まっていた。FORMOSA と同様に AUO もすでに独自に PDP の研究開発を進めていた。当初は，FHP，AUO，FORMOSA の 3 社で PDP 製造の合弁会社を設立し，FHP が合弁会社に技術支援を行う予定であった。合弁会社の資本金は 28 億元（約 100 億円），資本比率は FORMOSA 55％，AUO22.5％，FHP22.5％であった[11]。しかし，その後 AUO は合弁会社への出資を見送ると発表し，FORMOSA が AUO 出資予定分も追加で出資することになった[12]。

　FHP がこの合弁会社に参加した理由として，FHP 主管技師長（当時）の脇谷氏は「ちょうど FHP も自社として次世代の ALIS 方式のプラズマパネルに集中し，技術が陳腐化した従来の VGA 方式の生産をやめるつもりだった。FHP は VGA パネルの生産キャパシティの確保とコスト競争力を狙って，FORMOSA と合弁企業を立ち上げ，設備を売却した」とコメントしている。

　2002 年 5 月，1 番館の設備を FORMOSA に移管するという覚書を結んだ。実際の作業は，それに先立つ 02 年 4 月からスタートしていた。合弁会社名は FPDC であり，資本関係は FORMOSA 77.5％，FHP22.5％であった。FHP は役員を 1 人合弁会社に送り込んでいる。結局 AUO による資本参加はなかったが，AUO の中には PDP をやりたがっていたエンジニアも多数おり，そうした人の中には AUO から FORMOSA に移った者もいた。

　FPDC は，台湾・雲林県の Formosa Plastic Group Mailiao Industrial Park（以下，FPGMIP）に PDP 工場を建設，2003 年 2 月から量産をスタートする予定

11　「TECH-ON!」日経 BP サイト（http://techon.nikkeibp.co.jp/members/01db/200202/10 03222/?ST=fpd）（2002 年 2 月 1 日）を参照。
12　Semiconductor Japan net（http://www.semiconductorjapan.net/newsflash/past/ fpd_0205.html）（2002 年 5 月 15 日）。

	進捗状況
2002年5月	技術移管契約（覚書）を結ぶ。1番館設備を移管 実作業は4月からスタートしていた
2003年1月	FPDC，設備搬入開始
3月22日	FPDC，ファーストロットをトライアルで流す
5月19日	FPDC，移管契約完了（歩留まり約50%を実現） 日本人技術者1名を台湾に残して，他エンジニアは帰国
2004年9月	FPDCに残っていた最後の1名も帰国
2005年	FPDC 生産停止状態
2007年3月	FORMOSAとの契約の名目上の終了

出所：インタビューより筆者作成

図表7－6　FPDCの歴史

だった。FPGMIPは，台北市の10分の1の面積を占めるFormosaグループの一大工業団地で，石油精製，石油化学，プラスチック工業などが立地している。FPDCは同工業団地の一角に立地し，敷地面積18万㎡に110m×170m規模（ユーティリティ棟含まず）の第1期工場建屋を建設し，FHPの1番館設備をそのまま同建屋に搬入した。そしてVGAタイプ，アスペクト16対9，輝度700cd/㎡，コントラスト2000対1のPDPパネルを月産3000～4000台規模で量産を開始した。[13]

設備移管・技術移転の経緯（2003年1月～5月）

FHPのPDP量産技術は，富士通の明石研究所にあった試作ラインがベースで，1996年に宮崎で新たに量産装置を導入して，自動搬送でつないだものが1番館のラインである。これが世界初のPDP量産工場で，42インチパネルの専用ラインであった。数年間の生産経験を経て技術的に成熟し，FORMOSAに移管される直前には歩留まり90%を実現できるようになっていた。量産5年後の2001年には材料も固定され，設備エンジニアがほとんど見なくてもラインが安定して流れていくようになっていた。

1番館の設備，技術移転の最高責任者であったFHP製造技術部長の中山氏は，「合弁会社のFPDCにおいて，1番館の設備がきちんと稼動できるための

---

[13] 「液晶・PDP・ELメーカー計画総覧2004年度版」を参照。

知識は，契約で定められた範囲内ではしっかり教えたことは間違いない。しかし，契約で線引きし，契約範囲外の知識に関しては，踏み込んだ教育は行わなかった」という。FPDC の工場は，1番館よりもスペースが広く2階建て（1番館は4階建て）だったため，ラインのレイアウトは作りやすかった。さらに，FORMOSA 側は，合弁設立以前から開発部門と試作ラインまでもっており，受け入れ側として，比較的しっかりした技術体制が準備されていた。しかし，試作ラインは FPDC から 200 キロほど離れた台北県の三峡にあった。その試作ラインで働いていた人も後に FPDC に移ってきたが，それは 2003 年 3 月頃のことで，最初から FORMOSA の R&D 部門の知識が彼らに移転されていたわけではなかった。

　FHP 側からは，最初と最後の時期は 20〜30 人，それ以外のときは常時 50 人ほど，ピーク時には 70〜80 人の人員が FPDC に常駐していた。合計で 120 人が FHP 側から FPDC に行った。各自の駐在期間は 1 ヵ月から長くて 5 ヵ月程度で，1 週間の出張で行く人もいた。

　合弁契約を結んでしばらくの間，FHP は FORMOSA に作業を任せていたが，こうした活動の経験がなかったためいっこうに物事が進まなかった。当時，設備エンジニアで現場レイアウトを担当していた FHP の方によると，港（税関）から設備がいつになっても届いてこないということもあった。また，建屋の工事も遅れていた。その遅れをホワイトカラーが申告せず，当日になってから「やっぱり間に合わなかった」というようなことをいうので，工期の進捗管理がうまくできなかった。クリーンルームのクリーン度も足りなかった。

　また，現場で判断ができなかったことも遅れが生じた理由のひとつである。FORMOSA の企業風土なのか，トップマネジャーの意思決定を待たないと，ミドルマネジャーたちは仕事を進めることができなかった。そこで，2003 年 3 月のトライアルにいたるまでは，基本的に FHP 側がイニシアチブをとって作業にあたっていくことになった。

　2003 年 1 月には建屋が完成し，設備搬入を開始した。設備は搬入と同時に試運転を行っていった。このときに，FHP や設備メーカーが FORMOSA の担当エンジニアにオペレーションのやり方を教えた。全ての設備が入り，ものが流せる状態になり，03 年 3 月 22 日から量産試作を開始した。ここまでが，基本的に FHP 側が主体となって準備をした段階であった。これに続き，

FORMOSA 側でトライアル生産が行われ，イニシアチブは FORMOSA に移った。

　3月22日から5月19日までの期間では，FPDC の各工程のオペレーターも決まり，FHP 側はそれぞれのオペレーターに作業の仕方を教えていった。オペレーターに限らず，FPDC の全てのメンテナンス・エンジニアや設備エンジニアに，教えられることは全て教えた。またトレーニングだけでなく，マニュアルやトラブルシューティング集も，いままで自分たちが使っていたものをそのまま渡した。わかりにくい部分については，FORMOSA 側の要求に応じ，なるべく図面化していった。ただし，マニュアルなどは日本語のままだったので，通訳する必要があった。通訳に技術的知識がきちんとあったのかまでは，FHP 側ではわからない。材料については日本で安定品質が保証されたものを紹介した。搬送システムも一番館工場のものを全てそのまま移管した。つまり，マニュアルにならないノウハウを除けば，システムとして全てを移管したのである。

　合弁契約では，歩留まりを約50％まで高めることが定められていたが，これが実現できて契約が完了したのは2003年5月19日のことであった。そのタイミングで，FHP 側は先方の副工場長として常駐することになった1人を除いて全員が帰国した。ただし，その後も出張ベースで FORMOSA 側の技術問題の解決にあたった。

台湾人の自力によるオペレーション

　その後2003年には，FPDC は自分たちの力で60％まで歩留まりを高めた。しかし，脇谷氏によると「翌年（04年）初旬に様子をうかがいにいった時にも，65％程度の歩留まりで止まっていた」という状況であった。FHP 側のエンジニアによると，60％から先の歩留まり改善は，教えられてできるものではないという。60％の歩留まりは，個別工程についていえば，95％超が実現されている状態である。そこから，個別工程をコンマ数％ずつ改善していく作業は，自分たちで試行錯誤していくことが必要であり，細かいことをやっていかないといけない。ひとつの改善で格段に良くなるものではなく，オペレーターが細かい改善を蓄積しなければならない。心構えや作業手順の厳守なども重要になってくる。

　2004年9月，FPDC に残っていた最後の日本人1人も帰国した。この時点で，

合弁は事実上終了となった。05年3月の台湾の新聞記事によると，FPDCの生産ラインは月産3000枚あるかないかまで落ち，生産ラインの一時停止も発表された。従業員も会社側から強制的に休暇を取るよう指示され，経営はかなり厳しい状況にあった。05年12月，FORMOSAの副会長がFPDCの生産停止を正式に発表した[14]。07年1月に名目上解散し，FORMOSAは51億元（約180億円）の損失を財務諸表に計上した[15]。

3-3. 日本側移転担当者が捉えた問題点

FORMOSAへの設備，生産工程の移設は上記のようにうまくいかなかった。筆者らがヒアリングを実施したFHP側の技術移転担当者からは，以下のような問題点が指摘された。

① 設備搬入時に，FHPや設備メーカーがFORMOSAの担当エンジニアにオペレーションのやり方を教えていった。しかし，最終的にその工程に張り付く人ではない人が学習していた例が多数あった。当初，FORMOSA側は人員を段階的に増やしていくつもりで，本人の希望した職種・工程とは異なるところに張り付かせて，学ばせていた。その後，人員が増えてくると，最初の頃から来ていた人は，希望の職種・工程に戻っていったため，せっかく教えた知識が現場で使われなかった。

② FPDCでの生産は，うまく歩留まりを上げていくことができなかった。この原因のひとつは，FPDCの生産にはマニュアルでは説明しきれない条件が非常に多いためである。例えば，焼成工程は，焼成によってガラス基板がごく微妙に縮むが，その微小な縮みは，回路位置のずれを生んでしまう。焼成工程では，この縮みを計算に入れつつ，日々の気象条件や他の工程から出てくる仕掛品の状態に合わせて，温度の上げ方・下げ方や，熱を加える時間などのパラメーターを微妙に調整しなければならない。この縮みは焼成工程だけでなく別の工程で救ってやることもできるが，その調整も簡単ではない。これらの細かい条件変更やトラブルシュートを行っていくことが，歩留まりを上げるために

---

14 台湾の新聞『經濟日報』，2005年12月26日の記事を参照。
15 台湾の新聞『蘋果日報』，2006年1月14日の記事を参照。

は重要である。

③　生産がうまく流れていかなかった原因のひとつは，FORMOSA側が一度もものが安定して流れているところを見られなかったためである。契約やノウハウ秘匿のため，2番館は見せられず，また1番館は止まっていたので，彼らは量産工程の完成形を一度も見ることができなかった。

④　エンジニアが現場にあまり行かないことも問題である。FHP側では「現場に行ってみないと問題のイメージが湧かない」と考える者が多い。しかし，FORMOSA側は，エンジニアがあまり現場に行こうとしなかった。例えば，点灯ムラの問題などは数字には出てこないので，データを眺めていてもわからない。しかし，現場をよく観察していれば，どこに問題があるのかが判るはずである。

⑤　中途半端な技術移転となってしまった理由のひとつには，FHPが2番館の拡張に手一杯だったことがある。2番館はFORMOSAとの契約期間中も，ずっと拡張を続けており，そちらを安定させるために手一杯だった。また，設備メーカーも技術流出を恐れて（FHPに遠慮して），あまり積極的にFORMOSAに教えなかった。

⑥　PDPの生産では，設備エンジニアがパネルメーカー内におり，設備の改良などを行いながら安定稼動や生産能力アップを実施していく。これらは，半導体であれば設備メーカー側が行う仕事である。しかしFHPでは，設備の能力アップを自分たちでやっておかないと手が付けられなくなってしまうことから，設備エンジニアを内部にもっていた。日々の量産に際して起こる問題を解決している人でないと，改善・修理はできなかった。FORMOSAには，この能力を移管することができなかった。

⑦　工程内不良についての考え方がFORMOSAとFHPとで大きく異なっていた。FHPでは，不良が別の工程，ひいては顧客のもとに出ると大きな問題になると考えるから，工程内不良は隠し立てせず，ラインをストップさせる。一方，FORMOSAでは，不良が出ると社内で叱られるため，そのミスを隠そうとした。不良がもたらすさらに大きな問題をオペレーターが認識していないために，不良が出ることによる社内での小さな問題ごとを避けて，報告しないようにするのである。

⑧　いくつかの工程の組み合わせで問題解決を行う必要があるが，

FORMOSAでは,前後工程との関係性が理解されていないので,それができなかった.

4．知識と技術移転のモード

4－1．技術移転のモード

　典型的な技術移転の方法には,直接投資によるものと技術供与によるものがある.技術供与の具体的な形態としては,プラント輸出（ターンキー・プロジェクト）によるもの,技術指導によるもの,ライセンシングによるもの,合弁会社の設立などである.さらには技術移転先国の企業がリバース・エンジニアリングやコンサルタント経由など様々な形で模倣することによって技術移転が起こるケースもある.

　プラント輸出はプラント設計・建設から,装置,材料の選択,オペレーターの訓練・配置を含め一貫で提供する技術移転方法である.契約完了時に生産ラインのキーを挿して回せばすぐに利用可能になるような状態でプラントを引き渡し,通常は稼動初期の歩留まり保障まで付いている.

　ライセンシングは技術に関する基本特許,製品のメカニズムを他企業に供与する手法である.ライセンシングのメリットとしては,ライセンスを受けるライセンシー側が現地オペレーションにかかる資金調達や現地の要素市場についての情報入手を行うため,ライセンスを供与するライセンサーにとっては参入コストが低く,同時にライセンス使用料を得ることもできる.しかし,その反面,海外企業への技術のライセンス供与は潜在的な競争相手を育成してしまうのではないかという心配がある.そのため,クロスライセンス契約を結んだり,あるいは資本を出し合って合弁会社を設立するなど,企業間の信頼関係を深める行動もよく見られる.

　Rugman (1981) は,多国籍企業は自社内部に知識や技術などの企業特殊的優位を所有しているが,これを海外で維持するには,輸出やライセンシングに依らず,対外直接投資（Foreign Direct Investment）を用いるしかないと主張している.なぜなら,ライセンシングは知識優位の消散リスクに直面するからである.特に知的財産を法的手段で保護することが難しいとき,また生産に専門的熟練や製造設備を必要とするときには,革新者はライセンシングしたり

生産をアウトソーシングすることはできないだろう（Teece, 1986）。

　直接投資は技術移転の手段として極めて効率的な手段である。技術には，単に特許の使用権を与えたり機械を売ったりしただけでは伝わらない，様々なノウハウの部分が大きい。それらを伝えられるのは，人と人との業務上の接触，現場学習，現場観察だけである（斉藤・伊丹, 1986）。

４－２．知識・技術導入と移転モードの関係

　製品技術，生産技術，生産管理技術の中には，それぞれ形式知部分と暗黙知部分が存在している。技術導入企業の視点から見ると，ライセンシングや技術契約といった手段を用いれば，製造における基本特許や製品のメカニズムは入手できるであろう。このような基本特許や製品メカニズムは製品技術の形式的部分として，技術供与側と技術導入側の双方で認識されうる。技術導入側がターンキー方式や合弁会社方式で導入する場合，プラント設計から装置，材料まで一括して入手できる。導入企業側は既定の工程設計に従い，製品を作り出す加工・組み立て，操作する能力が得られる。しかし，なぜこのようなレシピに従えれば製品が作れるのか，なぜこのような工程設計で生産ライン全体がスムーズに稼動できるのかなどについては不明のままとなる。

　製品については，導入側企業に十分な知識能力があれば，製品を解体・分析することで同種の製品の設計図を書くことができる。ところが，実際にどのような工程で製造したのかを，製品の観察によって理解することは困難である。つまり，製品イノベーションに関する情報に比べ，工程イノベーションに関する情報はその観察可能性が低い（椙山, 2000）。過程知識を効果的に移転できないことは，多くの重要な技術や部品が企業内に死蔵される原因となる。過去の技術を新しい商品開発の中で利用するためには，その背後にある過程知識が必要になる場合が多い。また，なぜそのような設計になったのか，その過程を理解することが難しい（延岡, 2006b）。

16　延岡（2006b）によると，商品・技術としての過程知識と組織的な過程知識がある。商品設計において，設計目標や要素技術，工学理論など考えながら設計解の仮説を創出し，それを検証するため，試行錯誤を経験することにのみ学習されるのが商品・技術としての過程知識である。開発プロジェクトの中での経時的な相互やりとりや共同体験，試行錯誤を通じてのみ創造されるのが組織的な過程知識である。

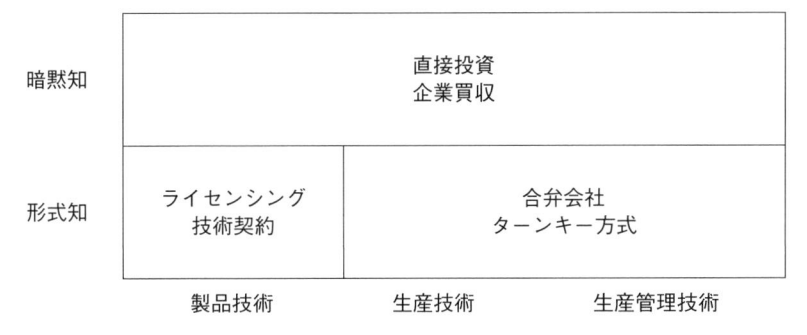

暗黙知	直接投資　企業買収		
形式知	ライセンシング　技術契約	合弁会社　ターンキー方式	
	製品技術	生産技術	生産管理技術

出所：筆者作成

図表7－7．知識・技術導入と移転モードの関係

　技術導入側が直接投資や企業買収の手段を用いれば，企業間でより緊密なコミットメントが得られ，技術知識以外に暗黙知としてのカン，技能，経験といったものや，製品を作り出すための生産要素（設備，原材料，部品，ヒト，情報）の組み合わせを工夫したり，生産の手順・段取りを改善したりするノウハウを入手しやすくなるであろう。このようなノウハウは，「製品技術」，「生産技術」，「生産管理技術」における暗黙知の部分をカバーする。これらの関係性をまとめてみると，図表7－7のように表すことができる。

　暗黙知を相手に伝達するためには，人と人との業務上の接触，現場での学習，観察が必要である。これを野中・竹内（1996）は共同化（Socialization）と呼んでいる。暗黙知は，文書で残したり，言葉で伝えたりすることが難しく，共通の体験に基づかなければ伝えることができない。例えば，ものづくりにおける暗黙的な熟練は，言語化することが困難なため，教える側がその熟練や手本となるような実演をし，学ぶ側に学習の機会を与える。これは学ぶ側が試行錯誤だけを頼りに学習するのと比べると，熟練の習得に要する時間と学力を大幅に削減できる。

　過去の調査によれば，日本から後発国へ移転されたプラントの大部分は，歩留まり100％に近い状態で引き渡されても，徐々に歩留まりが低下し，最終的には約半数が60％以下の数値で安定すると報告されている（中岡，1990）。前述のように複数の工程から成る場合，60％の歩留まりは，個別工程についていえば95％超が実現されている状態である。そこから先に進むには，個別工程をコンマ数％ずつ改善していく作業が必要となる。このような作業には，供与

側の継続的なコミットメントが必要である。このため，教える側と学ぶ側のコミットメントを継続的に深めていけるような移転モードを選択しなければならない。コミットメントによる協調がうまくいけば，信頼関係が構築され，そこから維持，発展ができるようになるであろう。

4－3．技術移転の成否に影響する要因

なぜ台湾のフラットパネル産業の技術移転において，TFT液晶はうまくいって，PDPは苦戦したのか。この問いについて，技術移転の成否に影響する要因を，本章の締めくくりとして，吸収能力，知識・技術の違い，移転モードから考察する。

吸収能力の違いは，技術移転の成否に影響する大きな要因となる。吸収能力とは，企業が新しい情報価値を認識し，その情報を消化し，さらにその情報を商業目的に利用する能力である（Cohen & Levinthal, 1990）。組織が外部から新しい情報を消化して活用するためには，事前の関連知識が必要とされる。

日本から量産技術を導入する前，台湾企業はPDPとTFT液晶の分野ですでに基礎的な知識をもっていた。TFT液晶においては第6章で説明したように，1980年代半ばから国の研究プロジェクトとして基礎研究が始まり，実験ラインでTFT液晶パネルを製造する能力を保有していた。PDPにおいても3－1節で説明したように，95年から国家研究プロジェクトが展開され，その研究成果を台湾企業に移管し，2001年頃から42インチや50インチのPDPパネルの少量生産を開始していた。また，研究プロジェクトや試作生産によって多くの人材が育成された。技術移転に携わった日本人エンジニアからみると，台湾企業には優秀なエンジニアが多く在籍していたようである。したがって，台湾企業における技術の受け入れ態勢からみると，TFT液晶とPDPでは同じようなスタートラインであったともいえる。

では，吸収能力以外にどのような要因があったのか。TFT液晶は1990年代初頭から始まった第1世代装置の稼動経験から，持続的に液晶製造装置への改善が進んでいた。後発であった台湾企業は後発の優位を活かし，技術先行国の日本や韓国の企業が使用していた製造装置を購入した。すでにある程度生産上の問題が解決済みで完成度が高い製造装置を導入したため，短時間でスムーズにラインを立ち上げられたと考えられる。一方，台湾企業がPDPで導入した

生産ラインは，PDP の発展史においても量産の第 1 号ラインであり，装置にまだ使いこなれていない要素が多く残っていたため，誰でも動かせるような装置ではなかった。技術輸出先である FHP は工程におけるオペレーションのノウハウと日々の監視・改善によって，日本の工場では装置をうまく動かすことができたが，台湾企業にこのような能力を移管することができなかった。

PDP の工程におけるオペレーションのノウハウや改善は，技術知識以外の，経験に支えられたカンを必要とする知的熟練の範疇である（小池・猪木，1987）。このようなわかっていてもうまく伝えられないノウハウを移転するには，教える側と学ぶ側のコミットメントが継続的に深まるような移転モードを選択しなければならない。

4 節でとりあげた日本から台湾への PDP の技術移転のケースでは，合弁会社を設立する方法で移転が行われた。新しく設立された合弁会社は，日本と台湾企業からの出資によって構成されていた。理論上，合弁会社を設立して技術移転を行う手法は，資本提携関係がないライセンシングやターンキー方式よりも緊密なコミットメントが得られるとされる。しかし，PDP 技術を移転当時の様子から観察すると，TFT 液晶の技術移転で使われるライセンシングやターンキー方式とそれほど大きな差が見られなかった。

日本から台湾に移設した PDP 生産ラインがうまく流れなかった原因のひとつは，FORMOSA 側が一度もものが安定してラインで流れているところを視察できなかったためである。契約やノウハウ秘匿のため，FHP の 2 番館は見せられず，同時に 1 番館は装置を分解して台湾へ移設する最中でラインが既に止まっていたので，FORMOSA 側は量産工程の完成形を一度も見ることができなかった。一方，ライセンシングやターンキー方式で技術移転が行われた台湾 TFT 液晶各社は，台湾人エンジニアを日本の提携先の工場へ派遣し，稼働中の生産ラインを見ながら現場で研修を受けさせていた。

3-2 節で説明したように，2003 年 1 月から 5 月まで，FHP の技術者がFORMOSA 側のオペレーターに張り付いて，1 人ひとりに作業の仕方を教えていた。オペレーターに限らず，メンテナンス・エンジニア，設備エンジニアの全てに，教えられること全てを FPDC 側に教えた。しかし，タイミング的に FHP 2 番館の立ち上げと重なり忙しいこともあったのか，合弁契約に基づいてラインの歩留まりが 50% を達成した時点で，FPDC 副工場長として常駐

した1人以外の日本人エンジニアが全員帰国してしまい，その後の継続的なコミットメントが観察されてない。

　PDPの製造においては，マニュアルでは説明しきれない条件が非常に多い。例えば，焼成工程のパラメーター調整が，歩留まりを上げるためには重要である。このような暗黙的熟練は，長時間における経験の共有がないと伝達することが難しい。しかし，PDP生産技術の移管においては十分なコミットメントがなかった。そのため，台湾側に必要な設備を調整・改善する能力，現場と管理者がコミュニケーションをとる能力，そして現場のオペレーターが自分の担当工程を越えて，前後の工程にいるオペレーターとコミュニケーションを取りながら全体として問題解決する能力などを移管することができなかったのである。

5．むすび

　台湾は，環太平洋地域において，中国・アメリカというモジュラー製品を得意とする2大国が形成する東西の「モジュラー軸」と，日本から一部ASEAN諸国に至る，すりあわせ型製品の生産拠点を多く擁する「インテグラル軸」のちょうど「交差点に」位置する（藤本・天野・新宅，2007）。こうした戦略的な位置取りゆえに，台湾企業は，モジュラー型製品ではアメリカ企業や中国企業と組み，インテグラル製品では日本企業と組む，という切り替えの巧みが生きてきた，という印象がある。例えば，第3章で見たように，製品や工程がモジュラー型である半導体産業について，台湾はアメリカの半導体設計企業と戦略的提携し，汎用な生産設備を購入して半導体製造に集中するファウンドリービジネスを成功に立ち上げた。一方，インテグラル型製品の代表である自動車産業では，1980年代半ばにトヨタが国瑞汽車に直接投資を行って，トヨタ生産システム（TPS）を徐々に定着させて，高い品質を作りだせる能力を構築した。

　フラットパネルディスプレイ産業は，装置，材料の相互関係を重視とする工程プロセスが多いため，インテグラル軸に分類できる。台湾のフラットパネルディスプレイ産業の発展において，製造設備，部品，材料といった面で日本企業との協力関係はきわめて重要であり，日本企業との間でライセンシング，ジ

ョイントベンチャー，買収，直接投資など様々な提携関係を通じた技術供与が観察される。技術移転の成功には，技術供与側と技術吸収側の双方に，適切なアプローチが必要である。教える側による技術供与の内容と方法，受け入れ側の吸収能力はもちろんだが，それのみならず，技術特性をうまく認識し，それに適した移転のモードを選択することがその成否に大きく影響するのである。

第8章

奇美グループの自社ブランド液晶テレビ開発

長内　厚

　前章まで見てきた台湾エレクトロニクス産業は，全て，部品，委託開発・生産など，完成品ビジネスではなかった。しかし，2000年代以降，中国企業の台頭と前後して，台湾でも自社ブランドによる完成品ビジネスへの進出が見受けられるようになってきた。そこで，本章では，台湾の有力テレビブランドの製品開発の事例をとりあげて，その特徴を明らかにしていこう。

　優れた技術開発は，事業成果をもたらすための一要因であるが，最終的な製品となった時にそれが顧客のニーズと合致したものでなければ，市場での評価には結びつかない（椙山，2005；延岡，2006a；長内，2007b）。第2章でも述べたように事業の成功には，R&Dの方向性と市場の方向性とを一致させるための統合活動が不可欠である。

　従来の議論では将来の顧客ニーズはある程度予測可能であるということを前提に，事前に予測されたニーズと技術開発・製品開発との方向性を調整することが統合の専らの目的とされてきた。それでは，さらに将来の顧客ニーズに高い不確実性が伴い，事前のニーズの特定化が困難である場合の統合をどのようにすれば良いのか。とりわけ部品・コンポーネント事業中心に発展してきた台湾エレクトロニクス産業では，そもそもエンドユーザーのニーズをつかむ様々なビジネスに不慣れである。顧客ニーズの不確実性が高い場合，具体的には，製品開発プロジェクトが始動する際に顧客ニーズの不確実性が高く，ニーズに合致する製品仕様を先行技術開発段階で特定できない場合を想定し，台湾企業がそれにどのように対応しているのかを分析する。本章では次の2つの論点について議論を行う。ひとつは，複数の異なるコンセプトや製品仕様に基づいた技術開発を並行的に行うことによって，いわばリアル・オプション的に技術開発をマネージし，「予測精度を高める」のではなく，「予測の必要性を減じる」

方策を示すものである。2つめは，並行開発には，新たに開発コスト増加のリスクが生じるので，コスト増加を抑制するために外部のR&D資源を活用したR&Dマネジメントが求められるということである。これらの議論を大手液晶ディスプレイメーカーである台湾の奇美グループの液晶テレビ開発事例を通じて分析する。

1．R&Dの統合と将来の不確実性のマネジメント

1－1．並行開発による不確実性の低減

　昨今のデジタル家電のように複雑で多機能な製品は，様々な要素技術や部品によって階層化された製品システムとして成立しており，その開発組織も様々な社内部門として階層化されている（Simon, 1996）。優れたR&Dには，階層化されたR&D組織を構成する各部門が相互に調整され，製品コンセプトが首尾一貫していることが求められる。製品コンセプトはさらに市場における顧客のニーズとも合致していなければならない。このR&Dの方向性を統一する調整プロセスは，第2章でも触れたように，統合（Integration）と呼ばれている（Clark & Fujimoto, 1991; Iansiti, 1998; 椙山, 2005）。

　R&Dと顧客ニーズとの統合を考える場合には，時間軸の違いを考慮する必要がある。R&D段階のある製品コンセプトが顧客ニーズと統合されるということは，製品の仕様やコンセプトが開発の初期段階に特定化されているということが前提となった議論である。しかし，顧客ニーズとは一定の開発期間を経て製品が上市されたタイミングにおける将来のニーズであり，それは開発の初期段階に判明しているニーズと必ずしも一致するとは限らない。一般的に，将来性の予測には，将来の不確実性リスクが伴い，そのリスクは予測時点から将来までの期間が長いほど高くなるものである（Amram & Kulatilaka, 1999）。R&Dの上流に位置する先行技術開発段階での顧客ニーズの予測には，製品開発段階での予測の場合より高い不確実性リスクが伴うと考えられる。

　Iansiti（1998）は技術開発と顧客ニーズとの統合がシステム・フォーカスと呼ばれる将来のニーズの予測プロセスによって行われることを示している。理論的には，システム・フォーカス能力が備わっていれば，より精度の高い予測が可能ということになる。しかし，Iansitiの議論ではいかにすればシステム・

フォーカス能力を高められるのかということについては，必ずしも明らかではない。

　技術や市場の変化がインクリメンタルに進行するような産業であれば，過去の経験から将来の顧客ニーズの予測と特定化はある程度可能であるかもしれない。あるいは，技術開発と製品開発のプロセスをオーバーラップさせることによっても不確実性リスクの低減が可能であると考えられるが（藤本，1998），それでも技術開発が製品開発に先行して開始されることには変わりがない。将来の顧客ニーズの特定化が困難な場合は，事前の特定化ができないことを前提とする必要があり，そもそも予測の必要性を低減することができれば，不確実性に対応することが可能であると考えられる。

　Ward, Liker, Cristiano & Sobek II（1995）は，自動車の車体デザイン決定プロセスの事例研究をもとに，開発する製品仕様をあらかじめ固定化せず，開発プロジェクト開始後の環境変化に応じて仕様を変更していくセット・ベース・コンカレント開発（Set-Based Concurrent Engineering）の考え方を示した。開発の初期段階において仕様を決めうちで行った場合，事後的な変更は他の部品やシステム全体に影響を及ぼし，結果的に開発期間やコストを増大させてしまう（藤本，1998）。そのためセット・ベース・コンカレント開発においては，複数の技術仕様オプションを残したまま開発を進め，事後的にオプションの絞り込みを行っている。複数のオプションを走らせたとしても大規模な修正より効率的であるというのが，Wardらの主張である。オプションの選択を先送りしているという意味でセット・ベース・コンカレント開発は，リアル・オプション的な意思決定によって将来性予測の必要性を減じた統合プロセスということができる（Ford & Sobek II, 2005）。

　しかし，Ward et al.（1995）において複数のオプションが設けられるのは，技術開発全般の並行化ではなく，自動車の車体デザインであるということに留意が必要である。意匠の並行開発において工業デザイナーが複数のスケッチやモックアップを製作するといったコストと，新規技術の開発プロジェクトを複数持ち続けるコストでは，追加的な投資のコストが大きく異なると考えられる。Ward et al.の研究においては，金銭的なコストの問題が相対的に小さいため，複数オプションによるデザイン決定のリードタイム短縮の効果がメリットとして享受できるのである。それに対して，本章のように新技術の並行開発を検討

するためには，技術開発や設計，試作に伴う開発コスト増加という観点を考慮する必要がある。

また，楠木（2001）は，製品コンセプトが流動的な段階では，コンセプトを特定化せず，複数のコンセプトに基づいた開発プロジェクトを並行して走らせて，切磋琢磨させることが重要であると示している。このR&Dの初期段階を並行化するという点は，リアル・オプション的な統合の考え方と整合的であると考えられる。しかし，楠木の研究においては開発プロジェクトの並行化の具体的な実施方法，とりわけ，並行化による開発コスト増の問題が解決されているとはいえない。

1－2．並行化による開発コスト増の問題

並行化による開発コスト増加の問題は存在するものの，Ward *et al.*（1995）や楠木（2001）が示唆するように，並行開発は将来の顧客ニーズの不確実性リスクを低減させる効果があるようである。

そこで，本章では，技術開発の初期段階では製品仕様を確定せずに複数の製品仕様に基づいた先行技術開発を並行的に行い，先行開発された技術が製品システムに組み込まれるタイミングまで採用技術の特定化を行わないことによって，将来性リスクを低減させる開発プロセスを検討する。このような並行技術開発のプロセスを，本章では「オプション型並行技術開発」と呼ぶことにする。

図表8－1はオプション型並行技術開発のフレームワークを示したものである。一般的に製品に組み込まれる要素技術の開発は製品開発よりも先行し，技術開発プロセスを規定する製品仕様の特定化はさらに先行して行われる（図表8－1中の(B)）。一方，オプション型並行技術開発においては，技術開発は製品開発よりも先行して開始されているが，技術開発に先立って製品仕様の特定化は行わず，製品開発開始の直前のタイミングで技術の選択を行っている（図表8－1中の(A)）。この技術選択の先送りによって，（A）と（B）との間の時間差分だけ，不確実性リスクを低減した意思決定を行うことが可能になっている。

ところで，図表8－1中の(B)では，要素技術開発に先行して製品仕様の規定が行われることを示しているが，この点は若干の注意が必要である。製品開発に先行する研究開発プロセス（製品開発（R&DのD）に対してIndustrial

(A) オプション型並行技術開発におけるR&Dプロセス

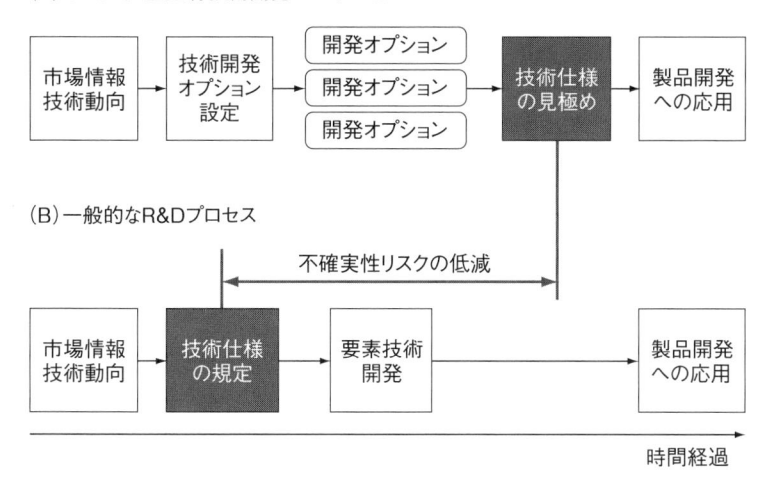

```
市場情報     技術開発      開発オプション
技術動向  →  オプション  →  開発オプション  →  技術仕様  →  製品開発
            設定         開発オプション     の見極め     への応用
```

(B) 一般的なR&Dプロセス

　　　　　　　　← 不確実性リスクの低減 →

```
市場情報     技術仕様     要素技術                製品開発
技術動向  →  の規定   →  開発      →  →  →  →  への応用
```

　　　　　　　　　　　　　　　　　　　　　　　　時間経過 →

出所：長内（2009b）

図表 8 － 1．オプション型並行技術開発

　Research（R&D の R）のプロセス）は，R&D プロセスの最も上流に位置している。この "R" のプロセスには，基礎研究レベルの活動から，最も製品開発に近い応用開発レベルの活動まであり，上流のプロセスになればなるほど事前に明確な製品コンセプトや技術仕様が確定していない（あるいはその必要がない）と考えられる。したがって，純粋な基礎研究になればなるほど，本章で問題としているような事前の製品コンセプトの確定の必要性は低くなると考えられる。しかし，本章の事例研究で示す先行技術開発とは，製品（テレビ）に組み込まれる部品レベル（画像処理エンジン）の研究開発プロセスであり，具体的な製品コンセプトや技術仕様を必要とする応用開発段階の活動である。[1]

　本論に戻ると，図表 8 － 1 中の(A)で開発オプションが増加していること

---

[1] R&D の R に相当するプロセスを基礎研究，応用研究，開発研究とする分類は，総務省統計局「科学技術研究調査」によるものであるが（文部科学省，2005），それぞれの定義はやや曖昧であり，具体的にどのような業務がどの分類に該当するか，厳密に区分することは現実的には難しいといわれている（藤田，2003）。本章では，純粋な科学的発見を目的とする基礎研究以外の，新しい科学的発見や既存の技術の新しい組み合わせによって，製品を構成する要素技術や部品を開発するプロセスを先行技術開発と呼ぶことにする。

からも明らかなように，並行技術開発においてはオプションの数だけ技術開発プロジェクトが増加することになるので，将来の不確実性リスクの低減とトレードオフの形で，先行技術開発のコストの増加が見込まれる。しかし，先述のようにこれまでの議論では並行技術開発による開発コスト増加を回避する方策は示されていない。

　並行技術開発は多様な製品開発を可能にするが，個々の開発プロジェクトはその中での最適化を追求する傾向があり（延岡，1996），全体としては開発コスト増加のリスクを招く恐れがある。延岡（1996）のマルチプロジェクト戦略では，個々の開発プロジェクトを独立させるのではなく，親モデルの技術を派生モデルに応用する並行技術移転戦略によって，こうした開発コストの増加を押さえることができるとしている。しかし，マルチプロジェクト戦略は，ひとつの要素技術をいかに多くの派生製品に活用するかという議論であり，そもそも要素技術段階での多様性を確保するという本章の議論とは相容れない。

　そこで本章では，並行開発コストの増加回避策として，アウトソーシングによる並行技術開発のマネジメントの可能性を提起する。ここで注意すべきことは，開発業務の外部化と自社のコア・コンピタンス強化をどのように両立させるかという点である。

　アウトソーシングの議論は，企業は競争優位の源泉となる自社のコア・コンピタンスの強化に資源を集中すべきであるというPrahalad & Hamel（1990）の議論の延長上にあり，アウトソーシングされる業務は，競争上重要でない業務であると考えられてきた。しかし，武石（2003）が指摘するように，競争上重要な業務と重要でない業務を峻別することは容易ではなく，現実的には企業は競争上重要な業務を外部化しながら，自社のコア・コンピタンスを確立する必要に迫られる。とりわけ本章においてアウトソーシングの対象となるのは，競争優位の源泉となりうる要素技術を開発する先行技術開発のプロセスである。議論のもうひとつのポイントは，まさに先行技術開発のアウトソーシングとコア・コンピタンス強化との両立が可能であるかということである。次節では台湾液晶テレビメーカーの事例研究を行い，その後にオプション型並行技術開発の実施形態としてアウトソーシングのプロセスとその特徴を明らかにする。

2．事例研究

2−1．調査方法

　本章の事例研究では，液晶パネルメーカー大手のCMO（第5章で述べたように，現在の奇美電子の英語略称はCMIであるが，ここでは事例当時の表記を用いる）を傘下に置く奇美グループの液晶テレビ開発事例を取り上げる。

　本研究において台湾奇美グループの液晶テレビ開発事例を取り上げた理由は，次の2点である。第1に，液晶テレビは今日のエレクトロニクス産業を代表する事業分野である一方，ブラウン管テレビから液晶，PDP，有機EL（OLED）などの様々なFPD（フラット・パネル・ディスプレイ）テレビへの移行期にあり，規格間の競争や要素技術の変化も激しく，最終製品であるテレビのメーカー別シェアも絶えず変動し続けており，技術や市場の動向には極めて高い不確実性が存在しているためである。[2]

　第2に，奇美グループは，世界のテレビ用液晶パネル5大メーカーの一角に位置し，日本では一般には液晶パネルメーカーとして知られている。とりわけ奇美は台湾の中でもテレビ用液晶パネルの開発を得意としており，自社ブランドの液晶テレビ事業では台湾内で高い販売シェアを有しており，この分野の代表的な企業であるといえるためである。

　これらの理由から，奇美グループの液晶テレビ開発の事例を分析することとした。

　調査にあたって，奇美実業（グループ本社）創業者の許文龍氏，グループ傘下の液晶テレビメーカーである新視代科技（Nexgen Mediatech）総経理（社長）の許家彰氏（2013年現在は同社董事長（会長）），同社マネジャーの林偉民氏を始め，同社の開発エンジニア，デザイナー，パネル開発を行う奇美電子のマーケティング担当者および広報担当者，画像処理エンジンの開発を行う奇景光電股份有限公司（Himax Technology）総経理室の洪乃權氏など，液晶テレビ開発にかかわる奇美グループの各担当者に対してインタビューを行った。これ

---

[2] 我が国で販売されるテレビは，ほとんど全てFPDにシフトしているが，全世界トータルで見ると，途上国を中心にブラウン管テレビの市場も大きく，依然として技術転換の過渡期にあるといえる（長内，2009a）。

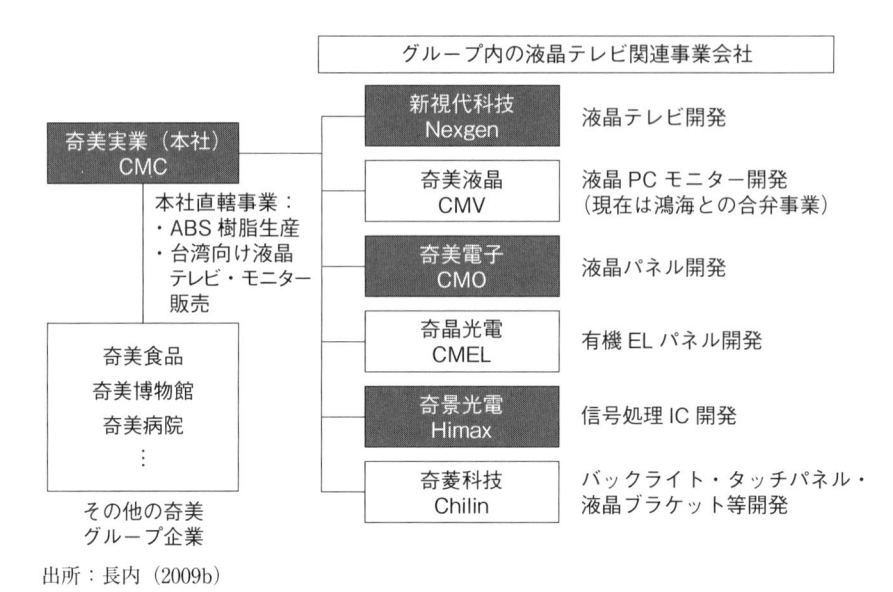

```
                        ┌─────────────────────────────────┐
                        │  グループ内の液晶テレビ関連事業会社  │
                        └─────────────────────────────────┘
                                      │
┌──────────────┐        ┌──────────────┐
│ 奇美実業(本社) │────────│  新視代科技   │    液晶テレビ開発
│    CMC       │    ├───│   Nexgen     │
└──────────────┘    │   └──────────────┘
    本社直轄事業：   │   ┌──────────────┐    液晶PCモニター開発
    ・ABS樹脂生産   ├───│   奇美液晶    │   （現在は鴻海との合弁事業）
    ・台湾向け液晶  │   │    CMV       │
     テレビ・モニター │   └──────────────┘
     販売          │   ┌──────────────┐
        │         ├───│   奇美電子    │    液晶パネル開発
        │         │   │    CMO       │
┌──────────────┐ │   └──────────────┘
│  奇美食品     │ │   ┌──────────────┐
│  奇美博物館   │ ├───│   奇晶光電    │    有機ELパネル開発
│  奇美病院     │ │   │   CMEL       │
│    ⋮         │ │   └──────────────┘
└──────────────┘ │   ┌──────────────┐
  その他の奇美    ├───│   奇景光電    │    信号処理IC開発
   グループ企業   │   │   Himax      │
                 │   └──────────────┘
                 │   ┌──────────────┐    バックライト・タッチパネル・
                 └───│   奇菱科技    │    液晶ブラケット等開発
                     │   Chilin     │
                     └──────────────┘
```

出所：長内（2009b）

図表8－2．奇美グループ

らのインタビューは，2005年8月から06年10月にかけて，奇美実業とCMOについては台湾南部の台南県の本社にて，新視代科技については台南県の本社および台北県の事業所にて，奇景光電については台湾北部の新竹市の事業所にてそれぞれ実施した（図表8－2）。また，追加的なインタビューを，新視代科技許家彰総経理には，07年11月に東京都中央区の日本CMO株式会社（現、奇美実業東京オフィス）本社と08年9月，11年2月に台南県の新視代科技本社において，また，台湾の大手家電量販店である燦坤実業股份有限公司の呉昱融店長に対して08年9月に同社本店（台南旗艦店）にて行った。

2－2．奇美グループの概要

奇美グループは創業者の許文龍氏が1959年に台湾の台南地域に設立した台湾第6位の財閥であり，グループの中核企業である奇美実業は世界最大のABSメーカーとしても知られている（黄，1996；西原，2002）。奇美グループは1997年には奇美電子を設立し液晶パネル開発に参入，2001年には滋賀県野

3　奇美の液晶パネル開発への参入は，奇美実業が液晶用カラーフィルターの開発の要請を受

洲市にあった日本IBMのTFT液晶製造事業所を買収し大型液晶パネルの開発・製造を行うIDTech（International Display Technology）を設立した。IDTechの設立はIBMからの要素技術の移転というよりも工場管理のノウハウやIBMの顧客を引き継ぐことが目的であったといわれており，液晶パネルの技術開発はCMOが独自に行っていた（新宅・許・蘇，2006）。その後，IDTechの野洲事業所は，2005年にソニーに売却されている[4]。

2000年代なかばには，CMOは出荷額で第4位のテレビ用液晶パネルメーカーに成長し（図表8－3），10年にはFoxconn（鴻海精密工業）傘下のInnolux Display（群創光電）と合併し，世界第3位の液晶パネルメーカーになっている。台湾の液晶産業は，先行企業との技術提携によって日本や韓国に比べて古い世代の液晶製造ラインを譲り受けてPCモニターなどに使われる小型～中型パネルの生産を低コストで行うことを得意としている（Murtha, Lenway & Hart, 2001）。しかし，CMOは，先述のように先進的な技術開発に注力しており，比較的新しい第5世代，第5.5世代の製造設備を中心に保有している。これらの製造設備では，26インチ，32インチ，37インチなどの液晶テレビ用のパネル生産を得意とし，さらに大型サイズの液晶生産の投資も積極的に行っている。CMOで生産された液晶パネルはグループ内のテレビ，PCモニターなどの製品開発に使われるだけでなく，日本，韓国，中国，欧州などの家電メーカーにも外販されている[5]。

奇美グループは，2002年に液晶テレビセット（テレビ本体）の開発・製造にも進出し，セット開発・製造を手がける新視代科技が台北県に設立された[6]。

けたことに端を発している。許文龍氏はインタビューにおいて，「よくよく液晶のことを勉強してみると，液晶パネルにはケミカルの技術が多く使われていることがわかった。奇美以外のパネルメーカーは全てエレクトロニクスが出自であるが，むしろ液晶パネルは化学工業の方が近いと思い，奇美電子を設立し自分たちでパネルを作ることにした」と述べている。

4　CMO傘下の野洲事業所では，高性能なTFT液晶パネルの開発・製造が行われ，ソニー売却時に低温ポリシリコンTFT液晶の生産ラインに改修されている。低温ポリシリコンTFT液晶の製造設備は有機ELの製造にも転用可能な技術的に高度な設備であり，CMOの高い技術開発力を示す傍証でもある（http://www.idtech.co.jp/ja/news/press/20050107.html）。また，奇美グループではCMELが有機ELの開発・製造を行っている。

5　CMOの広報担当者によると現在約90％のパネルがグループ外の企業へ外販されているという。

6　現在，本社は台南事業所に移されている。

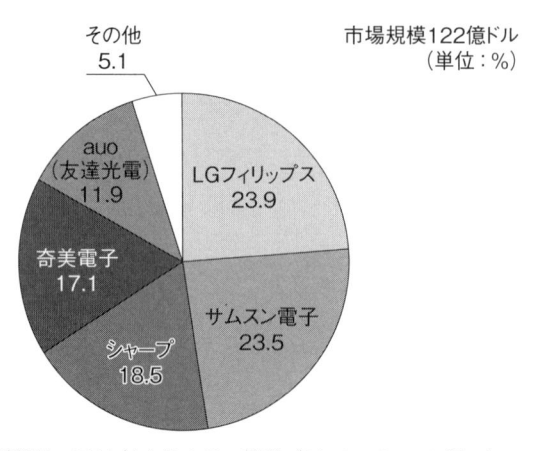

その他 5.1
市場規模122億ドル
（単位：％）

auo（友達光電） 11.9
LGフィリップス 23.9
奇美電子 17.1
シャープ 18.5
サムスン電子 23.5

出所：『日本経済新聞』，2006年4月4日，朝刊（Display Search調べ）
図表8－3．テレビ用液晶パネルのブランド別売り上げシェア（2005年）

　03年に20インチ，22インチ，27インチの液晶テレビの製造・販売を開始し，この年の年間販売台数は11万台，翌04年には中国，欧州での生産を開始し，年間販売台数は25万台に成長した。現在では32～50インチの大型モデルの製造・販売も行っている。設立当初は，日本・アメリカ・欧州などのメーカーのODM[7]製品の開発・生産を主要な事業としていたが，今日では自社ブランドであるCHIMEIブランドの製品[8]を主力事業に育て，ODMビジネスからは段階的に撤退している（写真8－1）。

　インタビュー当時，新視代科技の従業員数は約400人（台湾のみ）で，そのうち約半数がR&Dエンジニアである[9]。製品開発は台南本社と台北の2ヵ所の事業所で行っている。製造は台南本社工場のほか中国，ドイツ，チェコ，メキシコの委託工場で行っていた[10]。現在同社のテレビ事業は台湾市場に集中し，新規事業であるLED照明事業は，台湾市場の他，日本市場にも参入している[11]。

7　Original Design Manufacturingの略称で，他社ブランド製品の開発・設計から製造までを一貫して請け負う開発形態のこと。
8　http://www.chimei.com.tw/ 参照。
9　R&Dの人数にはCMOの液晶パネルの開発エンジニアは含まれていない。
10　その後欧州ビジネスは撤退し，台湾市場に特化している。
11　戸川（2012）「技術流出を恐れてチャンスを逃すな：チーメイ傘下のLED照明メーカーとの取材で感じたこと」『日経ビジネスON LINE』2012年9月4日（http://business.

出所:新視代科技提供

写真8-1

　奇美グループ内のその他の液晶テレビ関連企業としては,奇景光電 (Himax Technologies, Inc.) が液晶テレビ用の画像処理エンジンの開発を担当している。奇景光電はいわゆるファブレス半導体設計企業であり,開発は台南,新竹,台北の3ヵ所の事業所で行っているが,製造は外部のファウンドリーに委託している (長内, 2007a)。また,化学製品部門の奇菱科技 (Chi Lin Technology Co.)[12] では,液晶パネルモジュール[13]を構成するブラケットや金属フレーム,テレビの筐体その他に用いる樹脂成型品の開発・製造を行っている。

２-３．液晶テレビ開発の特徴

　テレビは数あるエレクトロニクス製品の中でも極めて多品種な製品開発が求められる製品カテゴリーである (椙山, 2000)。通常,エレクトロニクスの製品ラインは,基本モデルから最上位モデルに至るまで,機能・性能の軸上に位置づけられた1次元の製品ラインを構成している。しかし,テレビの場合には,

---

nikkeibp.co.jp/article/opinion/20120830/2361681/)。
12　奇菱科技は,設立当初は奇美実業と三菱商事,三菱油化 (現在の三菱化学) による合弁事業であったが,現在,三菱グループは合弁から撤退している。
13　液晶パネル基板,バックライト,インバーター回路,ドライバ回路,カラーフィルターなどの部品を金属フレームやブラケットによって一体化したモジュール部品。パネルメーカーがテレビやPCディスプレイなどのセットメーカーに販売するときにはモジュールの状態で納品され,一般に液晶パネルというときにはパネルモジュールを差すことが多い。本章中の液晶パネルの表記もパネルモジュールのことを指している。

機能・性能の軸とは別に画面サイズと仕向地域によっても異なる製品バリエーションが求められ，3次元的な製品ライン構成になっている。

一般的に製品を国際展開する場合には，ある地域向けの親モデルをベースに他の地域向けに修正を加えた派生モデルを開発することが多く，それは規模の生産性を得るのに適した方法である（Vernon, 1966）。しかし，テレビの技術規格や機能仕様は国ごとに大きく異なっており，派生展開が難しい。

例えば，カラー方式にはNTSC，PAL，SECAMの3種類があり，NTSC方式はアメリカ，日本，台湾，韓国などで採用されている。しかし，同じNTSCでも日本とそれ以外の国ではチャンネル方式などの仕様が異なっている。さらにアメリカ，台湾，韓国の3地域ではチャンネル方式は共通であるが，音声多重システムに関しては，日本は独自の音声多重方式，アメリカ，台湾はMTS方式を，韓国は韓国ステレオ方式を採用しており，いずれの国同士も共通の規格にはなっていない。同様にPAL圏（フランスを除く西欧，アジアなど），SECAM圏（フランス，東欧など）でも国によって詳細な規格仕様は異なっている。デジタル放送ではさらに複雑さが増しており，NTSC圏のデジタル地上放送規格では，日本はISDB-T方式，アメリカと韓国がATSC方式を，台湾は欧州のDVB-T方式をそれぞれ採用している。放送規格以外でも欧州と北米・アジアでは，アンテナ端子や外部ビデオ入力端子の形状も異なっている。

また，仕様の違いは技術規格に基づくものだけではない。日本ではチャンネルの＋／－ボタンを押し続けた（ザッピングによる選局を行う）場合，放送局を1局ずつ選局，表示しながらチャンネルが遷移していくのに対し，多チャンネルの北米や欧州では，この方法では選局に時間がかかりすぎるため，チャンネル番号の表示だけが遷移して，ボタンを放した時に目的のチャンネルだけが選局，表示されるというユーザーインターフェイスの変更を行う場合もある。地域によってこのように接続端子や操作性が全く異なるというのは，他のエレクトロニクス製品ではあまり見られない。テレビの製品開発においては，国の数だけ製品仕様があるといっても過言ではない。

これらの複雑な仕様の全てを網羅した万能テレビの開発はシステムが極めて冗長になり，膨大なコストを要するため現実的ではない。これまでブラウン管テレビを開発してきた多くのメーカーでは，多品種開発に対応するため，地域

ごとにいくつかの基本シャーシ[14]を開発し，共通機能は基本シャーシ内に取り込み，機種ごとに異なる機能は個別に追加的な設計を行うという開発スタイルを採用していた（椙山，2000）。

　新視代科技も画面サイズや基本仕様の違いによって年間30～40機種の基本モデルを開発し，仕向地やグレードの違いによってさらに多くの派生モデルを開発している。しかも，液晶テレビでは，ブラウン管テレビ以上のスピードで基本シャーシの開発を行わなければならなくなっている。ブラウン管テレビでは，成熟化しており，ブラウン管の技術革新が緩やかで数年間にわたって同じ部品が使われていたため，表示デバイスに対応するシャーシ設計の変化も緩やかであった。

　しかし，表示デバイスが技術進化の激しいFPDに変わり，シャーシ開発のスピード化が求められた。液晶パネルなどFPDデバイスの技術進化は日進月歩であり，ブラウン管に比べて極めて速いスピードで新しい技術仕様に基づいたパネルが登場している。例えば，ここ数年の間に従来よりも高精細なパネル技術（フルHDパネル）や，高速表示処理技術（ハイ・フレーム・レート）などが登場し，これらのパネルに対応するためには基本シャーシ側，とりわけその中心的デバイスである画像処理エンジンの新規開発が求められている。従来よりも短いスパンで新規シャーシや画像処理エンジンの開発が求められる中で，従来同様に地域ごとに異なる仕様の製品開発が求められており，液晶テレビの製品開発のポイントは，基本シャーシの効果的，効率的な開発であるといえる。

　基本シャーシ開発の中でも，とりわけ競争優位の獲得にかかわる中心的なデバイスが画像処理エンジンである（小笠原・松本，2005）。画像処理エンジンは，開発の効率化，低コスト化を狙って機能の集積化が進んでおり，画像処理以外にもテレビがもつ様々な機能の制御を内部に取り込むようになっている。その結果，テレビの仕様変更は，画像処理エンジンの仕様変更に直結している。さらに，地域ごとの機能変化や表示デバイスの技術革新も画像処理エンジンが吸収することが求められる。

14　基本シャーシとは，テレビの主要な機能を実現するための基本的な回路群（チューナー，画像処理，ユーザーインターフェイス処理，音声処理など）から構成される回路基板のことである。

これは，シャーシ開発の効率化と関連する。効率的にシャーシを開発するためには，地域ごとにシャーシ開発を行うよりも世界共通のシャーシを開発した方が好ましい。しかし，テレビの仕様は地域ごとに大きく異なるため，様々な仕様のバリエーションを全て併せもったシャーシを開発しようとすると，部品点数の増加により，かえって高コストになってしまう（椙山，2000）。現在では，回路のデジタル化によって仕様の違いをハードウエアではなく，ソフトウエアが吸収できるため，デジタルプロセッサーである画像処理エンジンの中にこれらの仕様を埋め込むことが可能になっている（長内，2006）。同様に，表示デバイスの違いも画像処理エンジンのソフトウエア設計によって吸収することができる。それでも膨大な機能を搭載しようとすると，画像処理エンジンを構成するCPUの性能やメモリ容量の増加が避けられない。ひとつの画像処理エンジンにどれだけの機能を追加して，どこまで共通化が図れるのか，あるいは，仕様によっては画像処理エンジンを複数作り分けた方がよいのか，画像処理エンジンの開発にはこれらの戦略的な判断が求められる。

　このように，今日の基本シャーシ開発の中核は画像処理エンジンの開発であり，画像処理エンジンを素早く，かつ，最適な仕様で開発しなければならない。

　しかし，技術や市場の不確実性の存在によって，画像処理エンジンの仕様を早期に策定することは極めて困難である。不確実性をもたらすひとつの要因は，液晶テレビがブラウン管テレビからの転換途上にある新しい産業であるということに由来している。

　技術革新の途上にある液晶パネルの性能の変化は，パネルと組み合わせる画像処理エンジンの仕様に影響を与える不確実性の要因となっている。例えば，2000年代前半は40インチクラスのテレビの解像度は，VGAクラスで垂直方向480ピクセルが主流だった。これが2000年代中頃にかけてXGA（720～768ピクセル），現在ではフルHDパネル（1080ピクセル）が主流になってきている。高解像度化によって，画像処理エンジンの処理速度や搭載メモリ容量の増加が求められるため，パネル仕様に合致した画像処理エンジンの技術仕様を策定しなければならない。[15]

15　日本のA社が初めて商品化したフルHDパネル搭載のテレビの開発では，当時はまだフルHDの解像度に対応した画像処理エンジンがなかったため，基本シャーシに従来の画像処理エンジンを2個搭載せざるを得なくなり，シャーシコストが極めて高くなった。

また，液晶パネルの製造技術や設備投資も発展途上にあり，パネルの価格や供給量は常にドラスティックに変化している。液晶パネルは液晶テレビのコストの大部分を占めるため，液晶テレビの販売価格にも大きく影響している。販売価格の変化は製品仕様にも影響を与えるため，結果的に画像処理エンジンの仕様に影響を及ぼす不確実性の一因となっている。[16]

　つまり，画像処理エンジンの仕様の策定プロセスとは，これらの不確実性に対応した将来予測のプロセスであるといえる。開発した画像処理エンジンがアンダースペックな仕様では競合製品との差異化に不利であるが，一方で，オーバースペックは，コストアップにもつながる。画像処理エンジンの性能とコストのバランスを考えるためには，製品仕様の策定に関わる不確実性を低減し，製品に求められる技術仕様との乖離を防ぐ必要がある。

2－4．画像処理エンジンの並行開発とアウトソーシング

　液晶テレビを構成する主要部品は，放送を受信して映像信号を取り出すチューナー，映像信号を表示デバイスに映し出すために必要な処理を行う画像処理エンジン，液晶パネルの3点から成り立っている。テレビのチューナーはブラウン管の時代よりモジュール化され標準部品として取引が行われている。一方，液晶パネルは今日においても供給が安定的ではなく，セットメーカーは複数のパネルメーカーからパネルを調達する必要に迫られる。このため，液晶パネルもモジュール化，標準部品化が進んでおり，各パネルメーカーのパネル間の性能差も極めて少ない。[17]

　よって，液晶テレビの製品差異化は主にセット製品側の回路で行われる。画像処理エンジンはセット製品の最も主要な部品であり，製品の性能を大きく左

16　例えば，1000ドル前後のテレビは，リビング用の主力製品となるので価格競争が優先される。2005年には1000ドル前後の価格帯の製品は26～27インチクラスのテレビであった。この頃の高価な32インチ以上のテレビの市場は限定的であったので，高付加価値な製品仕様が求められた。しかし，06年にはパネル価格が下落し，32インチが普及価格帯に入ってきた。そうすると，32インチテレビの製品仕様はより標準的な機能・性能に特化することが求められた。
17　CMOへのインタビューの中で，他の液晶パネルメーカーにない機能や仕様をパネルに付加することによる差異化の可能性を尋ねたところ，付加価値の高い特殊な仕様のパネルよりも他社パネルと互換性の高い標準的なパネルのほうが顧客のニーズに適うと述べていた。

右する。パナソニックの「PEAKSプロセッサー」，ソニーの「ブラビア・エンジン」などの画像処理エンジンは，各社の液晶テレビの大きなセールスポイントとなっている（小笠原・松本，2005；榊原・香山，2006）。

　奇美グループでも画像処理エンジンの開発を行っており，CHIMEIブランドの液晶テレビに採用される数種類の画像処理エンジンは，総称して「ChroMAXビデオ・エンジン」と呼ばれている。数種類のエンジンを併用するのは，組み合わせるパネルや製品の仕様によって，複数のエンジンを使い分けているからである。このような画像処理エンジンの使い分けは，日本の液晶テレビメーカーにも見られる。

　通常，新視代科技のR&D部門では，画像処理エンジン開発を自社内だけで行うのではなく，グループ内の奇景光電やグループ外の半導体設計企業と共同[18]して行っている。台湾には奇景光電以外にも画像処理エンジンを開発する半導体設計企業が，メディアテック（聯發科技股份有限公司；MediaTek Inc.），モーニングスター（晨星半導體股份有限公司；MStar Semiconductor, Inc.），サンプラス（凌陽科技股份有限公司；Sunplus Technology Co., Ltd.）など多数存在している。特に奇美独自の画づくりにかかわる部分の開発は新視代科技内部で行っているが，ベースとなるエンジンの半導体設計は，これら内外の半導体設計企業に委託して行われている。

　日本メーカーでも一部の画像処理エンジンのアウトソーシングは行われているが，奇美の事例でユニークなのは，新視代科技が常に複数社のグループ内外の半導体設計企業への開発依頼を同時に行っているという点である。新視代科技から依頼されたIC開発事業者各社が開発する画像処理エンジンはそれぞれ少しずつ異なった技術仕様をもっており，最終的にはその中から採用するエンジンが選択される。先述のとおり，テレビの仕様は千差万別であり，恒常的に複数の半導体設計企業が，それぞれ異なる特徴をもった画像処理エンジンを開発しセットメーカーに提供する状況になっている。[19]

18　台湾の半導体開発企業の多くは，設計までを行うファブレス企業であり，製造はファウンドリーに委託しているため，正確には「メーカー」ではない。本章では，これらのファブレス開発企業を「IC開発事業者」と表記する。
19　新視代許総経理は2008年9月に行ったインタビュー調査において，「全ての地域に万能なエンジン開発企業はなく，各社にそれぞれ得意不得意分野がある。画像処理エンジン企

このように，新視代科技では先行開発段階においては採用する画像処理エンジンを特定化せず，複数の技術オプションを並行開発している。しかし，採用される技術は最終的にはひとつであり，技術の選択は，先行開発に続く製品開発がスタートするタイミングか,それ以降,基本シャーシの回路設計を集約し，これ以降には設計変更が不可能なギリギリの時点までの間の，いずれかのタイミングで行われている。その間，新視代科技は複数の画像処理エンジン候補をオプションとして保有し続けていることになる（図表8－4）。
　このような画像処理エンジンの仕様確定の先送りは，顧客ニーズと合致した効果的な製品開発をもたらしている。画像処理エンジンには，単に画質の調整を行うだけでなく，液晶テレビの性能や製品仕様を規定する様々な機能が盛り込まれている[20]。画像処理エンジンの機能・性能が増えれば増えるほど，画像処理エンジン内部のメモリ容量や処理スピードが求められるため，機能・性能とコストはトレードオフの関係にある。そのため，画像処理エンジンの要求仕様が低すぎると競合製品に対して機能的・性能的に劣ってしまう反面，要求仕様を高めすぎると，コスト競争力を失うということが生じる。
　例えば，2006年に開発された主力機種のひとつ[21]では，X社とY社の2社に画像処理エンジンの開発を依頼していた。この機種では，製品開発に着手した後も採用する画像処理エンジンは未定のままその他の部分の設計を先行して開始していた。結局，画像処理エンジンの選択は製品に組み込むギリギリのタイミングで行い，当初有力と思われていた画像処理エンジンとは異なるエンジンが採用された。
　画像処理エンジンの変更は，次のような理由によるものであった。新視代科技のR&D部門はこの液晶テレビに搭載する画像処理エンジンの開発をグループ内の奇景光電を含む，数社のIC開発企業に依頼していた。画像処理エンジ

　　業は，あまりの仕様の煩雑さに今後競争が厳しくなっても1，2社に収束することはないだろう」と述べている。
20　画像処理エンジンの仕様は，画質，対応パネル，対応放送信号，入力端子の数や種類，OSD（画面メニュー），その他付加機能など液晶テレビの様々な機能や性能を左右している。
21　2008年9月の新視代科技の許家彰総経理，燦坤実業の呉昱融店長へのインタビュー 11年2月の許家彰董事長（2012年現在）へのインタビューによると，06年以降CHIMEIブランドの液晶テレビは成長を続け，08年～10年の台湾市場ではCHIMEIとソニーの2社が液晶テレビのトップブランドとなっている。

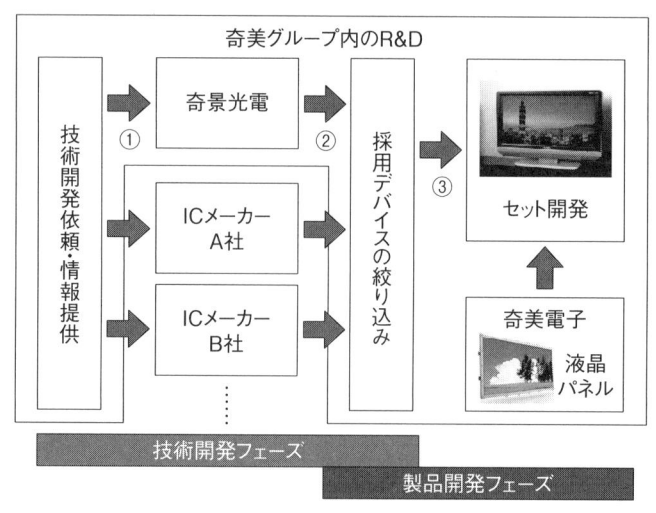

出所：長内（2010b）
図表8－4．画像処理エンジン開発プロセス

ンの開発が進む中で，X社が開発するエンジンは機能的にはシンプルであったが，コスト面では非常に有利になるポテンシャルをもっていると考えられていた。一方，Y社が開発するエンジンはコスト面では若干不利であったが，欧州や台湾のデジタル放送方式であるDVB-T方式に対応する拡張性を有しており，将来的にデジタル放送に対応した派生モデルを開発するときに最小限の設計変更で対応することができるものであった。その他の開発企業の画像処理エンジンもそれぞれの特徴をもっていた。

　この製品では低価格が重要な要素であったため，当初X社のエンジンの採用をする方向で検討が進められていた。しかし，各社のエンジンの開発が進むにつれ，X社のエンジンのコストダウンが想定したほど進まなかったことと，欧州の市場の反応や現地の販売会社からのリクエストにより，デジタル放送対応が予定よりも早く必要になりそうなことが明らかになった。その結果，回路集約の直前でX社のエンジンの採用を見送り，Y社のエンジンを採用することに決まった（図表8－5）。ここでいう回路集約とは，製品のオンライン（生産開始）を遅らせることなく回路の変更ができるギリギリのタイミングのことである。

　画像処理エンジンは基本シャーシを構成する最も中心的な部品である。画像

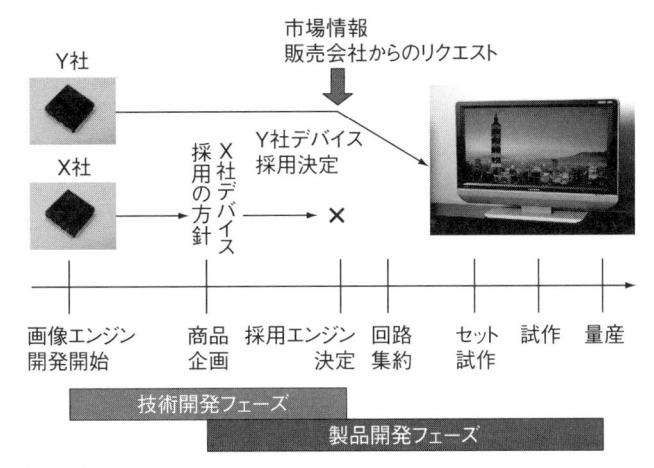

出所：長内（2010b）
図表8－5．画像処理エンジンの採用決定プロセス

処理エンジンを異なるメーカーのものに置き換えるためには，通常では大規模な基本シャーシの設計変更を伴うので，回路集約直前での変更は，大幅に開発を遅らせることにつながる。開発の遅れは発売の遅れにつながるため，事業の成否を大きく左右してしまう。しかし，新視代科技では，X社のエンジンでの設計を進めると同時に，Y社のエンジンの採用の可能性を残し，いつでもY社のエンジンに置き換えられるように基本シャーシの開発を進めていた。

規格化されたPCのCPUの載せ換えのように，シャーシと画像処理エンジンとの間のインターフェイスのデザインルールが共通であれば，複数の画像処理エンジンをハンドルすることは難しくはない。実際，PCメーカーは，価格や技術の変化が激しいCPUをマザーボードに搭載しない状態である程度生産しておいて，出荷直前に最新のCPUを載せるということをしている。

しかし，液晶テレビの画像処理エンジンは，メーカーごとに異なるプロセッサーを使っており，ICのサイズやピン配列，インターフェイス仕様なども異なっており，そのまま他のICに載せ換えるということはできない。異なる画像処理エンジンを採用するためには，シャーシ設計そのものを大幅に変更しなければならない。新視代科技のケースでは，事前に画像処理エンジンの変更の可能性を想定し，どのようなエンジンの候補が存在するかを認識していたと思われる。そのため，エンジンの変更に備えて，シャーシ側の設計変更の準備を

しておくことができたと考えられる．その結果，開発スケジュールを遅らせることなく，このタイミングでの画像処理エンジンの変更が可能であったのである．

　先述のとおり，効果的な画像処理エンジンの開発には，画像処理エンジンの技術仕様が，パネルや製品の使用に対応して，ダウン・スペックにもオーバースペックにもならないことが重要である．しかし，顧客ニーズが流動的な段階では画像処理エンジンの要求仕様を事前に確定することは困難である．

　また，画像処理エンジンの開発は数ヵ月サイクルで行われており，最新のエンジンほど，低コストで高性能であるが，ソフトウエアのデバッグが不完全であることが多く，最新のエンジンほど品質面のリスクも存在することを新視代科技の許総経理は指摘している。採用するエンジンの決定を先送りすることは，品質にかかわるリスクの見極めにも効果を発揮している．

　以上の新視代科技の開発事例をまとめると，画像処理エンジンの開発には将来の顧客ニーズや品質に関わる不確実性が存在しており，同社では，先行開発段階でひとつの技術に特定化せず，複数の技術オプションを並行開発させることでこれらの不確実性リスクを軽減していることがわかった．

２－５．アウトソーシングの開発コスト

　ところで，不採用技術の開発コストが単にサンクコストとして積み上がってしまうのでは，液晶テレビメーカーにとって効率的な技術開発とはいえない．実際，ある製品で不採用となった技術が新規代科技の他の製品に使われることもあるが，新視代科技の液晶テレビに全く使われない場合もある．しかし，新視代科技は半導体設計企業に対して開発した部品の買い取りや開発費用負担を行うということをしていないので，様々な開発オプションをもつことによって生じるコスト増加は発生していない．

　その代わり，新視代科技自身が開発する一部分を除けば画像処理エンジンはあくまで汎用製品として開発され，半導体設計企業はそれを競合液晶テレビメーカーにも販売している。[22]不採用の技術だけでなく，採用された技術が他社に

22　例えば，半導体設計企業と共同開発する画像処理エンジンには新視代科技が独自に開発したビデオエンハンサーなどが組み込まれているが，ビデオエンハンサーを取り外した画像処理エンジンにも標準的な画像処理エンジンとしての機能は搭載されており，標準部分

供給されることもある．汎用品として開発し開発負担をしないことで，新視代科技は開発コストを増やすことなく，複数の技術オプションを手に入れている．

では半導体設計企業にはどのようなメリットがあるのであろうか．半導体設計企業は，半導体以外の部品や製品システム，あるいは製品市場に関する知識や情報に乏しい．半導体設計企業はセットメーカーとのつきあいを通じてこれらの知識や情報を入手して画像処理エンジンの開発に活用しているのである．

例えば，ある半導体設計企業は，映像信号の解像度変換に関する技術には長けていたが，テレビとしての製品仕様には疎かった．この企業が新たにアメリカのデジタル放送の信号処理と解像度変換を1チップ化した画像処理エンジンの開発を企図したが，公式な規格書だけではわからないデジタル放送モジュールに必要な仕様などの情報の提供を新視代科技に求めてきた．新視代科技は，この半導体設計企業にアメリカのデジタル放送に関する情報を提供する代わりに，自社の要求仕様に従った画像処理エンジンの開発を求めることができた．[23]

液晶テレビメーカーと半導体設計企業のこうした互恵的な関係を前提に，無償での開発依頼を半導体設計企業は請け負っているのである．この両者の関係について新視代科技の許総経理は2008年9月のインタビューにおいて「新視代科技は液晶テレビ開発のノウハウを提供し，半導体設計企業は開発リソースを提供するというギブ＆テイクが成り立っている．競合メーカーに対する情報流出のリスクがないわけではないが，基本的には半導体設計企業と情報共有して協力してやっている」と述べている．

先述のように台湾にはこうした画像処理エンジンを開発する企業が多数ある一方，台湾内外を含め，多数の液晶テレビメーカーが各地域でひしめき合って

のみを汎用製品として半導体設計企業が他社に販売することがある．
23　最終製品の仕様に関する情報は，半導体設計企業の事業の成否に大きな影響を及ぼしている．2000年代の前半にアメリカでは連邦通信委員会（FCC）が，アメリカで販売されるテレビにはATSC方式のデジタルチューナーを搭載することを義務付けるルールを施行し，各メーカーは，様々なATSC対応テレビを開発した．しかし，アメリカの顧客の多くはケーブルテレビに加入して，ケーブルテレビチューナーをテレビに接続して視聴しているため，内蔵のチューナーは使わないことが多く，顧客は内蔵チューナーの機能にはそれほどこだわりがなかった．半導体設計企業は，これらの情報をセットメーカーから得ることによって，FCCルールに適合する最低限のATSC仕様に対応した安価な1チップ画像処理エンジンという，北米市場で現実的な仕様の画像処理エンジンの開発を行うことができた．

いる。世界各国の液晶テレビメーカーも台湾製の画像処理エンジンを多く採用しており，メーカーとサプライヤーが多数存在した市場となっている。

3．奇美グループの液晶テレビ開発の特徴

3－1．オプション型並行技術開発によるすりあわせ

　奇美グループにおける画像処理エンジンの開発プロセスを再度図表8－4で確認する。技術開発の初期段階では，新視代科技のR&D部門は画像処理エンジンの要求仕様の確定は行わず，個別に異なる画像処理エンジン開発をグループ内外の半導体設計企業に依頼していた（図表8－4の①）。台湾企業は，日本企業と同様に，書面による取引契約を嫌う傾向がある。これらの開発要求や情報提供は，半導体設計企業との会議で行われる。半導体設計企業は新技術や既存の技術の改良などによって，液晶テレビメーカーに提案する技術の開発を行い，新視代科技にフィードバックする（図表8－4の②）。新視代科技では，その後の技術や市場の変化や後工程の進捗を見ながら，回路集約のタイミングまでに採用する技術を確定する（図表8－4の③）。この開発プロセスでは，開発初期に顧客ニーズや製品仕様が確定できなくても，不確実性がある程度低減した後に，将来の顧客ニーズと合致した技術を選択することが可能になっている。

　複数の技術開発オプションの保有が，将来の不確実性を低減するということは，早期の意思決定が必ずしも効果的な技術統合をもたらすものではないということ示唆している。藤本（1998）のフロント・ローディングの議論は，意思決定を早くすることで効果的な統合を行うというものである。一方，本章のオプション型並行技術開発による技術開発と市場との統合では，意思決定を遅らせることによって効果的な統合がもたらされているといえる。このことは，変化の激しい環境のもとでは，開発ステージのオーバーラップは開発リードタイム短縮に貢献しないというEisenhardt & Tabrizi（1995）の指摘とも整合的である。

　ところで，先行技術開発部門が直面する将来の不確実性リスクは，開発する技術の仕様に影響を及ぼしている関連技術や採用技術の品質，市場の将来動向に関わる不確実性である。将来の不確実性は，予測する将来までの期間が長け

れば長いほど高まるので，R&Dの上流部門になるほど，最下流に位置づけられる将来の予測が困難になるといえる（Amram & Kulatilaka, 1999）。

　また，技術の不確実性と市場の不確実性は，互いにもう一方の不確実性を高めている可能性がある。技術と市場との関係はどちらか一方が他方を規定するというものではなく，相互に影響しながら規定されると考えられる（沼上，1989）。ある技術や製品の登場が，市場における顧客ニーズを大きく変化させるような場合，技術が市場の不確実性を産み出す要因となる。一方，顧客ニーズが，技術や製品の開発の方向性を変化させる場合，市場が技術の不確実性を生み出すという要因になる。

　つまり，技術と市場の2つの不確実性は別個に考えるのではなく，双方を同時に見据えて予測する必要がある。将来の不確実性を見据えた製品コンセプト開発において先行技術開発部門が重要な役割を果たすと考える理由は，市場の不確実性と同時に技術の不確実性を考慮する必要があるためである。これはIansiti（1998）が指摘した技術統合に求められる2つの能力である，システム・フォーカス能力と問題解決能力の幅広さという議論と符合する。システム・フォーカスとは，製品システムの仕様を予測することであり，製品システムの仕様は顧客ニーズが反映されたものであるから，それは顧客ニーズとの予測と同一である。一方，問題解決能力の幅広さとは，ひとつの技術領域における問題解決能力だけでなく関連する様々な技術領域の問題解決への理解が，技術変化に対応しやすくなるという意味である。これは，技術変化の不確実性への対応に不可欠な能力であるといえる。Iansitiは，これらの2つの能力を高めることで技術と市場の将来性を予測する精度が上がるということを論じている。しかし，オプション型並行技術開発は，これらの能力の際だった優秀さが求められるという議論ではない。確かに，本章の議論でもある程度は技術と市場の将来性を予測する能力が求められる。それは，複数のオプションを用意するにしても全く見当外れなオプションを設定するのでは意味がないからである。しかし，複数のオプションという幅をもたせることによって，「予測の能力を高める」という議論ではなく，「予測の必要性を減じる」という方法で不確実性に対応できることが，本章の議論のポイントである。

３−２．台湾固有のイノベーション・システムとの関係

　前節では半導体デザイン企業側のメリットは，セットメーカーがもつ知識や情報であることを指摘した。これに加えて，セットメーカーとの長期取引関係の重要性が，半導体メーカーにとってのインセンティブになっている可能性が考えられる。たとえ今回は不採用になったとしても，セットメーカーとのつながりを絶つと今後の採用のチャンスを失ってしまうと半導体メーカーが判断するかもしれない[24]。

　さらに，セットメーカーが持つ知識や情報の豊富さや，長期取引関係によるプレッシャーは，セットメーカーの規模に比例するものと考えられる。奇美グループが大財閥であるという要因が背後にあることを考えたら，本章の並行技術開発とアウトソーシングのフレームワークは単なる下請けいじめであり，セットメーカーにとってのみ合理的なシステムであると思われるかもしれない。

　しかし，オプション型並行技術開発は，台湾固有のイノベーション・システムを前提にセットメーカーと半導体設計企業の双方に合理的なR&Dマネジメントとなっている。そもそも，セットメーカーが複数の半導体設計企業に画像処理エンジンの開発を依頼することができるのは，引き受け手となる半導体設計企業が多数存在していることが前提となっている。

　台湾のエレクトロニクス産業の特徴として，個々の開発機能ごとに企業が独立しているということが指摘できる。日本や韓国の家電メーカーは，自社内に各種の部品や技術を開発する部門があり，同時に最終製品を開発するセット設計の部門を有している。また，製品カテゴリーは多岐にわたり，社内で様々な種類の製品を開発している。

　一方，台湾では，技術や部品レベルの開発とセットレベルの開発は別々の企業であることが多い。家電メーカーは，OEM/ODMなどの委託生産・委託開発も含めてセット開発のみを行うのが一般的であり，その多くは特定の品目だけを扱う専業メーカーであることが多い[25]。部品レベルの開発も，画像処理エンジンの開発専業であるとか，液晶パネル専業といった，１部品１企業単位で多

---

[24] ただし，台湾市場は日本市場ほど垂直的な関係ではないので，長期的な関係がメーカーとサプライヤーとの対等な力関係に影響をおよぼすほどではないと考えられる。
[25] この特徴は，中国のエレクトロニクス産業にも見られる。

数の部品メーカーが存在している。

　セットメーカーは，最終製品の一般顧客を相手に，様々な顧客のニーズや市場の環境に対応しながら製品開発を行っている。セットメーカーは，市場とのインターフェイスをもつ中で，絶えず変化する顧客ニーズや市場に関する情報を社内に蓄積し続けている。部品メーカーは，特定の技術を開発するシーズを保有しており，それを活かしてセットメーカーが開発する製品に組み込まれる部品を開発している。この時，どのような仕様の部品を作るかは，最終製品の仕様に依存することになるが，顧客ニーズや市場の不確実性が高いと仕様の策定は困難なものとなる。しかも，部品メーカーは顧客や市場と直接的に接しているわけではないので，これらの情報は，専らセットメーカーから得ることになる。これらの部品メーカーの多くは，特定のセットメーカーの系列下に置かれているわけではないので，同時に多数のセットメーカーと日頃から交渉を持ち，自社部品の売り込みだけでなく，セットに関する情報を聞き出す「ご用聞き」的な活動を日常的に行っている。

　他方で，セットメーカー側もその多くが自社内に特定の要素技術や部品を開発する資源をもたないことが多いので，多くの部品メーカーの技術や部品を日頃から検討し，開発プロジェクトごとに最適な部品の購買を行っている。

　このように部品を取引する売り手，買い手のプレイヤーが多数存在し，流動性の高い市場を形成していることによって，セットメーカーによる「下請けいじめ」的な負担を部品メーカーに強いることを防いでいる。すなわち，多様なセットメーカーとのパイプがあることで，部品メーカー側も顧客を選ぶことができる環境にあるということである。仮にある部品が，特定のセットメーカーに採用されなかったとしても，それは，その時点でのセットメーカーの開発プロジェクトにフィットしなかった部品であるというだけで，その他のセットメーカーにその部品を売り込むチャンスは残されている。マクロ的に見れば，セットメーカー，半導体設計企業がそれぞれ多数存在している事によって，半導体設計企業側の画像処理エンジン不採用のリスクは大幅に低減されていると考えられる。

　製品を構成する技術や部品単位に開発企業が分かれている台湾のR&D環境は，台湾の産業発展の歴史的経緯に大きくかかわっている。台湾の中小企業中心の産業構成は，1970年代の政府の中小ベンチャー企業振興政策に由来して

いる(河添,2004)。新視代科技の許総経理は「台湾人の多くは,大企業の中間管理職になるよりはたとえ中小企業であったとしてもトップマネジメントになりたいという意識が強く,それが中小企業中心の経済体制につながっている」と指摘している。台湾ではR&Dをひとつの企業の中の活動と捉えるよりも,台湾の産業界全体をひとつの単位として,製品開発プロジェクトごとに最適な技術の組み合わせになるように,それらを開発する企業をad hocに組み合わせていると考えるべきである。[26]

　このような台湾のR&Dのシステムは,台湾固有の環境によって形成されたものである。したがって,本章で紹介したR&Dの仕組みをそのままの形で他の産業や他国の企業の戦略に当てはめられるものではない。しかし,製品技術が高度化し複雑化するにつれて,製品開発コストは増加の一途をたどっており,日本や韓国のような垂直統合型企業においても,画像処理エンジンなど,様々な技術や部品のアウトソーシングは避けられない状況にある。

　本章のようなアウトソーシングのマネジメントの活用は,NIH症候群に陥りがちな垂直統合型企業に有意な方策を示すことができよう(Katz & Allen, 1982)。例えば,すでに日本のある液晶テレビメーカーでは,上位機種の画像処理エンジンは自社で内製しながら,下位機種では,台湾の半導体設計企業と協力して開発している。台湾との共同開発では,新視代科技のケースと同様に,日本メーカー独自のアルゴリズムを暗号化して台湾の汎用チップに組み込むことで汎用品を使いながら,独自の画像処理エンジンの開発を可能にしている。本章のケースは,台湾のみの問題ではなく,今後のわが国のものづくりにも重要なテーマを提供しうるものである。

3−3.アウトソーシングと競争優位の源泉

　最後に,新視代科技のアウトソーシングにおける競争優位の源泉についても

26　ad hocな中小企業の企業の組み合わせによって形成されるR&Dの仕組みは,1970〜80年代の台湾半導体産業が契機となっている。台湾の半導体産業はITRIが中心となり,多数の中小規模のIC開発事業者(ファブレス)と生産だけを一手に引き受ける製造受託企業(ファウンドリー)による独特なR&Dシステムが企業の境界を越えて形成された(第2章参照)。

う少し深く考察したい。一般的に企業の内部にコア・コンピタンスをもつことは競争優位の源泉となるといわれる（Prahalad & Hamel, 1990）。

　しかし本章の事例では，製品差異化の中心的な役割を果たすといわれる画像処理エンジンの開発を積極的にアウトソースしている。本章のケースでは，画像処理エンジンの一部の独自技術は自社内に留めているものの，競合メーカーへのある程度の情報流出は許容されており，最も重要な技術を企業内部に留めるべきというコア・コンピタンスの考え方と両立し得ないように見える。

　確かに部品レベルで重要な業務のアウトソーシングを行ったとしても，製品システムレベルでの統合知識を企業内部に留めることによって競争優位を維持することができることがある（武石，2003）。しかし，液晶テレビのようにモジュラリティの高い製品開発においては，統合知識の重要性は低い。液晶パネルなどの部品は，汎用部品として様々なメーカーに供給されるため，排他的な統合知識をアーキテクチャーの中に閉じこめることは難しい。

　それでは，本事例において何が奇美グループの優位性となるのであろうか。

　この事例で重要なのは，画像処理エンジンを製品に組み込むタイミングで新視代科技が必要な技術オプションを保有していたことである。仮に個々の要素技術が競合メーカーに流出したとしても，全く同じタイミングで全てのオプションを揃えることは難しい。同じ技術が入手できるにせよ，製品開発の適切なタイミングで入手できない限りは，開発リードタイムの短縮にはつながらない。とりわけ，技術や市場の変化の素早い液晶テレビ事業では，開発のスピードの重要性が極めて高くなる。仮に画像処理エンジンを他社が事後的に模倣したとしても，その時にはすでに次のタイミングの液晶パネルに最適な基本シャーシの開発に着手している。実際に新視代科技の製品開発のサイクルは3～4ヵ月ごとに新製品を導入するというものであり，他社の製品が市場に出る頃には，新たな環境のもとでの最適解が示されている。このような条件の下では，事後的な模倣が競争優位の低下につながりにくいということが考えられる。

　もちろん，こうした製品開発は，台湾の他の液晶テレビメーカーが行うことも可能である。それでは，なぜCHIMEIは台湾市場でトップブランドになることができたのであろうか。新視代科技が他の台湾液晶テレビメーカーと異なるのは，他の台湾メーカーが今なお主力事業としているODM/OEMビジネスから自社ブランドビジネスにシフトしている点である。これは前節の日本の垂

直統合型メーカーがアウトソーシングを取り入れているケースの裏返しのような話であるが，奇美グループは，台湾のモジュラー型の製品開発の利点を活かしながら，液晶パネルから，画像処理エンジン，液晶テレビの開発，製造，販売まで垂直統合的なやり方をCHIMEIブランドビジネスに取り入れているということである。

　要素技術の開発から最終製品の販売までを統合的に手がけることによって，奇美グループは技術や市場の動向を幅広く入手することができるようになっている。こうした技術や市場に関する情報は，対半導体設計企業に対して有利な取引材料となるとともに，並行開発するオプションの範囲を規定することにもつながっている可能性がある。自社ブランドビジネスでは，開発する製品のコンセプトは自ら作り上げる必要があるが，OEM/ODM専業メーカーは，先述の半導体設計企業同様に「御用聞き」として発注元の液晶テレビメーカーの仕様に従うだけである。OEM/ODMメーカーは，多数の取引先テレビメーカーとのかかわりから，製品や市場に関する様々な情報が集まる可能性があると考えられる。しかし，情報をもっていることと，情報を活用することは別の話である。新視代科技も元々はOEM/ODMメーカーであり，様々な情報が取引先企業からももたらされていた。しかし，製品コンセプトを策定するにあたって，どのような情報からどのような判断を行えば，商品力を高めることができるかということは，自社ブランドビジネスを始めてから試行錯誤を行って獲得してきた。自社ブランドビジネスを中核に据えた奇美グループの方が優れた製品コンセプトにつながる技術や市場の情報の取捨選択や解釈が可能であり，それらは半導体設計企業にとっても有益な情報源となっているのである。

　オプションの範囲の規定は，リアル・オプション的な意思決定を行うための重要な要素である。Adner & Levinthal（2004）は，リアル・オプションの適応範囲について議論している。技術や市場の不確実性が低く，将来性の予見が可能な場合には，DCF法による分析が可能である。また，技術や市場の不確実性が存在し，現時点ではひとつのオプションに限定できないが，オプションの範囲が確定できる（将来実現するオプションが予想した範囲内に存在すること）場合にはリアル・オプションによる分析が可能である。しかし，将来の不確実性がオプションの範囲を規定できないほどに流動的である場合，経路依存的な意思決定を行うしかないと指摘している。このことは技術開発のオプショ

ン設定において，何が最終的に採用されるオプションなのかの決定は先送りにすることができたとしても，初期段階において将来採用される分を含んだオプションの範囲が設定できなければリアル・オプション的な意思決定ができないということである。

　すなわち，リアル・オプション的な意思決定を行うためには，オプションの範囲を確定するための情報が必要となる。繰り返しになるが，本章での不確実性は技術と市場に関するものであり，技術と市場の情報を出来る限り多く保有する企業ほど，オプションの範囲を的確に規定できると考えられる。オプションの範囲の規定にあたって奇美グループの優位性は，垂直統合的なビジネスがもたらす，技術と市場に関する情報であったと考えられる。

4．むすび

　本章では，新視代科技を中心とした奇美グループ企業がアウトソーシングによって将来の不確実性リスクの低減を行いながら，垂直統合的なビジネスの展開を行っていることを示した。一方で，垂直統合的な日本メーカーにおいても，部分的なアウトソーシングという逆のアプローチで，製品開発の効率化を目論んでいる。これらの事柄が示す最も重要なメッセージは，すりあわせ型の統合とモジュラー型の分業は，対立的にとらえるだけでなく，両者の利点を活かしながらより効果的，効率的な製品開発が可能であるということである。特に日本メーカーは得意なすりあわせ型のものづくりの良さを維持しながら，モジュラー型の効率性を製品開発に組み込んでいくことが，価値獲得の重要な課題となろう。他方で，これまで高度なモジュラー化で日本と対極をなしてきた台湾のエレクトロニクス産業では，すりあわせ的な能力を身につけエンドユーザー向け製品の開発能力を高めようとする動きも見え始めている（第9章参照）。日本と台湾のそれぞれは反対のアプローチであるが，すりあわせ型による効果的な製品開発とモジュラー型による効率的な製品開発の双方をうまく使い分けることが重要であると考えられる。

　最後に，この研究の限界と今後の課題を提示する。本章のアウトソーシングの議論はオプション型並行技術開発に付随する開発コスト増の問題に対する解決策のひとつであって，他の手段によるコスト抑制も可能であるかもしれない。

もうひとつの課題として，オプションの規定方法については追加的な議論が必要である。楠木（2001）は，不確実性が高く製品構想が流動的な段階では「大まかな目標」としての上位構想を規定し，その下で複数の構想の候補を同時並行的に競わせることが望ましいと述べている。この「大まかな目標」とオプションの範囲は，ほぼ同義に考えることができるかもしれない。先行開発部門が大まかな目標を設定するためには，開発部門自身が事業や製品のコンセプトを提示するという椙山（2005）の議論との関連が考えられるが，先行技術開発部門によるコンセプト開発がその方策となるのか，今後の検討課題としたい。

第9章

国防役制度とエンジニアの囲い込み

神吉直人・長内　厚・伊吹勇亮・陳韻如・本間利通

　第9章と第10章ではエレクトロニクス産業の成長を支える制度的な枠組について検討する。まず，本章では台湾の兵役制度のひとつである国防役制度の研究機関・企業による活用事例を分析し，台湾エレクトロニクス産業の競争力向上に対する同制度の貢献を考察する。[1]

　台湾のエレクトロニクス産業は，本書ですでに述べてきたように，世界トップクラスの競争力を有し，特に半導体，PC関連製品，電子部品などIT関連の製品分野に秀でている。台湾の競争優位の源泉は，機能・部品単位に独立したベンチャー企業群が，製品ごとに異なる組み合わせで開発にあたることで，製品開発プロジェクトに応じた最適の組み合わせを組織し，迅速で効果的な製品開発を実現しているところにある（小中山・陳，2003；陳・神吉・長内・伊吹・朴，2006；長内，2007a，2009b；朴・陳，2007；陳・伊藤・伊吹・長内・神吉・朴，2007）。

　一方，日本や韓国のエレクトロニクス産業は，総合電機メーカーが要素技術の開発から多品種の製品開発まで垂直統合的に行っている。これらの企業は製品システムを効果的に開発するためのすりあわせ能力を保有している（延岡・伊藤・森田，2006）。こうしたすりあわせ能力は時に暗黙知的であり，長期的な企業活動の中で蓄積されるものである。

　しかし，ベンチャー志向が強い産業風土の台湾では，優秀なエンジニアを長期的にひとつの企業にとどめることは困難であり，長期的なすりあわせ能力の蓄積は難しい。従来の台湾企業で長期雇用があまり問題とならなかったのは，

1　本章は，公的制度と産業界の人材活用の関係を分析した学術研究であり，研究者個人の政治的信条，および所属機関，政府のいかなる立場を表明するものではない。

台湾の強い産業がモジュール型の製品開発が適している PC・IT 関連に集中していたためと考えられる（長内, 2007a, 2009b）。

とはいえ, 台湾企業の中にもすりあわせ型の産業は存在している。こうした産業ではどのようにすりあわせ能力を維持しているのだろうかという疑問が本研究の出発点である。本章では, 台湾の兵役制度の特殊な形態のひとつである「国防工業訓儲制度」（以下, 国防役）を, 台湾エレクトロニクス産業における労働市場の流動性のデメリットを補う制度的な仕掛けとして紹介する。

本研究にあたり, 2007 年 2 月から 3 月にかけて, 台湾の国防部人力司（国防省人事局）, 財団法人資訊工業策進会（Institute for Information Industry）[2], 工業技術研究院人力処（人事部）のほか, 国防役制度に参加している大手 ODM 専業エレクトロニクスメーカー W 社, および PC 関連ハードウエアメーカー, ソフトウエアメーカー 2 社のそれぞれ台湾本社において, 聞き取り調査を実施した。また, 追加的な調査を 07 年 12 月に東京都港区の ITRI 東京事務所において, 国防役制度に参加している大手エレクトロニクスメーカー C 社への調査を 08 年 9 月に同社台湾本社において行った。

これらの探索的ケーススタディを通じて, 国防役制度が企業によるエンジニアの囲い込みを促し, 台湾エレクトロニクス産業の弱みを補う役目を果たしていることが明らかになった。これが, 本章の発見事実である。

1. 台湾の徴兵制度における国防役制度

1-1. 国防役制度の概要

台湾では 18 歳以上の男子に徴兵の義務が課せられており, 身体検査に合格した者には通常 2 年間の軍隊勤務が求められる。通常は, 陸軍, 空軍, 海軍陸戦隊, 海軍艦艇兵のいずれかの兵役に就くことになるが, 配属は政府の決定事項であり, 本人の希望が聴取されることはない。大学に進学した場合には一時的に猶予されるが, 卒業や退学により学籍が失われると, 直ちに徴兵の対象と

---

2 情報技術・ソフトウエアの研究開発, および情報通信産業の発展促進を行う台湾経済部を母体とする半官半民の財団法人であり, 国防部の委託を受けて国防役制度の運用を行っている。

なる[3]。

　国防役とは，台湾の徴兵制度において，優秀な技術者を4年間，軍，政府あるいは民間企業で軍務以外の技術職に従事させる，いわゆる代替役制度である。この制度は1979年8月に交付された台湾の法令（台68防字第7752号）に基づいて，80年から実施された。初年度は従事する業務が，軍関係の研究機関に限定されていたが，81年からは他分野の政府系研究機関，99年からは民間企業にも対象が広げられ，多くの若手エンジニアが国防役に就いている（図表9－1）。現在では，国防役に応募する学生は，兵役に就く代わりに公的研究機関や特定の民間企業に勤務することができるため，事実上の兵役免除制度となっている。

　台湾の軍隊組織の構成員は，一般的に指揮権限をもつ士官（自衛隊の階級では将官，佐官，尉官などの幹部自衛官に相当する指揮官職）と，指揮権限はなく士官の命令に基づいて行動する兵（自衛隊の曹士自衛官に相当する兵員）に

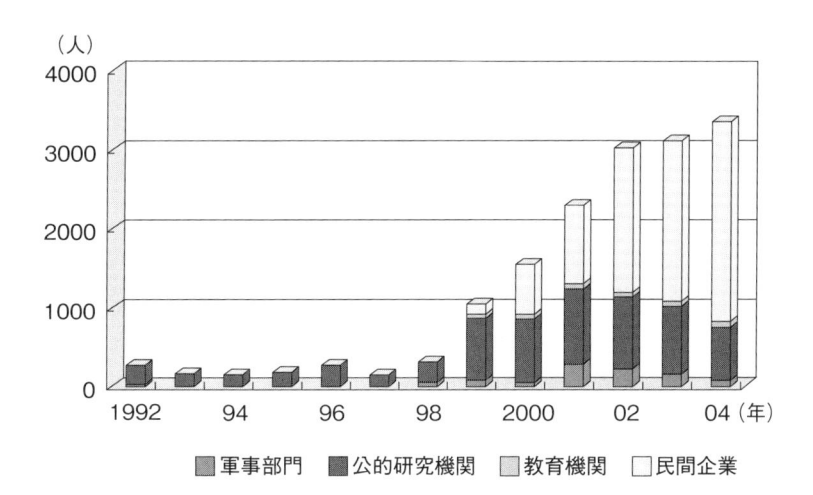

出所：神吉・長内他（2007）

図表9－1．部門別国防役採用者数推移

---

[3] ここで徴兵の対象となるということは，直ちに軍務につくという意味ではない。徴兵期間は募集する軍隊の都合によって時期が異なるため，徴兵の対象になってから実際に召集がかかるまでに間が空くということもある。また大学院に進む場合も，大学卒業後すぐに進学すれば徴兵が猶予されるが，卒業後に学籍がない期間が生じた場合には，その間は徴兵の対象となる。

分けられる。徴兵制度では、通常、後者の兵として兵役に就くことになる。しかし、一定の条件を満たす場合には、士官として任官することができる。制度上の従軍期間に士官の軍籍を得た場合、通常の士官と区別するため、これを「預備軍官（予備役士官）」と呼ぶ（通常は「預官」という略称が使われているため、以下はこれに倣う）。預官になるには、大学院で博士号の学位を取得するか、預官試験に合格する必要がある。また、預官試験を受験するには、その資格として大学卒業以上の学歴、および大学の「軍訓」科目で一定以上の成績を修めることが求められている。

そして、本章が対象とする国防役に就く者の官職は、正式には「国防工業予備尉（士）官」と呼ばれる、預官の一形態となる。そのため、国防役に就くためにはまず預官試験に合格しなければならない。国防役に就けるのは、エンジニアとなる理系大学院の学生に限定されていたが、2007年の改正により、理工系以外の専門スキルをもった学生にも適用範囲が拡大されている。

一方、技術者を採用する機関や企業は、事前に政府の審査を受けて国防役枠を設ける資格を得なければならない。企業は採用前年の夏に、国防部（台湾の防衛行政を所管する官庁）に希望採用数を申請する。国防部は参加企業向けの選考説明会を開いて、防衛産業[4]の需要を勘案し、専門審査委員会でその年度の定員総数と配分を定める。このように、国防役制度の運用はあくまでも行政の枠の中で進められるが、個々の人員の採用決定は、実際に技術者を雇用する研究機関や企業によって行われる。国防役に応募する者は、預官の試験に合格したうえで、さらに研究機関や企業が個別に行う採用試験をパスすることで初めて国防役に就くことができる。言い換えれば、仮に預官試験に合格しても、個別の企業に採用されない限り国防役に就くことはできない。これは日本の国家公務員試験と各省庁の採用活動との関係に似ている。

図表9－2は、2005年の国防役募集資料に示された国防役雇用側の定員申請プロセスである。民間企業は、国防役の採用定員の配分を受けるにあたって、審査費用を負担し資格審査と書類選考を受ける必要がある。もちろん、民間企業は国防役以外にも独自に従業員の採用活動を行っており、必ずしも国防役制

4　実際には様々な民生部門の企業がこの制度に参加しており、厳密な意味で軍需産業に限定されているわけではない。

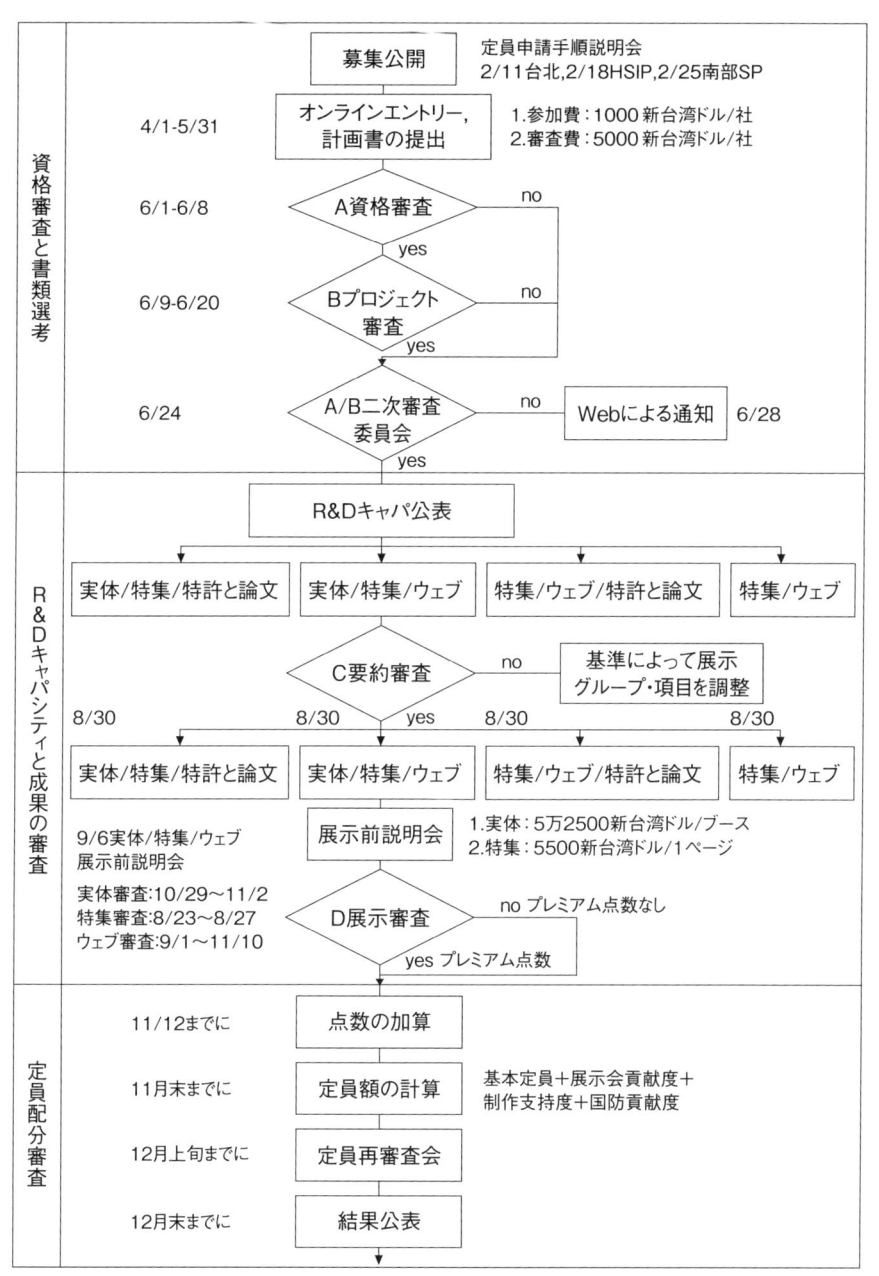

```
┌─────────┬──────────────────────────────────────────────────────────────────────┐
│         │                          募集公開          定員申請手順説明会         │
│         │                                            2/11台北,2/18HSIP,2/25南部SP│
│ 資       │              4/1-5/31    オンラインエントリー, 1.参加費:1000新台湾ドル/社│
│ 格       │                          計画書の提出      2.審査費:5000新台湾ドル/社 │
│ 審       │                                                                     │
│ 査       │              6/1-6/8     A資格審査 ──no──                           │
│ と       │                             │yes                                    │
│ 書       │              6/9-6/20    Bプロジェクト ──no──                        │
│ 類       │                          審査                                       │
│ 選       │                             │yes                                    │
│ 考       │              6/24        A/B二次審査 ──no── Webによる通知  6/28     │
│         │                          委員会                                      │
│         │                             │yes                                    │
├─────────┼──────────────────────────────────────────────────────────────────────┤
│         │                          R&Dキャパ公表                                │
│         │              ┌─────────┬─────────┬─────────┬─────────┐               │
│         │              実体/特集/  実体/特集/ 特集/ウェブ/ 特集/ウェブ            │
│         │              特許と論文  ウェブ    特許と論文                          │
│ R       │                             │                                        │
│ &       │                          C要約審査 ──no── 基準によって展示            │
│ D       │                                           グループ・項目を調整        │
│ キ       │              8/30    8/30 │yes  8/30      8/30                      │
│ ャ       │              実体/特集/  実体/特集/ 特集/ウェブ/ 特集/ウェブ          │
│ パ       │              特許と論文  ウェブ    特許と論文                        │
│ シ       │                             │                                        │
│ テ       │              9/6実体/特集/ウェブ 展示前説明会 1.実体:5万2500新台湾ドル/ブース│
│ ィ       │              展示前説明会                    2.特集:5500新台湾ドル/1ページ│
│ と       │              実体審査:10/29～11/2                                     │
│ 成       │              特集審査:8/23～8/27  D展示審査 ──no── プレミアム点数なし │
│ 果       │              ウェブ審査:9/1～11/10      │yes プレミアム点数          │
│ の       │                                                                     │
│ 審       │                                                                     │
│ 査       │                                                                     │
├─────────┼──────────────────────────────────────────────────────────────────────┤
│ 定       │              11/12までに  点数の加算                                  │
│ 員       │              11月末までに 定員額の計算  基本定員+展示会貢献度+        │
│ 配       │                                        制作支持+国防貢献度           │
│ 分       │              12月上旬までに 定員再審査会                              │
│ 審       │              12月末までに  結果公表                                   │
│ 査       │                                                                     │
└─────────┴──────────────────────────────────────────────────────────────────────┘
```

出所：台灣國防部人力司（2005）『國防工業訓儲制度』の図を筆者翻訳

図表9－2．国防役制度参加企業による採用定員申請プロセス

度に参加する義務はない。つまり，費用負担や手間をかけてまで，企業はこの制度を利用した技術者の採用を行っているということになる。この民間企業の国防役に対するインセンティブについては，後の節であらためて述べる。

1－2．国防役の採用プロセス

　大学院の学生が国防役に応募して，実際に研究機関や企業での業務に着任するまでには，1年から1年半のプロセスを経る。次にこのプロセスを簡単に時系列で示す。

　まず，国防部が夏から秋にかけて，翌年の選考プロセスを各大学に通知する。預官試験の受験を希望する学生は，9月から10月にかけてインターネット上で申し込みを行い，各大学に在籍する軍事訓練教官による資格審査を受けなければならない。預官試験は1月下旬に行われ，2月中旬に成績と最低合格ラインが発表される。国防部によって，その年度の定員配分が決められるのはこの頃である。

　預官試験合格者のうち，国防役の条件を満たした者は，3月にインターネット上でエントリーシートを作成して志願を行う。このエントリーシートは学生の所属大学の軍事訓練教官に送付され，最終的な応募資格が審査される。この審査をパスした学生のみが，国防役による採用の対象となる。4月に入ると，研究機関や企業は，国防部により配分された定員に基づいて採用活動を開始する。応募する学生は4月中旬に志望先を登録するが，必ずしも志望する企業に採用されるわけではないので，通常は複数の研究機関や企業の募集に対して登録することになる。研究機関や企業は，5月から6月にかけて採用選考を行う。この際の決定権は採用機関・企業にあるが，個々の案件の妥当性は国防部の専門審査委員会によって審査され，不公正な採用が防止されている。

　そして，6月末に預官と国防役の第1次採用合格者が発表される。合格者は短い軍事訓練を受けた後，10月に採用された研究機関・企業に着任する[5]。その後，年末に国防役の定員が再審査され，追加定員に応じた第2次採用合格者が決定される。2次採用合格者は翌年の1月中旬までに軍事訓練を終え，採用

5　台湾の学校暦は欧米同様に秋から始まるため，採用プロセスがスムーズに進めば，大学院修了後そのまま研究機関や企業に着任することができる。

先に着任することになる。

以上が一般的な国防役の採用プロセスである。次の節では，先に述べた台湾エレクトロニクス産業の現状を鑑み，国防役制度の民間企業にとっての意義について考察する。

2．民生部門による国防役活用

ここでは民間企業が国防役制度を積極的に活用することの意義を考察するが，その前に，同制度が導入された本来の目的について述べる。

国防部が国防役制度を導入した背景には，出生率の増加や軍隊の近代化に伴って必要が減じた兵士の数を削減し，国防費節減を実現するというねらいがあった。つまり，軍の余剰人員の配置転換が意図されていたのである。実際，1999年に実施された国防役の民間企業への拡大は，政府に人件費削減をもたらした。通常の兵役制度では，給与は政府から支給される。一方，国防役によって民間企業の業務に就くことは，兵役の一環であるにもかかわらず，報酬を支払うのは就業先の民間企業である。これにより，政府には公務員の削減と同等の効果がもたらされている。

さらに，国防役は1980年の導入当初から，台湾の工業部門の人材不足を補い，その発展に寄与することを目的としていた。先述のように，当初は政府系研究機関の軍事技術開発にその対象は限られていたが，後に2度の制度改革を経て，民生技術分野に関する民間企業への人材供給の役割も担うようになった（図表9－3）。技術分野は多岐にわたるが，その大半はエレクトロニクス関連分野である。今日では，慢性的な人材不足に陥っている台湾のエレクトロニクス産業に優秀な人材を供給するということが，国防役の主要な役割となっている（図表9－4）。

年	主な目的	対象	従事する年数
1980	国防技術開発	公的機関のみ	6
1981	研究開発一般	公的機関のみ	6
1999	産業へ人材供給	民間へ開放	4

出所：神吉・長内他（2007）

図表9－3．国防役制度の変遷

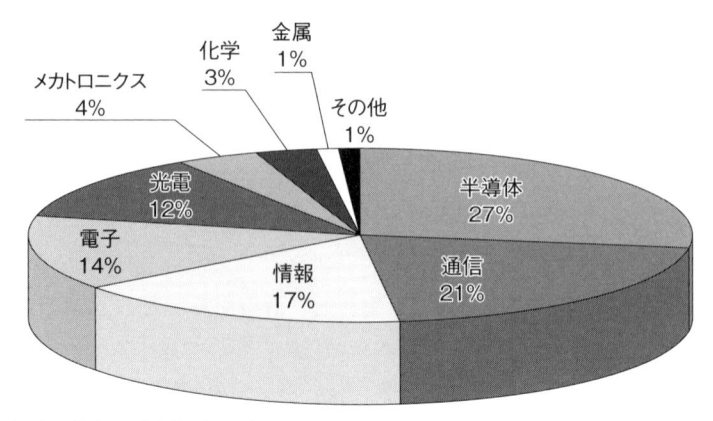

出所：神吉・長内他（2007）
図表9－4．民間企業の業種別国防役採用者数（2004年）

　それでは，国防役を採用する機関・企業にとって，この制度はどのような意味があるのであろうか。民生部門への人材供給事例として，台湾新竹の半導体産業を育てたことで知られるITRI，台湾の大手ODMメーカーW社と，液晶関連大手のC社における国防役の活用について紹介する。3つの事例のうち，ITRIは民間企業ではなく政府系研究機関である。ITRIは基礎研究機関であるが，民間産業の育成も目的として設立されており，広く産業界に人材を輩出している（陳・神吉他，2006；陳・伊藤他2007；長内，2007a）。また，W社，C社はともに垂直統合的に製品を開発しているメーカーである。W社はAV機器等の委託開発・生産会社であるが，委託元の設計図に従って生産のみを行うOEMとは異なり，委託元の製品仕様要求に従って，自社内で製品開発から生産までを一貫して行っている。また，C社は液晶パネルメーカーであるが，液晶パネルモジュールを構成する様々な要素技術を内部で開発し，独自の液晶パネルモジュールを生産している。以下，これらの機関・企業の国防役活用事例を検討する。
　まず，ITRIは，1980年以降国防役を活用した研究員採用を行っている（図表9－5）。制度運用初期には，最も多くの国防役のエンジニアを採用している機関のひとつであった。その後，制度が民間部門に拡大されたことに伴って，国防役エンジニアに占めるITRI就職者の数は下がっているものの，現在でも

採用年		研究所本部	化学	電子	機械	材料	エネルギー	計測	光電	労働安全衛生	通信	航空	バイオ医学	合計	定着率(%)
1980	1980採用					2			1					3	33.3
	1999在籍					0			1						
1981	1981採用			5	8			1	5					19	15.8
	1999在籍			0	3			0	0					3	
1982	1982採用	1	1	17		5		2	6		1			33	45.5
	1999在籍	1		5		4		1	3		1			15	
1983	1983採用	2	6	14	10	8	1		6		2			49	22.4
	1999在籍	2	3		2	1			2		1			11	
1984	1984採用	2	1	6	6	4	4		2		10			35	34.3
	1999在籍	1		1	1				1		2			6	
1985	1985採用	2		13	2	10	1		2		23		1	54	38.9
	1999在籍	2		6	1	4	1		1		5		1	21	
1986	1986採用		4	3	2	8			2		7	2		28	32.1
	1999在籍		1		1	2	4				1			9	
1987	1987採用	1	3	11	11	11	2	0	1	1	19	1	0	61	19.7
	1999在籍	0		2	3	6	0	0	0	0	0	1	0	12	
1988	1988採用		10	21	18	10			6		27		1	93	25.8
	1999在籍		7		7	5			1		3		1	24	
1989	1989採用	1	12	23	17	7	6	2	7		40	1	2	120	30.0
	1999在籍		3	1	11	3	5	1			8	1	2	36	
1990	1990採用	1	4	25	24	14		2	7	2	26		1	106	27.4
	1999在籍	1	2	3	11	6		2			3		1	29	
1991	1991採用	2	10	22	23	10		2	20	2	30	1		122	29.5
	1999在籍	1	4	3	10	2		2	7	1	6			36	
1992	1992採用	3	9	17	23	12	1	3	9	4	32	1	1	115	31.3
	1999在籍	0	6	3	6	9	0	2	1	2	6	0	1	36	
1993	1993採用	4	5	25	6	5	5	1	8	1	24	1	0	85	42.4
	1999在籍	2	4	8	5	4	3	0	2	1	6	1	0	36	
1994	1994採用	2	2	6	16	4	2		9	2	24	1	1	69	59.4
	1999在籍	1	2	2	11	4	2		4	2	11	1	1	41	
1995	1995採用	1	4	36	9				10		9		1	70	51.4
	1999在籍	1	2	17	5				5		5		1	36	
1996	1996採用	1	2	45	21	3	2	0	20	2	23	0	1	120	100.0
	1999在籍	1	2	45	21	3	2	0	20	2	23	0	1	120	
1997	1997採用	7	0	21	7	4	1	0	18	0	22	0	0	80	93.8
	1999在籍	4	0	21	7	4	1	0	18	0	20	0	0	75	
1998	1998採用	2	2	35	11	6	3	1	21		30	3	1	115	100.0
	1999在籍	2	2	35	11	6	3	1	21		30	3	1	115	
1999	1999採用	7	5	33	17	12	6	8	63	3	64	19	9	246	100.0
	1999在籍	7	5	33	17	12	6	8	63	3	64	19	9	246	

出所：神吉・長内他（2007）

図表９−５．ITRI各研究開発部門における国防役採用者数と残留者数

競争倍率は3～4倍程度あり，人気の応募先組織となっている。なお，給与面においては民間企業の方がITRIよりも好条件であるため，志願者にとって国防役でITRIに採用されることは，エンジニアとして将来のより良いキャリア・パスを獲得するためのステータスの意味合いが強いと考えられる。

　一方，ITRIの人事担当マネジャーも，国防役で採用した優秀なエンジニアを一流の人材に育てて産業界に送り出すことをITRIの社会的な使命と捉えている。ITRIでは，採用したエンジニアを即戦力と考えず，最初の1年間を研究者としてスキル・アップさせるための研修期間と考え人材育成を行っている。大学院修了後のポテンシャルの高い若手エンジニアがITRIに進み，スキル・アップし優秀なエンジニアとなって民間部門に輩出されることは，台湾の産業振興に大いに寄与していると考えられる。

　一方，民間企業であるW社やC社は，1999年の国防役の民間開放以降，積極的に国防役を採用している。W社では99年から2006年までの間に，延べ19人のエンジニアを国防役枠で採用した。C社では，当初年間20人，現在では年間30人のエンジニアを雇用している。C社によると，年間採用人数は国の割り当てによって決められた人数であり，可能であればもっと多くの国防役を採用したいと述べている。

　W社，C社および，調査先企業の要望により詳細を開示することのできない他の3社を含めた聞き取り調査を総合すると，民間企業は国防役制度を活用するメリットとして次の3点を指摘している。

　ひとつは，優秀なエンジニアの採用にかかわる費用が節約できることである。国防役を採用する企業には同制度に参加するための資格審査が課せられるが，採用にかかる必要なコストは資格審査のための手続き事務と参加費用のみといっても過言ではない。これが認められてしまえば国防役枠を設けることができ，そこに応募してくる学生の中から必要な人材のみを採用すればよい。応募する学生は，国防役の資格を得ても実際に企業に採用されなければ，通常の兵役に就かなければならないため，是が非でも国防役として採用されたいという動機を持っている。応募者の合否を最終的に判断する権限は企業側にあり，相対的にいえば，採用する企業側が有利な条件で採用することができる。しかも，応募してくる学生は事前に国防役の資格試験をパスした者たちであり，エンジニアとしての基礎的な能力が保証されている。国防役によって採用されたエンジ

> ◎国防役採用エンジニアと一般採用エンジニアのR&D成果比較
> - 特許申請件数：3倍　　・技術移転件数：7倍
> - 論文発表件数：4倍　　・新製品開発件数：8倍
> - 研究報告件数：6.7倍
> - 国防役採用による研究開発力向上に対する満足度：80％以上
>
> 台湾経済研究員院が国防役採用企業を対象に1999〜2000年に実施したアンケート調査結果
>
> ◎民間企業の国防役制度参加のメリット
> - 研究開発能力が強化された　　　　　：94.64％
> - 研究開発によって生産性が向上した　：88.70％
> - 人材不足の解消に寄与した　　　　　：95.36％
>
> 台湾経済研究院が国防役採用企業を対象に2006年に実施したアンケート調査結果

出所：神吉・長内他（2007）

図表9－6．民間企業における国防役採用の成果

ニアの優秀さは，台湾経済研究院の調査によっても示されている（図表9－6）。

　W社の人事担当者も，国防役のメリットとして，安定した高いクオリティーの人材確保が期待できることを挙げている。このように企業は，優秀な人材の選別や勧誘にかかる採用コストを大幅に低減することができる。

　2つめのメリットは，企業が優秀なエンジニアを長期的に自社に囲い込むことが可能になることである。国防役として採用された技術者には，採用先の企業で4年間業務に従事する義務が課せられる。もしこの期間が満了するまでに退職すれば，彼らには通常の兵役に就く必要が生じる。そのため，国防役枠で採用されたエンジニアは少なくとも4年間は他社への転職ができない。

　長期雇用が一般的な日本の感覚では，4年という就業義務期間は必ずしも長期とはいえないかもしれない。しかしベンチャー志向が強い台湾では，優秀なエンジニアを4年間自社に留め置くためには相当なインセンティブを提供する必要がある。このインセンティブにかかるコストを節約したうえで4年間の雇用が保障されることは，制度を採用する企業に相当な利点をもたらすと考えられる。上記W社の人事担当者も，低コストで4年間優秀な人材を活用できることのメリットは大きいと述べている。

ところで，4年後以降のエンジニアのリテンション（維持・確保）は企業によって異なるが，一定の割合で採用企業に留まっている。例えば，W社では4年後の離職率は必ずしも低いとはいえない。W社の人事担当者は入社約3年から10年のエンジニアを最も価値の高い研究開発人員と考えている。そのため，彼らを企業に留めるために報酬を中心としたインセンティブ・システムを充実させており，一定数のエンジニアがW社に留まっている。

ITRIでは，約3割のエンジニアがITRIに留まって研究開発に従事している。図表9－7はITRIの1999年における採用年度別国防役採用者の定着率推移である。国防役の4年間の義務期間はほぼ100％のエンジニアがITRIに在籍している。その後も若干の増減はあるものの，いずれの年度においても約30％のエンジニアがITRIに留まり続けていることが示されている。

そして，C社では，国防役の任期の終える4年目以降も多くの国防役採用者がそのまま同社にとどまっている。C社でも給与やボーナス，ストックオプションなどによるインセンティブ・システムを用意しているが，それよりも，企業の要職ややりがいのある仕事に就けることがリテンションの主要な動機になっているようである。2007年の時点で，C社では研究開発部門の責任者を，国防役採用1期生のエンジニアが任っていた。こうした優秀なエンジニアが長期的に企業内部にとどまることが，企業内部への技術やノウハウの蓄積につな

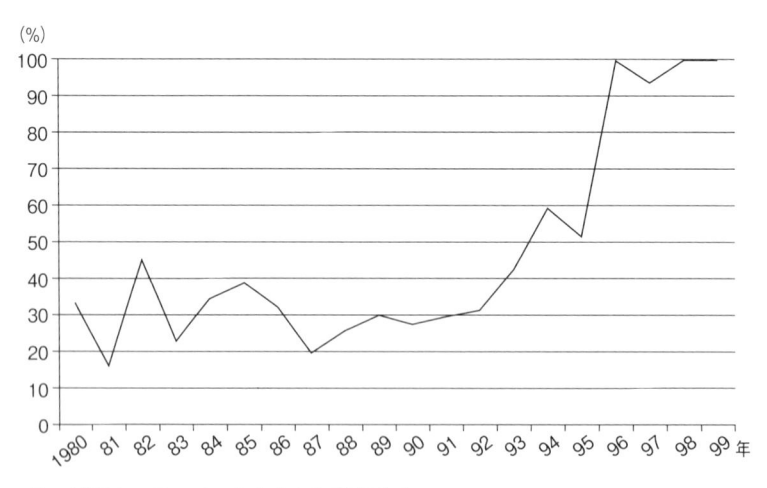

注：図表9－5のデータをもとに筆者作成

図表9－7．ITRIにおける国防役採用者の定着率

がっていると考えられる．

　民間企業による国防役制度採用の第3のメリットとして，第一線のエンジニアが長期にわたって研究開発から遠ざかることによる損失を防止できるという点が指摘される．エレクトロニクスや光学（オプト・エレクトロニクス）など最先端の領域では，技術の変化が激しい．たとえ優秀なエンジニアでも，兵役期間である2年もの長期にわたって研究開発に携わらなければ，その後に最新の技術にキャッチアップすることは不可能に近いほど困難になる．この点は，W社，C社の担当者が共通して指摘している．また，ITRIのマネジャーによると，兵役による研究開発現場からの離脱を恐れて，海外留学した学生が台湾に戻らないというケースがあり，台湾のエレクトロニクス産業にとって大きな損失になっているという．兵役は等しく課せられる義務であるから，一部のエンジニアだけその役務を免除することは不公平感が生じる．国防役という兵役制度の枠組みの中で，事実上兵役免除と同等な効果をもたらすことで，優秀なエンジニアの現場離脱というロスを防ぐというメリットが，この制度には存在している．

　ところで，聞き取り調査ではW社の担当者が国防役のデメリットも指摘している．それは，国防役枠で雇用されている者は，形式的には軍からの派遣という身分であるため，中国への出張に制約があるという点である．国防役に就いている社員は現役の台湾軍人とみなされるため，中国滞在が16日未満と制限される．そのため，中国に置かれた製造部門にかかわる業務にいくらかの支障があることが指摘されている．しかし，これはあらかじめ想定された制約である．今日，多くの台湾企業が中国大陸に進出しているが，このことが台湾政府にとっては，人材の大陸流出というリスクにもつながっている．台湾政府の意図には，国防役制度によって優秀なエンジニアに台湾軍籍という足かせをはめることで，人材流出を防ぐということもあったと，今回調査したある政府系機関のマネジャーは述べている．

3．考察

　これまでみてきたように，国防役制度には，台湾エレクトロニクス産業の振興という観点から様々な意義がある．本節では，台湾エレクトロニクス産業固

有の強みとの関連で国防役制度の意義を考察する。そのうえで，エンジニアのリテンションという観点から，今後の台湾エレクトロニクス産業における人材マネジメントの課題を指摘する。

3－1．台湾固有のイノベーション・システムと国防役制度による人材供給

まず，前節で指摘した国防役制度に参加するエンジニア個人と民生部門の研究機関・企業，および台湾政府にとってのこの制度の意義を整理すると以下のようなことが指摘できる。

まず，エンジニア個人にとっては，「事実上の兵役免除」を獲得するとともに，研究開発の第一線からの離脱を免れ，さらに国防役に採用されたというステータスが将来のキャリアにプラスになるという複数のメリットが存在している。

次に，国防役制度によってエンジニアを採用する研究機関・企業にとっては，優秀なエンジニアを低い採用コストで獲得し，かつ労働市場の流動性が高い台湾において，特別なインセンティブなしに4年間彼らを囲い込むことが可能になっている。リテンションに関する議論は後に述べるが，一度企業内部に取り込んだ優秀なエンジニアに，報酬や待遇面でのインセンティブ・システムを提供することで，さらに長期的なリテンションにも一定の効果が認められる。

最後に，台湾政府にとっては，兵役制度の公平性と人件費軽減を両立しながら，優秀なエンジニアを台湾内に留め，台湾の産業振興に活用することが可能になっている。

これらのエンジニア個人，企業，政府それぞれのメリットに加えて，国防役制度は，台湾のエレクトロニクス産業固有の構造に伴う問題点を補完することができると考えられる。

台湾のエレクトロニクス産業には，IT産業が突出して強いという特徴がある。PCを代表とするIT産業では，デジタル技術の特徴を活かして徹底したモジュラー化と水平分業が行われている。台湾のIT産業は，部品レベルのモジュラー化に合わせて開発組織もモジュラー化している。[6]台湾のIT企業の多くがひとつの要素技術や部品単位に特化して独立した中小企業であり，台湾は

---

[6] 楠木・チェスブロウ（2001）は，製品アーキテクチャの特性に対応した事業組織を採ることが必要であると述べている。

産業全体として中小企業モジュールからなる製品開発システムの体をなしており，それが台湾のR&Dの柔軟性をもたらしている（長内，2007a，2009b；朴・陳，2007）。

　しかし，このことは台湾に長期的な戦略をもった大企業が育ちにくいというマイナス面にもつながっている。台湾では，技術者の転職やスピンオフが日常的に行われている。また，企業の規模が小さいため充実した採用制度や社員向けのインセンティブ制度を開発するような人事部門にかける間接経費も大きくとることができない（陳・神吉他，2006；長内，2007a）。これらの結果，優秀な技術者を長期間囲い込むことが，重要であるにもかかわらず非常に困難な課題となっている。国防役の制度は，台湾IT産業を構成する中小企業において，優秀な技術者の囲い込みを促すことができる制度である。

　実際に，W社やC社では，国防役採用者を重要なポジションにつけ，長期的に雇用することが，企業内部に優れた技術やノウハウを蓄積することにつながっているようである。前節の冒頭でも示したように，W社やC社は台湾の中でも比較的統合型の事業を行っている企業である。国防役従事者と企業のすりあわせ能力との間の因果関係は，本研究では直接的には証明できない。しかし，国防役制度は，台湾企業がすりあわせ能力を獲得するためのひとつの方策になる可能性が考えられる。

　ただし，ここでいうすりあわせ能力は，日本のエレクトロニクス産業や自動車産業が得意とするレベルの高い統合能力に比べれば弱いものであろうことには留意が必要である。本章では，あくまで台湾の強みであるモジュラー型のものづくりの弱点を補うという意味で，ある程度のすりあわせを実現するための方策を検討したに過ぎない。

　ところで，国防役の応募者は，預官試験などによってすでに一定の能力が保証されており，新規採用者のポテンシャルに関する企業側のリスクが軽減されている。このことは，いわば個々の企業が採用選考業務の一部を国防部の制度にアウトソーシングしているとみなすことができる。採用人事にかかる経費の多くは固定費であり，中小企業ほど固定費支出は不利になる。中小規模であることが多い台湾企業にとっては，参加費用や手間をかけたとしても国防役の制度に参加するメリットがあると考えられる。

　台湾IT産業におけるエンジニアの囲い込みと採用コストの削減という国防

役の効果は，多数の中小企業から構成され，モジュラー型の強さを特徴とする台湾固有のイノベーション・システムを支えるひとつの要素になっているのではないだろうか。

3－2．台湾エレクトロニクス産業におけるエンジニアのリテンション

前項で述べた台湾IT産業の特徴は，労働市場の流動性を担保として，俊敏な開発プロジェクトが編成される点にある。したがって，日本の終身雇用のように完全にエンジニアを企業内に囲い込んでしまうとすると，今日のような台湾IT産業のR&Dにおける機動性はかえって損なわれてしまうかもしれない。台湾産業というマクロ的見地からは，エンジニアの流動性は必ずしもマイナス要因とはいえないかもしれない。しかし，個々の企業戦略においては，人材のリテンションが長期的な経営戦略実現のために，重要な課題となっている。

そこで，本項では国防役満了後の企業の人材マネジメントという課題について，リテンションとキャリア・パスという2つの概念を用いて検討する。[7] 人材マネジメントの議論では，従業員の離職を大きな損失と捉える見方が非常に強い（Griffeth & Hom, 2001）。特に有能なエンジニアの流出は，企業にとって明らかな損失である。そのために主張されてきたのが，人材のリテンションの重要性である。

国防役制度では，優秀なエンジニアを4年間は企業が囲い込むことができるが，国防役の役務満了後は，企業は人材の流出危機に直面することになる。国防役を採用する研究機関・企業もリテンションの重要性を認識し，そのための施策を行っているが，その内容はそれぞれの組織で異なる。

結果として定着率に違いはあるものの，W社，C社，ITRIの担当者はいず

---

[7] 本章では，先に民間系のW社，C社と政府系組織のITRIの事例を取り上げた。ここでは国防役制度における人材マネジメントについて整理するにあたり，次のような知見を参照し，公的部門と民間部門のエンジニアの違いを認識されたい。まず梅澤（2000）は，台湾の研究開発者のキャリアについて両部門の比較を行っている。これによれば，両部門の研究開発者の間において，研究開発という職種への帰属意識に差はないが，自らの研究対象への帰属意識については有意な差が見られた。つまり，公的部門の研究者の方が自分の研究対象への帰属意識が高かった。また白木（2000）は，台湾の研究開発人材は管理職志望よりも研究開発志向が強いことを指摘した。さらに，台湾の研究開発者の年齢限界について，公的部門と民間部門を比べると，公的部門の方が限界を高めに考えていたことも指摘している。

れも，人材流出に関して従業員はよりよい条件を求めて移るという認識を共有していた。ここで想定されていた「よい条件」とは，例えば高い給与やより権限のある職位に就けるということである。そこで，W社，C社，ITRIともに，エンジニアのリテンションのためのインセンティブ・システムを構築しているが，その内容はそれぞれ異なっていた。

W社は，エンジニアの定着のために報酬システムを整備している。これに対してITRIでは，インセンティブとして最先端の研究環境を与えスキル・アップさせるという能力開発の機会を付与している。もちろん，W社においてもスキル・アップを重視しているが，それは入社後3～4年までの社員に対するものであった。調査によれば，入社3～4年目までの若手エンジニアは，金銭よりも専門能力の開発を重視している。W社では国防役だけでなく一般採用のエンジニアに対しても若手にはスキル・アップの機会を与えている。しかし，W社では，中堅以降のエンジニアに対しては金銭的な報酬が主なリテンション施策となるとの認識をもち，その後のステージにおいては金銭面でのインセンティブ・システムを重視している。

W社とITRIのリテンション施策の違いは，ITRIの社会的役割にも関連している。そもそもITRIでは，スキル・アップしたエンジニアを積極的に産業界に送り込むことを使命としている。そのため，ITRI自体に内部のエンジニアを終身雇用するという発想はなく，4年以上のリテンションを求めていないということが考えられる。一方，W社は，永続的にR&D活動を続ける民間企業であり，長期的なエンジニアのリテンションが求められるため，金銭的な報酬によるインセンティブ・システムが重視されてくると考えられる。

一方，C社は若干，特殊な状況にあった。C社は，W社のような報酬面のインセンティブと，ITRIのような業務面でのインセンティブの双方を用意しているが，それらに加えて属地的な要素が存在している。C社は地元出身者の雇用が比較的多い。そのため，従業員にはその土地で働きたいという希望があり，これがエンジニアのリテンションにつながっているようであった。特定地域への定住希望に応えることをリテンションにつなげるという意味では，シリコンバレーにおけるエンジニアのリテンションに近い状況であるのかもしれない（Saxenian, 1994）。

ところで，一般に企業のリテンション施策としては，報酬以外によりよいキ

ャリア・パスの提供も考えられる。例えば，マネジャーになれるかどうか，あるいは研究職としてさらに上位の権限をもてるかどうかなどが，ここで想定されるキャリア・パスとなる。今回調査したW社では，キャリア・パスは国防役従事者のリテンション施策とは考えられていなかったが，複線型人事制度の採用によるキャリア・チェンジが用意されていた。[8] ここでいうキャリア・チェンジとは，専門職ラダーから管理職ラダーへの単純な移動のみではなく，転職や他部署への移動もその概念に含まれる。キャリア・チェンジを企業がどのようにデザインするかを検討することは，国防役従事者の4年後以降のリテンションにつながる効果的な人材マネジメント施策となるだろう。

　また，日本の研究開発エンジニアでも問題となっている「40歳定年説」などに見られるような年齢的限界の問題も考えられる。台湾においては，現段階ではそれほど問題視されていないが，これから技術者の平均年齢が上がると共に，大きな問題になってくると考えられる。これは国防役の従事者だけの問題ではないが，ここでもキャリア・チェンジを意識することで，より良い解決策を用意できる可能性があるだろう。国防役の従事者は若年層のみであるが，国防役終了後のキャリアのフォローをする議論の整理は，意義のあることである。

4．むすび

　本章では，国防役という台湾独特の代替役制度が，台湾エレクトロニクス産業のエンジニア雇用にかかわる問題点を補い，産業競争力の向上に寄与していることを示した。先に述べたように，対象となる学生が理工系のエンジニア限定からそれ以外の専門スキルをもった者まで拡大されたことは，国防役の民間活用制度(1999年〜)が民間部門で高い評価を受けていることの証左でもある。

　無論，この事例はそもそも台湾の特殊な環境下において機能しうるものであ

8　複線型人事制度については，専門職ラダーと管理職ラダーでは，後者の権限の方が高くなっているという問題点が従来から指摘されている（Allen & Katz, 1986）。しかし，技術も人も流動的である台湾の産業構造を考えると，Bailyn(1991)が指摘するように，キャリア・チェンジの視点から，キャリアの多様性を考えることが重要であろう。若林・西岡・松山・本間（2007）は製薬企業研究者の定性的な研究に基づいて，キャリアの多様性と企業にとって必要となる能力の開発との関係を論じている。同様の視点で，国防役従事者のリテンションの問題の中で，キャリア・チェンジを議論することが今後の課題として考えられる。

って，直ちにわが国のエレクトロニクス産業の競争力強化に応用することはできない。今後は，国防役制度による人材確保が産業競争力に結びつくことの理論的意義を精査し，より一般性の高い議論を行う必要がある。

例えば，エンジニア労働力の流動性をコントロールすることが，企業あるいは産業レベルでモジュール化された製品開発組織において，効果的な製品開発を支える人的資源管理につながっているという可能性が考えられる。今日の我が国のデジタル家電産業ではモジュール化された製品開発の中にどのようにすりあわせ能力を活用できるかが求められている（延岡，2007）。伝統的な日本企業のエンジニアは，所属する企業や自社製品に対する愛着や忠誠心がきわめて高く維持されてきた。このことが，従業員間の暗黙的な協力関係や職責を超えた業務へのインセンティブをもたらし，すりあわせ能力の蓄積に貢献してきた。

しかし，モジュール化が進んだ製品開発組織では，そうした製品や企業に対するロイヤルティは減少し，すりあわせ能力の蓄積がその必要性に反して困難になってきているのではないかと思われる。実際，アメリカの Dell や台湾の Acer などの PC 企業は，徹底したモジュラー化と水平分業の強みを活かして競争力を強化してきたため，これらの企業にとってはすりあわせ能力の重要性は相対的に低い。しかし日本のものづくりでは，たとえ水平分業が進んだ産業においても，技術や製品の差異を如何にすりあわせによって埋め込むかということが重要な課題となっている（藤本・東京大学 21 世紀 COE ものづくり経営研究センター，2007）。日本企業の製品開発がすりあわせによる差異化を達成するためには，それに対応した製品開発組織と人材マネジメントが求められる。エンジニアの流動性コントロールの議論は，こうした問題意識に対して必要な視座を与えるだろう。

第10章

半導体産業における投資優遇税制

立本博文

　1990年代に重要なイノベーションが頻繁に起きたコンピュータ産業，移動通信産業（携帯電話産業）やコンシューマ・エレクトロニクス産業では，台湾企業の成長とは裏腹に，日本企業の国際競争力の低下が問題となっている。このような懸念は，液晶パネル産業や太陽光発電パネル産業といった新しい成長産業にも生じている。特に60～80年代にめざましい飛躍を見せた日本の半導体産業は，現在苦境に立たされている。

　企業の国際競争力の研究では，国際競争力を企業特殊的優位（FSA: Firm-Specific Advantage）と国家特殊的優位（CSA: Country-Specific Advantage）に分別した分析枠組みが広く利用されている（Dunning, 1979）。企業特殊的優位は所有優位性，国家特殊的優位は立地優位性とも呼ばれる。企業の競争力を企業固有の部分と環境依存する部分に分けるという考え方は，その後の多くの国際競争力の研究やテキストで見ることができる（Rugman, Lecraw & Booth, 1985；Porter, 1990）。

　企業特殊的優位というのは，ある企業が生産面で他の企業よりも効率的であるとか，マーケティング面で他の企業よりも市場知識をもっているとか，さらにはそれらの優位性を生かすことができる組織的なメカニズムをもっているといった優位性である。こういったミクロ的なメカニズムは，経営学における一般的な研究テーマであり多くの実証研究の蓄積が存在する。

　一方，一部の例外を除けば，企業競争力の研究では国家特殊的優位は重要視されない傾向にある。特に企業競争力を事業戦略やプロセスから解明するミク

　アジア経済研究所の川上桃子氏，東京大学の新宅純二郎教授，小川紘一特任教授には調査研究の指導していただいた。感謝の意を表したい。

ロレベルの分析では国家特殊的な要因は無視される傾向になる。なぜなら国家特殊的優位は一般的な企業の事業戦略立案者にとっては不変の環境要因であり，事業戦略立案の視点から論ずる意味合いが小さいからである。しかし産業政策立案者や大きな視点をもつ企業戦略立案者（例えば，多国籍企業の戦略立案者），国際競争力に関心をもつ研究者から見れば，国家特殊的優位は考慮すべき重要要因である。

　特に国家特殊的優位を単なる天然資源の要素賦存といった固定的なものではなく，人間が創り出す優位性，すなわち規制や助成といった産業政策を想定した場合，その重要性は無視できないものとなる（Rugman, et al., 1985）。加えて企業の能力蓄積の視点からいえば，企業は直面する様々なタイプの国家特殊優位によって異なる能力蓄積を行い，この能力蓄積の違いが国際競争力の差につながる（藤本・天野・新宅，2007）。例えば，戦後の日本自動車産業の国際競争力の分析で明らかになったのは，成長過程で直面した制度的・資源的な制約に対応するための統合能力やサプライヤーとの分業構造であった（Clark & Fujimoto, 1991；藤本，1997）。つまり，国際競争力を分析するうえで，企業が能力蓄積過程で直面する国家特殊的優位を明らかにすることは欠かせない作業なのである。

　ところが1980年代に盛んに行われた国家特殊的優位の研究は90年代以降あまり行われなくなってきている。しかし，国家特殊的優位の分析が不要になったわけではない。むしろ，環境技術や再生可能エネルギー技術などの多くの産業にかかわる技術分野でイノベーションが起こり，各国政府もこれを促進する産業政策を推進している現状においては，国家特殊的優位の分析は重要性を増していると考えられる。

　よって本章では，1980年代に盛んに行われた国家特殊的優位の研究を半導体産業の研究を用いながら整理する。また，90年代以降，新たに重視されている国家特殊的優位である投資優遇税制について取り上げ，その影響を推定し，意義について検討を行う。

1．文献サーベイとリサーチ・フレームワーク

1－1．国家特殊的優位と産業政策

　国家特殊的優位の要因には，経済的要因，非経済的要因，政府的要因の3つが存在する。経済的要因とはその国で利用できる労働や資本，さらに天然資源の賦存などが含まれる。非経済的要因は社会や文化などである。政府的要因には各国の規制や産業政策が含まれる（Rugman et al., 1985）。天然資源や社会・文化が比較的短期間に変化しづらいものであるのに対して，政府的要因は人為的なものであり短期間に大きく変化する。産業政策に代表される政府的要因は産業に短期間に直接的に影響を与えるので，経済的要因と共に重要である。

　この視点をさらに進めたのがPorter（1990）である。彼は，複数の経済的要因間の相互作用と，それら経済的要因群と政府的要因の間の関係について，国の競争優位の視点から調査分析を行った。この分析枠組みでは，国家特殊的優位の源泉として4つの内生的決定要因と2つの外生的決定要因が取り上げられている。4つの決定要因とは，第1に天然資源や熟練労働・インフラなどの生産要素条件，第2に国内消費者・川下産業の需要の量と質といった需要条件，第3に関連産業・支援産業の存在，最後に企業の戦略と競争構造である。これら4つの要因が相互作用を生むことである国の産業に自己強化的な持続的優位性が生まれる。

　加えて，これらの国のシステムに外的に影響を与える，チャンスと政府という2つの外部変数の存在を指摘している。チャンスとは基礎技術のブレークスルーや戦争といったコントロール外の働きのことであり，政府とは反トラスト政策や政府調達等の産業政策のことである。政府の役割は間接的ではあるけれども，企業の国際競争力に対しては重大な影響を与えており無視することはできない。各国の産業政策が国際競争力構築に影響した代表例として半導体産業が挙げられる（Borrus, 1988；Tyson, 1992）。

1－2．半導体産業の国家特殊的優位研究：

1）研究開発支援・共同研究コンソーシアム

　半導体産業において，4つの決定要因に大きく影響を与えた産業政策として

よく知られるのが，政府支援の研究開発プロジェクトや共同研究開発コンソーシアムである（垂井，2008；宮田，1997；榊原，1995）。

政府支援の研究開発プロジェクトは，半導体技術に熟達した人材の育成を促進して第1要因にプラスの効果をもたらす。共同研究開発コンソーシアムは，半導体企業と製造装置企業の間の交流を盛んにすることで第3要因を促進し，同時に半導体産業の川下産業であるコンピュータ産業の要望を反映することで第2要因の需要条件にもプラスの効果を及ぼす。政府の共同研究コンソーシアム支援は，第4要因である競争構造を緩和させながら重複投資を防ぎ，産業全体として効率的な研究開発を実現する。

このように政府支援の研究開発プロジェクトや共同研究開発コンソーシアムは国の優位の決定要因にプラスの効果を与えるため各国で実施された。最も初期の政府支援共同研究プロジェクトは，日本の超LSI研究組合（1976～80年）である。同プロジェクトは多くの技術的成果を達成し日本半導体産業の国際競争力強化に大きく貢献したため（垂井，2008；榊原，1995），アメリカや韓国・台湾に大きな影響を与えた。

アメリカでは超LSI研究組合の成功に対応するために，独禁法を緩和する国家共同研究法が1984年に成立し，87年には先端プロセスの製造技術開発のための共同研究コンソーシアムであるセマテック（Sematech）が結成された。これに参加する半導体企業14社はアメリカ半導体生産の8割を占める大規模なもので，運営予算は年間2億ドルに達し，そのうち1億ドルは政府からの補助金であった（宮田，1997：p.166）。セマテックはアメリカの半導体産業の国際競争力回復に貢献したとされる（GAO, 1992）。

韓国でも特定研究開発事業（1982年）や半導体共同開発事業（86～97年）など政府が支援する共同研究コンソーシアム活動が活発に行われた。半導体共同開発事業では，4M（86～89年），16M（89～93年），64M（93～97年）の各DRAM世代を対象としたプロジェクトが有名である。韓国政府は共同研究開発事業予算の40～60％を支援し，サムスン電子やLG半導体などの複数の企業が共同研究開発に参加した（徐，1995；宋，2005）。この結果，韓国半導体産業は先進国半導体産業にキャッチアップすることに成功した。

1980年代の台湾半導体産業は未だ揺籃期であり，半導体企業が十分に成長しておらず，政府支援の研究所が主体となった研究開発プロジェクトによって

産業の育成が行われた（佐藤, 2007；永野, 2002）。台湾半導体産業の発展の特徴は, 政府系機関の研究所, 具体的には ITRI が中心となって先進国企業から技術導入を行いながら研究開発を行い, その成果を研究プロジェクトや人材のスピンアウトという形で企業化していくことにある。この代表例がファウンドリー企業である UMC（1980 年設立）や TSMC（87 年設立）, DRAM メーカである世界先進（94 年設立）である。そして, 半導体の製造工程を請け負うファウンドリー産業では, 台湾半導体産業が過半シェアを獲得するに至った。

このように 1980 年以降の半導体産業では各国で政府が支援する研究開発プロジェクト・共同研究開発コンソーシアムが行われ, 国の競争優位の 4 要因を向上させ, 各国の半導体産業の国際競争力構築に大きく貢献したのである。

2) 新たな国家特殊優位の源泉：投資優遇税制

1980 年代以降, 政府が支援する研究開発・共同研究プロジェクトは半導体産業の国家特殊優位に大きな影響を与えてきた。近年, これに加えて投資税制優遇が新たな国家特殊優位の要因として浮上してきており, 台湾・韓国の投資優遇税制を使った経済成長政策が報告されている（Jenkins, Kuo & Sun, 2003；黄・胡, 2006；渡辺, 2008）。

投資優遇税制は設備投資にかかるコストを逓減することで, Porter の 4 要因のうち, 直接的には第 1 要因の生産要素条件の改善を行う。さらに韓国・台湾では国内に支援産業である製造装置企業が育成されていないため, 海外の製造装置企業との取引を行う必要がある。投資優遇税制は取引コストを逓減し海外製造装置企業との交流を促進するので, 韓国・台湾の半導体産業からみて実質的に第 3 要因の関連産業・支援産業の存在の改善につながる。

投資優遇税制は重要な産業政策の手法であり以前から行われてきたが, 近年の半導体産業の「業界標準化の進展」と「工場投資額の急増」という 2 つの変化がその重要性を拡大させている。ひとつめの半導体産業の業界標準化活動は重複投資を避け, 巨大な R&D 投資を行うために積極的に推進されている。共同研究開発コンソーシアムや材料装置産業の業界団体での標準化活動（井上, 1999；小宮, 2003；富田・立本, 2008）, また各国の半導体業界で構成する委員会による技術ロードマップの発表（畑, 2006）が, 1990 年代以降半導体産業の業界標準化を進展させ, 最先端プロセス装置がスケジュールどおりに市場

に導入されることを支えている。2つめの工場設備投資額について，UMC (2003) は，1工場あたりの設備投資額の推移を例示しながら近年の設備投資額高騰を指摘しており，企業戦略の中で投資戦略が中心的になってきていることを訴えている。この2つの変化の結果，投資優遇税制という国家特殊優位を利用しながら，国際競争力を構築することが競争上の重要戦略となってきているのである。

3）投資優遇税制と企業競争力，製品コストモデル

投資優遇税制が企業の国際競争力に与える影響は，製品のコストモデルを想定することで理解が容易になる（図表10－1）。コストは，組織能力に影響を受けやすい工場出荷価格・研究開発費・販売管理費と，制度に影響を受けやすい減価償却費や利益との，2つから構成される。

工場出荷価格は原材料費，組立加工費，検査費などから構成され，組織能力を基盤とした開発・生産の効率性を反映する。販売管理費や研究開発費も組織能力を直接反映する。効率的な販売組織を編成したり，研究開発の組織的取り組みをしたりすることによってこれらのコスト要素は増減する。コスト削減を可能とする組織能力は，代表的な企業特殊的優位であり長時間かけて構築される（藤本・延岡，2006）。

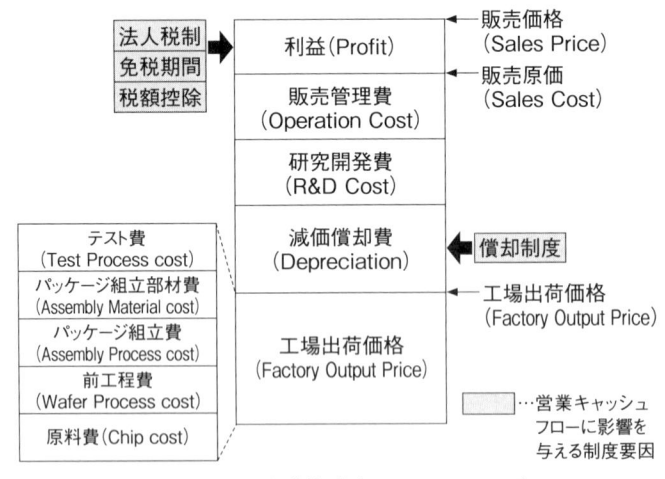

図表10－1．半導体デバイスのコストモデル

対照的に残りの減価償却費と利益は，組織能力を反映するものではなく，制度（特に税制度）に大きく影響を受けるものである。特にコストモデルをデバイス単位ではなく工場単位で考慮した場合，制度要因の影響がより大きくなる。減価償却費と利益は企業の設備再投資の基となる営業キャッシュフローの構成要素である。

　1工場あたりの減価償却費は固定資産を使用年数に応じて費用配分するが，費用配分の仕方は各企業の組織能力ではなく税制度を反映したものである。減価償却費は償却限度額が税法上定められており，この限度額は法定耐用年数に依存する。法定耐用年数は耐用年数省令として定められており，制度的に決定されるものである。

　さらに，法人税（法人所得税）にも減価償却は影響を与える。減価償却費の上限が制度上小さくなるように設定されていれば，その分利益が発生しやすくなり，法人税に追加的なキャッシュアウトが生じるのである。この追加的なコストは組織能力差ではなく償却制度差によって生じたものだということが重要な点である。

　次に利益について説明する。利益は最も税制度の影響を受けるものとして知られている。利益に影響を与える代表的な制度要因として，法人税率，免税期間制度，税額控除が存在する。法人税率は利益に対して発生する税金額の比率を示しており国税と地方税から構成される。免税期間制度は，新規事業などに対して政府が認めた特別な場合，一定期間所得税を免税するというものである。免税期間制度は当然営業キャッシュフローに対してプラスの効果を与える。税額控除は法人税額の中から一定額を控除して純利益を増やすものであり，企業競争力の視点からは設備投資に応じた税額控除が行われる投資税額控除が重要である。投資税額控除が行われた場合，企業の営業キャッシュフローは潤沢になる。利益に影響するこれらの制度は，制度上の国家特殊的優位の典型例である。

　減価償却や利益に対する法人税制といった制度は，設備投資の基となる営業キャッシュフローに影響を与えるため，投資戦略が重要な産業では国際競争力構築の必要条件となる。投資優遇税制を利用した経済成長政策は，台湾・韓国などの新興国で行われており，近年の半導体産業の「業界標準化の進展」と「設備償却費比率の高騰」という2つの変化が，この政策をより効果的なものとし

ていると考えられる。

4）仮説提示

以上をまとめると，近年の半導体産業の国際競争力構築プロセスでは，業界標準化と設備投資額急増の影響から，国家特殊優位のひとつである投資優遇税制の役割が拡大していると考えられる。しかし，これに関する研究は少なく明確な答えを出すには至っていない。よって本研究では次の作業仮説をもとに調査分析を行う。

仮説：生産工程の業界標準化が進展し，かつ，コストに占める設備償却費が上昇する場合，設備投資額に対する投資優遇税制由来キャッシュフローの比率が増大する。

２．事例研究：半導体産業の事例

まず半導体産業における業界標準化およびコスト構造の状況を明らかにする。

２－１．業界標準化の進展

1990年代の半導体産業の標準化活動について説明する。前述の共同研究を促進する政策は，同時に，業界の標準化活動を後押しする結果となった。複数企業が効率的に共同研究開発をするために，重複投資を避ける目的から共通インターフェイス・モデルや技術ロードマップが策定されるといった標準化がなされた（Spencer & Grindley, 1993）。

ただし，業界標準化活動の拡大は効率性の追求だけではなく，共同研究を支える独禁法の新しい運用にも原因があったことに注意が必要である。伝統的なアメリカの独禁法運用では企業が共同して活動を行う場合，「当然違法」の法理が用いられていた。しかし1980年代の政策転換後では「合理の原則」により個別に違法性が判断されるようになった（平林, 1993）。考慮される事項の内，とりわけ重要なのは「共同研究への参加および成果へのアクセスに関する制限」である。独禁法に抵触せず共同研究を行うために，成果へのアクセス性を高めることが必要であり，業界標準化してオープンにすることが頻繁に行わ

れた。特に政府が資金を補助した研究開発コンソーシアムでは，成果の標準規格化が強く要望されることとなったのである。

例えば政府が予算の約半分を助成したセマテックは，装置間インターフェイスのモデル作りと装置間インターフェイスのグローバル標準化の支援を行い，装置業界の世界的標準化団体である SEMI に対して，北米発の標準化案を作成し発信し続けた（井上，1999：p.30）。標準インターフェイスをもった装置の開発が促進されたのである。

さらに業界標準化は技術ロードマップの公開によって一層進められた。技術ロードマップの起源は，アメリカ半導体工業会がセマテックなどの既存プログラムの整合性をとるため 1993 年に発表した NTRS1992（National Technology Roadmap for Semiconductor 1992）が由来となっており，以降定期的にロードマップが発表されている（畑，2006）。99 年以降は「国際半導体ロードマップ委員会」が定期的に技術ロードマップを更新発表している。装置企業はロードマップを参考に装置開発を行っており，共通の仕様をもった装置が市場に導入されることにつながっている。

この結果，生産ノウハウを内包しながら業界標準のインターフェイスをもった製造装置が流通していった。市場取引を通じて生産ノウハウを半導体企業が利用することができるようになったのである。この現象を生産工程のカプセル化やプラットフォーム化と呼び，1990 年代の半導体産業で観察できると報告されている（新宅他，2008）。

２－２．設備償却費比率の高騰

半導体産業は大規模設備産業としての一面をもち，巨大な設備投資が必要な産業である。そのため製造コストに占める償却費が大きい産業であることが知られている。

図表10－2に半導体デバイスのコスト内訳を示す。東芝，サムスン電子ともにフラッシュメモリ製造の大手半導体企業である。両社とも共通してコストに占める減価償却費は大きい。東芝でも，サムスン電子でも電気・純水・工場ガスが最も大きい費用項目であることは共通しているが，東芝ではそれに次いで減価償却費（15％）が２番目に大きい費用科目であり，サムスン電子では薬品についで減価償却費（12％）が３番目に大きな費用項目になっている。さら

	東芝	製造原価に占める割合 (%)	サムスン	製造原価に占める割合 (%)	コスト差	コスト差に占める割合 (%)
製造装置（減価償却）	0.88	15	0.55	12	0.33	23
工場のラインオペレータ	0.40	7	0.20	4	0.20	14
薬品	0.65	11	0.60	13	0.05	3
消耗部品	0.70	12	0.45	10	0.25	17
ウェハ材料	0.50	8	0.45	10	0.05	3
電気・純水・工場ガス	1.10	18	1.10	24	0.00	0
開発費	0.70	12	0.50	11	0.20	14
販売管理費	0.30	5	0.20	4	0.10	7
その他	0.74	12	0.49	11	0.25	17
計	5.97	100	4.54	100	1.43	100

図表10－2．1ギガビットNAND型フラッシュのコスト比較（単位：ドル）

に重要だと思われるのが，両社のコスト差にもっとも貢献しているのは減価償却の差（23％）であるということである。これらの点から，半導体産業においては減価償却がコストに占める割合が大きいことがわかる。

　半導体産業では先端製品が高値で取引される期間が短く，短期間の内に設備投資を回収することが求められる。さらに1990年代後半以降，先端設備への投資額は高騰しており，最先端半導体製品における設備償却費比率は高くなる傾向にある。

　半導体工場への投資額が高騰していることを確認するため，工場投資データベース（SEMI，2005）を用いて各期間の平均工場投資費用を算出した。データセットの内，工場投資額が不明なもの，生産工場でないものへの投資（パイロット工場への投資など），小規模な工程変更と思われる投資額が小さすぎるもの（投資額が5000万ドル以下のもの）を除外して残りのデータに限って利用した。算出した平均投資額の推移を図表10－3に示す。

　前期間の平均投資額から該当期間の平均投資額への変化を示す増加率に注目すると，1999～2001年の増加率が144％と急騰していることがわかる。さらにその後の2002～04年でも平均投資額が一貫して増加している事がわかる。つまり，1999～2001年を境界として工場投資額が急増し，コストに占める設備償却比率が高騰しているのである。

　2－1，2－2で明らかにしたように，半導体産業は「業界標準化の進展」，

期間（年）	サンプル数	平均投資額(100万ドル)	増加率（%）
1993〜95	63	547	−
1996〜98	75	567	104
1999〜01	65	819	144
2002〜04	56	973	119

図表10−3．1工場あたりの平均投資額の推移

制度	項目	詳細	韓国	台湾	日本
法人税率	直接税	法人所得税率合計	27.5%	25%	40.69%
		法人所得税率（国税）	25%	25%	30%
		法人所得地方税率(地方税)	2.5%	無	10.69%
	免税期間(Tax Holiday)制度		原則ない（外資とのジョイントベンチャーに対して免税あり）。	5年間	ない。
償却制度	半導体製造装置に対して一般的に用いられる耐用年数		4年 半導体製造装置の基準耐用年数は5年。耐用年数範囲制によって±25%の耐用年数変更が出来、4年が用いられる。	3年 半導体製造装置の耐用年数は3年だが、特別制度により1年に短縮可。	5年 半導体製造装置の耐用年数は2007年より5年（以前は8年）。稼働率に応じた加速償却制度あり。
設備投資に係る税額控除	特定設備投資に対する税額控除		特定設備に対して3〜7%もしくは10%の税額控除の制度有り（各法令によって様々）。	特定設備に対して5年以内に納付すべき法人税から5〜20%の税額控除。	あり。ただし実勢に影響を与える程ではない。
	特定地域投資に対する税額控除		あり。	あり。	あり。ただし実勢に影響を与える程でない。
	参考値（代表的企業での税額控除/設備償却費の平均）		21.2%	12.6%	
	繰越税額控除制度		5年間	5年間	1年間(特別な場合)

注：本表は2009年の状況に基づいている。各国とも税制改正が行われており、現在の法人税率と表中の法人税率は異なる。各国とも法人税の引き下げ競争を行っており、韓国は24.2%、台湾は17%、日本は35.64%となっている（2012年現在）。法人税率の引き下げに際して、台湾では産業高度化促進条例の施行期間満了に伴い、10年より高度産業（半導体産業含む）への免税措置が取りやめられた。これにより、産業毎に租税負担が異なる状況が改善された。

図表10−4．半導体産業に対する投資優遇税制の各国比較

第10章　半導体産業における投資優遇税制

「設備償却費比率の高騰」が観察される。このため仮説を検証するための対象産業の条件を備えているといえる。

3．日本・韓国・台湾の投資優遇税制の比較

図表10－4に韓国，台湾，日本における半導体産業に対する投資優遇税制をあげる（2008年当時）。この表の作成にあたって韓国の税法については韓国KPMG三晟会計法人（2005），デロイト安進会計法人（2007）とその他の専門書および専門家へのインタビューを参考にした。台湾の税法については台湾工商税務出版社（2008），黄・胡（2006），および台湾産業開発局関係者と台湾半導体企業会計担当者へのインタビューを参考にした。日本の税制については一般的な税法の専門書と共に日本半導体産業の会計担当者へのインタビューを参考にした。

設備投資の基となる営業キャッシュフローに影響する投資優遇税制は，法人所得税率（法人税率），償却制度および設備投資に係る税額控除の3つの要因に分けることができる。どの要因も企業の営業キャッシュフローを増加させる役割がある。

法人税率は累進的であるので最高税率を記載した。韓国・日本は国税と地方税から法人税が構成されるが，台湾では地方税は無く国税で一本化されている。合計税率は日本が最も高く，韓国，台湾の順に低くなる。法人税率で重要な点は免税期間制度である。免税期間制度とは新規投資を奨励するために，特定産業や一定規模超といったガイドラインに当てはまる新規投資に対して，その投資から生まれる所得を一定期間無税にするものである。日本では免税期間制度は存在しないが，台湾では産業高度化促進条例で規定されている。韓国では外資企業とのジョイントベンチャーに部分的に適用される。

償却制度は3国とも機械・設備に対して同様に定率償却方式をとっているが，法定耐用年数には違いが存在する。半導体製造設備の基準法定耐用年数は，韓国5年，台湾3年，日本5年である。日本は2007年の税法改正によって8年が5年に短縮された。法定耐用年数の運用にも各国ごとに違いがある。韓国では法定耐用年数範囲制度をとっており，法定耐用年数に対して±25％の範囲で耐用年数を設定できるため短縮した4年を用いることができる。台湾では産

	TSMC	サムスン電子
期間（単位）	1997〜2006年 （100万新台湾ドル）	1997〜2006年 （10億ウォン）
償却費（1997-2006年合計）	500,615	37,391
投資に係る税額控除(1997-2006年合計)	63,259	7,932
償却費に対する税額控除の比率	12.6%	21.2%

図表10−5．償却費に対する税額控除額の比率

業高度化促進条例に半導体を含む先端産業に対して特別償却制度が規定されており，法定耐用年数に対して2年間の短縮が認められているが，筆者のインタビューによれば，あまりに期間が短縮されすぎるため通常は使われないそうである。

　最後に投資に係る税額控除が挙げられる。韓国や台湾では特定産業，特定設備や特定地域に対する一定規模以上の投資について，その一部相当額を税額控除することができる。日本でも特定設備や特定地域への投資に対する税額控除はあるが，その規模は小さい。韓国や台湾では繰越税額控除制度が存在する。繰越税額控除とは，当該年に税額控除ができなくても次の年に繰り越す事ができるというものである。韓国も台湾も5年間の繰越を認めている。日本の場合，情報化投資等の税額控除に対して1年の繰越を認めているだけである。

　投資に係る税額控除は，韓国・台湾ともに複数の条例によって定められているので，全体としてどの程度の税額控除になるのか不明である。そのため，参考として各国の代表的な競争力のある半導体企業である台湾のTSMCと韓国のサムスン電子についてその比率を計算した（図表10−5）。

　TSMCは半導体専業企業であるため連結財務諸表を用いたが，サムスングループは総合エレクトロニクス企業グループであるため半導体事業を行っているサムスン電子単体の財務諸表（1997〜2006年）を用い，償却費（depreciation）と税額控除（tax credit）の項目を利用した。償却費はキャッシュフロー計算書で公開されており，税額控除額はアニュアルレポートに添付されるノートとして公開されている。台湾企業の税額控除には免税期間制度の税控除と設備投資に係る税控除の2つが存在するが，後者の投資に係る税控除額のみを対象とした。韓国企業に対する税控除には免税期間制度に対する税控除が含まれないため，公開されている税控除を投資に係る税控除として用いた。

３－１．国家特殊優位が営業キャッシュフローに与える影響規模の推定

　ここでは図表 10 - 4 や図表 10 - 5 で整理した韓国・台湾の投資優遇税制度下で営業した場合と日本税制度下で営業した場合の営業キャッシュフロー（CF）の差を推定し，その営業キャッシュフロー差の設備投資に対する比率を算出し投資税制優遇の量的効果を検討する。

　推定の基になるデータは韓国・台湾の半導体企業で国際的に競争力をもつサムスン電子（単体）と TSMC（連結）のアニュアルレポート（1997～2006 年）を利用した。各国税制度の違いは図表 10 - 4 に示した「法人税率」と「償却制度」および図表 10 - 5 に示した「償却費に対する税額控除額の比率」を利用した。この 3 変数によって各企業の営業キャッシュフローが受ける影響を推定した。設備投資額はキャッシュフロー計算書の値を利用した。推定手順は本章末尾の「推定手順」を用いた。単年度の試算結果を図表 10 - 6 に示し，各年の営業キャッシュフロー差の推移を図表 10 - 8 に示す。各企業の設備投資額に対する制度差由来の営業キャッシュフロー差の比率の期間毎の平均値を図表 10 - 7 に示す。

３－２．推定結果の解釈

（単位：億円）

	TSMC		サムスン電子
台湾税制下の営業 CF	1169	韓国税制下の営業 CF	4038
日本税制下の営業 CF	747	日本税制下の営業 CF	3769
営業 CF の差	423	営業 CF の差	269
設備投資額	1181	設備投資額	3234
営業 CF 差／設備投資額	35.8%	営業 CF 差／設備投資額	8.3%

図表 10 － 6．単年度の試算結果（1997 年）

	全期間	1997～98 年	2002～06 年	t 値	p 値
サムスン電子	28.2%	12.6%	34.4%	3.776	0.036
TSMC	44.2%	34.6%	58.7%	4.042	0.013

図表 10 － 7．設備投資に対する営業キャッシュフロー差の比率の期間ごとの差

図表10－8．各国税制度の違いに基づく営業キャッシュフロー差

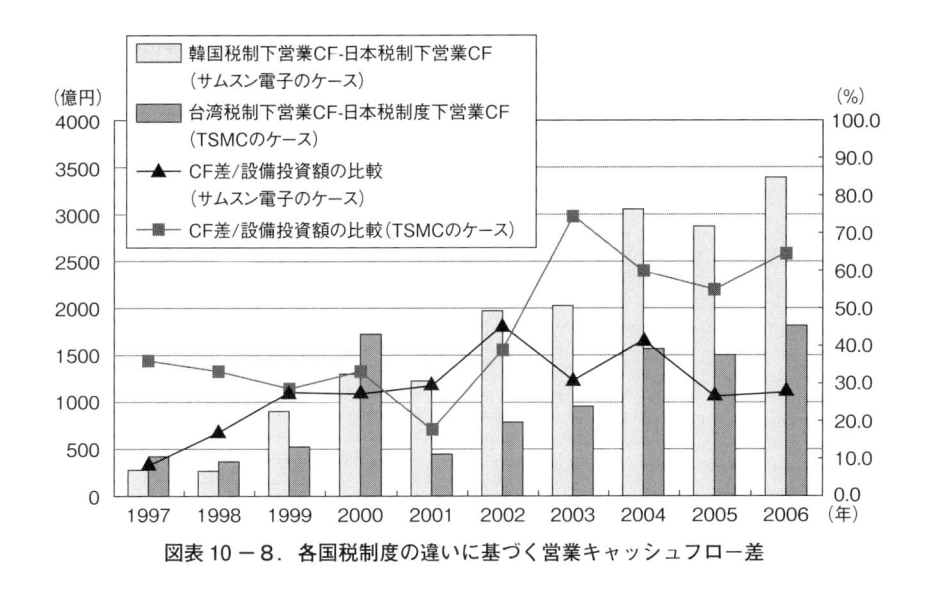

　図表10－8からまず確認できることは，サムスン電子のケースにしろ，TSMCのケースにしろ，日本よりも韓台の税制度で計算した方が，営業キャッシュフローが増加するということである。換言すれば，日本の制度でサムスン電子やTSMCの営業キャッシュフローを計算した場合は営業キャッシュフローは減少する。

　サムスン電子のケースの方が，TSMCのケースよりも営業キャッシュフローが大きくなっているのは，サムスン電子とTSMCが行っているビジネスが異なるからであると考えられる。サムスン電子はメモリ半導体を製造しており，一方，TSMCはロジック半導体の製造受託（ファウンドリー）を事業としている。一般的にメモリ半導体はロジック半導体よりも大規模投資を行う傾向があるためTSMCよりもサムスン電子のキャッシュフローが大きいと考えられる。

　制度差に起因する営業キャッシュフロー差は1997年以降拡大傾向にある。2000年はITバブルの年であり，TSMCのキャッシュフローが突出して大きくなっているが例外的である。TSMCやサムスン電子の事業規模が大きくなっていっているという面もあるが，もしも3国の間で制度差が存在しなければ，事業規模が拡大したとしても図表10－8で算出したキャッシュフロー差は生

じない。制度差が存在することによって，事業規模拡大に応じた制度由来のキャッシュフロー差も大きくなっているという点が重要である。

近年5年間（2002～06年）のキャッシュフロー差の平均では，韓国と日本の差は年間2668億円，台湾と日本の差は年間1327億円であった。現在，半導体の最新工場を建設するためには3000億円程度が必要であるとされている。工場投資がこの規模なのに対して，各国の税制度の違いだけで年間1327～2668億円の差が生じるのは相当に大きな影響が生じていると考えてよいと思われる。

最後に各企業の設備投資額に対する制度差由来の営業キャッシュフロー差の比率をみる（図表10－7）と，平均ではサムスン電子28.2％，TSMC44.2％と高い値を示している。工場投資額が急激に増えた1999～2001年期を境界として，その前期平均（1997～98年）と後期平均（2002～06年）に対してWelchの方法を使って平均値の差の検定を行った。その結果，サムスン電子，TSMCともに5％の有意水準の下で両期間の平均値に差がある事が認められ，仮説は支持された。

3－3．ディスカッション

事例研究では日韓台の制度差によって生ずるキャッシュフロー差を台湾・韓国で最も国際競争力をもつ2企業のアニュアルレポートを使って推定し，設備投資額に占める比率を算出して影響度を検証した。その結果，両企業とも産業全体の設備投資額が急増した1999～2001年を境界として，制度由来キャッシュフロー差が設備投資額に占める比率が増加していることが確認された。

本章の結論は渡辺（2008）の結論とも一致している。彼は税控除と設備投資額の関係について韓国企業の財務諸表データを使って投資関数の推定を行った。その結果，韓国の半導体産業では税支援（税控除）が設備投資を押し上げる効果が確認された。

興味深いことに，渡辺（2008）は税控除が設備投資を押し上げる効果は自動車・鉄鋼産業では確認されなかったと報告している。この点について，本章の仮説であげている「業界標準化の進展」，「設備投資比率の高騰」が半導体産業には強く影響している一方，自動車・鉄鋼産業では両影響はほとんど観察されていないことに原因があると考えられる。つまり投資税額控除のような全産業

にプラスの効果を与えると思える国家特殊優位であっても，企業が直面している条件によって効果が異なる可能性がある。

本章で取り上げた条件とは「業界標準化の促進」と「コストに占める設備投資比率の高騰」であった。業界標準化は，ある製品の部品間・生産工程間のインターフェイスが産業共通になることであり，アーキテクチャーのオープン化として知られている（藤本・武石・青島，2001）。「コストに占める設備投資比率の高騰」とは広い意味での取引コストの高騰である。

アーキテクチャー論を国際競争力に適用した藤本・天野・新宅（2007）は，「国毎に異なる国家特殊優位が存在し企業の組織能力蓄積に差を生む。各産業がもつアーキテクチャーと組織能力の間には相性が存在するため各国の比較優位が異なる」と主張している。

本章で見たように半導体産業では生産工程のオープン化が進んでおり，技術ロードマップのスケジュールに沿って先端プロセス装置が市場に導入される。アーキテクチャーのオープン化によって，この先端プロセス装置は誰でも購入可能である。しかし，これらの先端装置の価格は高騰しており，企業は購入を躊躇する場合が多い。単に装置が高額だというだけでなく，実績のない先端装置を1番手に購入するのはリスクが高いことなのである。しかし投資優遇税制が整備されていれば，高価な先端装置にかかわる取引コストを下げることができるため，積極的に先端装置を購入できる。

韓国・台湾の半導体産業は，投資優遇税制という国家特殊優位とアーキテクチャーのオープン化の2つを前提とした能力構築を行っており，これが国際競争力につながっている。富田・立本（2008）は300mmウェーハ標準規格に対応した量産装置が2002年に市場投入された際に，先進国に先んじて韓国・台湾半導体企業が積極的に大量購入し早期にラインを立ち上げ，いち早く大量生産ノウハウを獲得して国際競争力を伸ばしたと報告している。本章で明らかにした投資優遇税制という国家特殊優位が，この背後に存在すると考えられる。

これまでアーキテクチャーがオープン化した産業では，先進国から新興国へと国際競争力が移転するケースが多数報告されている（Shintaku, Ogawa & Yoshimoto, 2006；新宅他，2008）。アーキテクチャーのオープン化は技術伝播速度を高める。しかし，なぜ新興国産業に伝播するのかについては，ほとんど解明されてこなかった。つまり，背後にある新興国の国家特殊優位については

ほとんど検証されてこなかったのである。本章の結果から，アーキテクチャーがオープン化している産業では，設備償却費が高騰すると投資優遇税制の効果が大きくなることがわかった。これは，投資優遇税制が先進国から新興国へ国際競争力を移転させる国家特殊の要因である可能性を暗示しており，今後，さらに詳細な研究が必要であると考えられる。

4．むすび

　本章は企業の国際競争力を国家特殊的優位と企業特殊的優位に区分する枠組みを採用し，投資優遇税制という国家特殊的優位に注目した。本章の貢献は，新興国半導体産業成長の背後にある投資優遇税制という国家特殊優位を定量的に推定し，アーキテクチャーのオープン化が進展した産業では，コストに占める設備投資比率が増大すると投資優遇税制由来の営業キャッシュフローの影響が拡大することを検証した点にある。ただし本章は事例分析をベースとし，多数あると考えられる国家特殊的優位の中から，投資優遇税制度という限られたメカニズムを検証したに過ぎない。この点には留意が必要であり今後の研究課題である。

　本章の研究の実務的なインプリケーションは，税制のような産業政策で作られた国家特殊的優位を利用するビジネスモデルの構築が，企業にとって国際競争力獲得の新しい道になっている可能性がある点である。半導体産業だけでなく，液晶パネル産業や太陽光発電パネル産業（富田他，2009b）も，同様のビジネスモデルが成立している可能性があり，今後更なる研究蓄積が必要であろう。

（注）【推定手順】　各国の税制の違いに基づくキャッシュフロー差の推定手順
　　　　　　　　（図表10－6および図表10－8）
　①　影響前キャッシュフローの算出：まず当該企業の毎年の営業キャッシュフロー（CF）を税引後利益に償却費を加算し算出した。この営業CFを影響前CFとする。
　②　「償却制度（耐用年数）」の違いの反映：次に影響前CFに対して償却制度の違いから生じた影響として，「償却制度（耐用年数）」が償却費に対して与

える影響を反映させた。

　半導体産業で一般的に使われる耐用年数（図表10－5）で定率償却法で残存価格5％となるように償却率を算出し，この違いを償却費に反映させる。

　③　②で償却費が変更されたため，費用に変化が生じ，これに応じて税引前利益に変更が生じる。この変更を税引前利益に対して行う。

　④　「法人税率」の違いの反映：法人税率が各国で異なるため，この違いを③で算出した税引前利益に反映させ，税引き後利益を算出する。台湾の場合では免税期間制度が存在するため，所得に対する法人税を免税とする。韓国・日本では，免税期間制度が存在しない。この違いを考慮に入れて法人税額を算出する。

　⑤　「償却に対する税額控除の比率」の違いの反映：投資に係る税額控除が台湾・韓国では存在し日本と異なっている。償却費にたいして図表9－5中の「償却に対する税額控除の比率」分だけ台湾・韓国では税額控除がされていると見なす。日本では同制度がほとんど存在しない。この違いに基づいて本来行われていた税額控除額を算出し，④で算出した法人税額にたいして反映を行う。

　⑥　⑤の結果，税額控除の違いを考慮に入れた税額が算出される。これを③で算出した税引前利益に対して反映させ，税引後利益を算出する。

　⑦　影響後キャッシュフローの算出：⑥の結果算出された税引き後利益に②で算出した償却費を加算することで，影響後CFを算出する。

　⑧　影響前CFと影響後CFの差を算出することで，韓国・台湾と日本の税制度に基づく営業CF差を算出する。この営業CF差は各国現地通貨で算出されているので，各年の平均為替レートで円に換算する。同時に設備投資額に対する営業CF差の比率を算出する。

第11章

ECFA体制下の日台ビジネス・アライアンス

伊藤信悟・長内　厚・神吉直人・中本龍市

1. はじめに

　これまでの章でも述べてきたように，日本のエレクトロニクス産業は，長引く不況と円高による経済の失速に加え，急速なコモディティ化により長期的な低収益にあえいでいる（延岡，2011；長内・榊原，2011, 2012）。日本エレクトロニクス産業の苦戦は，韓国のサムスン電子，LG電子，台湾の鴻海精密工業，Acer, ASUS, HTCなどといった優良企業が高品質と低コスト（必ずしも低価格とイコールではない）を武器に，「安くて消費者のニーズにも合致した」製品を市場に送り出してきたことにも起因する。

　ただ，日本企業の苦戦が技術開発力の相対的低下によるものではないということには注意が必要である。日本企業の技術力は依然として高いものの，機能性能と価格のバランスを含めたトータルの製品価値が顧客に評価されていないのである。すなわち，日本企業は，価値創造（value creation）はできているが，価値獲得（value capture）ができないという状態に陥っている（延岡，2011）。例えば，DVDの技術規格は1998年に日本企業中心で作られたものの，再生機市場では台湾・中国企業の製品との価格差が大きく，日本企業は事実上撤退してしまっている。またテレビ市場では，90年代後期に世界第1位のシェアと業績を有していたソニーが2011年はサムスン，LGに次ぐ第3位に甘んじている。低迷するソニーのテレビ事業は4年連続で赤字を出している。[1]

---

[1]　「ソニー4年連続赤字へ，TV不振，円高，タイ洪水」，『読売新聞』，2011年11月4日（http://www.yomiuri.co.jp/net/news/20111104-OYT8T00391.htm），（閲覧日：2011年11月5日）。

しかし,この赤字はシェア低下によるものではない。この年,成長著しいインド市場では,サムスンを押さえてソニーがトップの地位にあった[2]。またソニーの2010年全世界テレビ販売台数は2240万台であり,この数字は同社のテレビ事業が最も好業績であった1990年代後半の約2倍の販売台数である(ソニー,2011)。収益性の低さは,製品の価格下落が激しく「売っても売っても儲からない」状況に陥っていることによる。つまり,日本企業は高機能・高性能な製品を作る技術力をもちながら,それを付加価値戦略の中で活かせていない。

　現状を見る限り前述のように市場のコモディティ化に伴う激しい価格競争が行われており,それに対応するためには効率性・低コストを実現しなければならない。しかし,台湾や中国の企業のように徹底したモジュラー化と分業化によって効率性を高めるものづくりは,日本の得意とするところではない。むしろ,日本の技術力の粋はトヨタなどの自動車産業に見られるように高い統合力にあり,それが差異化能力となっている。ところがエレクトロニクス産業では,高い統合力によってもたらされる機能・性能の向上がユーザーのニーズ(あるいは知覚可能域)を超えてしまう「機能的価値の頭打ち」状態が生じており,機能・性能の向上という従来の価値次元とは異なる方向においてこの差異化能力を活かす必要がある(延岡,2010c;延岡,2011)。

　そこで,日本企業がもつ従来の能力の延長線上にある「効果的」なものづくり(従来通りの機能的価値偏重なものづくりではなく)と,コモディティ化に対応できる「効率的」なものづくりをいかに両立させるか,が重要な課題として問われている。本章では,そのための方策のひとつとして,台湾とのアライアンスをはじめ,中国,韓国等も含めた東アジア諸地域との関係形成について考える。日台のビジネスアライアンスは,近年,中国ビジネスとの関係で論じられている。例えば,中国には「世界の工場」あるいは「世界の市場」として大きなビジネスチャンスが存在するが,言語や商習慣の違いから日本企業は苦戦を強いられており,その打開策のひとつとして,中国と言語や文化が近く,日本企業とも長い取引関係をもつ台湾企業と提携して中国に進出するという方

---

[2] Display Search　プレスリリース "Sony Takes Top Position for Flat Panel TV Shipments in India for 2010." 2011年3月7日 (http://www.displaysearch.com/cps/rde/xchg/displaysearch/hs.xsl/110307_sony_takes_top_position_for_flat_panel_tv_shipments_in_india_for_2010.asp),(閲覧日:2011年10月1日)。

策に関する議論である（伊藤，2005；朱，2005）。

　ただし，日台のビジネスアライアンスも，それを取り巻く制度的環境の影響を受ける。また，ビジネスアライアンスの成否は，アライアンスパートナー間の経営資源の共通性・補完性によっても左右されうる。そこで，本章では，前者については，2010年9月に発効した台湾と中国の間で結ばれた「海峡両岸経済協力枠組取決め（Economic Cooperation Framework Agreement：ECFA）」に対する日本企業の対応の分析を行う。これは経済連携協定（EPA）や自由貿易協定（FTA）に相当する取り決めである[3]。後者については，東アジア4地域（日本・台湾・中国・韓国）のエレクトロニクス産業におけるものづくりの特性の相違を分析する。そしてこれらを統合的に把握することで，ECFA締結後の台湾・中国経済の日本への影響と，日本企業と台湾企業との間の互恵的アライアンスの実現可能性について考察する。分析には，日本の交流協会が2010年に野村総合研究所に委託した「両岸経済協力枠組取決め（ECFA）の影響等調査」[4]の結果を用いた。

　本章の構成は以下の通りである。第2節では，台湾経済とECFAの概要を紹介する。続く第3節では，交流協会の調査結果をもとにECFAが日本企業に与える影響を，特に日台アライアンスという観点で論じる。最後に第4節では，東アジア4地域のものづくりを製品コンセプトの創造力と製品アーキテクチャーへの対応力という観点で整理し，日台アライアンスの理論的な妥当性を検討する。

3　EPAとFTAは同義に使われる名称である（小寺，2010，注1参照）。EPAおよびFTAには貿易だけでなく国際投資協定（international investment agreement：IIA）と同等の内容が含まれることもある（小寺，2010）。経済分野の国際ルールというと，国際貿易を対象にしたものと考えがちであるが，EPAやFTAなどの条約や，あるいは本章で取り上げるECFAなどのEPA/FTAに類した取り決めは，貿易だけではなく，投資など企業の国際的活動全般に関わる政府間のルールである。

4　交流協会は，日本の財団法人であるが，1972年の日中国交正常化以降外交関係のない日台間の実務関係を維持するために設立された準公的組織であり，日本政府の在外公館（大使館，総領事館等）と類似した公的事務を行っている（http：//www.koryu.or.jp/）。

2．台湾経済と ECFA

2－1．中台両岸経済関係の経緯[5]

2008年の馬英九政権の誕生以降，台湾と北京の中国政府の関係が好転し，ECFA は10年に調印された。ここでは，そこに至る経緯として中台両岸経済関係の概略を紹介する。

第2次世界大戦終結以降，台湾政府と中国政府の間では緊張状態が続いていたが，1987年に台湾に布告されていた戒厳令が解除され，中国大陸地区在住の親族訪問目的の中国への渡航が認められるようになった。これに伴い，台湾企業が親族訪問渡航で中国を訪れ，投資を行うようになった。このことには，急速な台湾ドル高や賃金・不動産価格の高騰，労働争議，工業用地不足による環境保護運動の高まりなども追い風となった。また，台湾政府は85年に香港・マカオ等の第三国・地域経由の対中間接輸出を事実上黙認しており，さらに87年以降，対中間接輸入を認め始めたことも両者の経済交流を後押しした。[6]中国政府側も1988年に「台湾同胞の投資奨励に関する国務院の規定」を公布し，台湾企業による対中投資に有利な投資環境の整備に力を入れるようになった。

そして，後に ECFA 締結の主体となる台湾側の組織である海峡交流基金会が1990年に設立された。また中国側のカウンターパートとなる海峡両岸関係協会が翌91年に設立され，中台交流に関わる窓口機関が設置された。とはいえ，台湾政府は中国との関係強化には必ずしも積極的ではなく，漸進的な対中経済交流規制の緩和を図っていた。そのため，民間レベルの対中経済交流は規制をかいくぐる形で進められ，それを台湾政府が事後的に追認するということもしばしば生じた。2000年に発足した陳水扁政権は独立志向が強いとされたものの，台湾財界の支持獲得，対中関係の安定の必要性，および WTO（世界貿易機関）に中国・台湾がそれぞれ01年12月，02年1月に加入し，台湾側が中国側に対して最恵国待遇を与える義務が生じたことなどから，対中経済交流規制の緩和を一定程度推進した。しかし，台湾政府はハイテク産業分野における

5　本章では台湾と中国の関係を台湾サイドから論じているので「台中」と記しても良いが，台湾の地名の台中との混同を避けるため，あえて中台と記している。
6　巨額の外貨準備の蓄積を背景に外貨送金規制が緩和されたという背景もあった。

対中投資にはきわめて慎重であった。特に，台湾経済の原動力である IT・半導体などに関しては，技術流出の観点から中国への投資を抑制していた。また，中国への集中的投資を分散させることを目的に 1993 年以降は，「南向政策」と称した東南アジアへの投資を企業に促してきた。それでも，労働力が確保できる上に巨大市場への成長が見込まれる中国への投資は，台湾企業にとって国際競争上不可欠のテーマであり続けた。

そして 2008 年に誕生した馬英九政権は，対中経済交流規制が台湾経済の活性化を阻むとの認識に立ち，同規制の緩和を進めた。具体的には，中国人観光客の受け入れ規制の緩和や中台間の海運・空運直行便の大幅な拡充が図られたほか，中台間の投資規制の緩和も進められた。また，馬政権下では 10 年 2 月を皮切りに半導体・液晶産業の中国投資の規制緩和も行われている。さらに，陳水扁政権までは中国からの投資受け入れは，厳しく制限され事実上不可能に近い状況にあったが，馬政権になり 09 年 7 月に中国資本による台湾投資規制が部分的ながらも緩和され，資本参加を通じた中台間のアライアンス促進などが目論まれている（伊藤，2011，交流協会，2011）。11 年 1～8 月の時点で対中貿易依存度は 22.9% に達するなど（台湾経済部国際貿易局推計値），台湾と中国との経済連携は密接となった[7]。これらの対中経済交流規制の緩和に加えて，馬政権の対中経済交流拡大策の柱に据えられたのが ECFA である。

2-2．ECFA 締結の決断と課題

2010 年 6 月，中国重慶市で，海峡交流基金会（台湾）の江丙坤董事長と海峡両岸関係協会（中国）の陳雲林会長が ECFA に署名した。政治的対立を抱える台湾と中国が，漸進的とはいえ合意に基づき通商面での優遇措置を互いに与え合いはじめたことは，非常に大きな意味をもつ。

ECFA の主な目的は，(1) 中台間の経済，貿易，投資協力の強化と促進，(2) 中台間の物品・サービス貿易の自由化促進，公平・透明・簡便な投資とその保障メカニズムの構築，(3) 経済協力の領域の拡大と協力関係の構築，の 3 点である（交流協会，2011）。ECFA 本文は，5 章 16 条で構成されており，内容は，(1) 総則（関税・非関税障壁の削減，サービス貿易の制限緩和，投資保護の提供，

7　かつて台湾では対中貿易依存度 10% が警戒水準とされていた。

産業交流促進），(2)貿易と投資（関税低減・撤廃，原産地ルール，税関手続きの協議，サービス貿易，投資保障機構や投資関連規定の透明性），(3)経済協力（知的財産権保護と協力，金融分野での協力，貿易の促進と利便性向上，税関業務協力，電子取引の協力，産業協力戦略の研究，中小企業同士の協力，経済貿易団体の相互事務所設置），(4)アーリーハーベスト（早期関税引き下げ品目・開放項目リスト），(5)その他（紛争解決手続きの早期確立，両岸経済合作委員会設置）などからなる（交流協会，2011）。以後は，半年に一度開催される両岸経済合作委員会でさらなる議論がなされることになっており，2011年1月6日に同委員会が組成され2月22日には第1回の例会が開催されている。これを通じて，より自由化・協力・紛争解決の面でレベルの高い取り決めに発展させていくことが目標とされている（交流協会，2011；伊藤，2011）。

このようにECFAには段階的に協議・実施が継続していく内容も多く含まれるが，一方で一部の品目に対する関税引き下げやサービス貿易の開放がアーリーハーベスト項目として定められている（関税引き下げリストは2011年1月1日から，サービス貿易の開放は10年10月以降順次実施されている）。ECFAの議論の中で，中台，および両者の企業と取引のある企業から最も注目されるのは，このアーリーハーベスト条項である。11年時点の取り決めではアーリーハーベストとして，農産物，石油化学製品，機械，紡織品，輸送機器などを中心に，中国側が539品目の台湾製品を，台湾側が267品目の中国製品を対象品目に指定している(2009年時点のHSコード分類に基づく品目数)。一目でわかるように，品目数では中国側が開放している数が2倍ほど多い。輸入総額で見ればこの差はさらに広がる。中国側にとっては2009年の台湾からの輸入総額の16.1％に当たる約138億ドルが対象であるが，台湾側にとっては09年の中国からの輸入総額の10.5％に当たる約29億ドルに過ぎず，その差は約4倍以上であった。このようにECFAでは台湾側に有利な条件が並べられている。

さらに具体的な対象品目は，中国側が鉱工業品521品目（石油化学88品目，機械107品目，紡織136品目，輸送用機器50品目，その他140品目），農産物18品目（活魚，バナナ，メロン，茶葉など），サービス業11項目（会計簿記サービス，パソコンサービス，自然科学等研究開発，会議サービス，設計サービス，映画放映，病院サービス，航空機メンテナンス，保険業，銀行業，証券

業）であり，一方の台湾側は鉱工業品267品目（石油化学42品目，機械69品目，紡織22品目，輸送用機器17品目，その他117品目），サービス業9項目（研究開発，会議サービス，展示サービス，特製品設計サービス，映画放映，ブローカーサービス，運動レクサービス，空運サービス電子化，銀行業）となっている（交流協会，2011）。

このように，アーリーハーベストにおける開放度が異なるという意味において，ECFAは台湾に有利な片務的取り決めになっている。しかし，「双方間の実質的な数多くの製品貿易の関税と非関税障壁を段階的に軽減あるいは除去する」，「双方間の多くの部門に関わるサービス貿易の制限的な措置を段階的に軽減あるいは除去する」との規定に基づき，より自由化が進められるにつれ，また，WTOのEPA/FTAに関する規定に準拠する形でそれが進められていくのに伴い，こうした片務性は薄れていくことになるだろう。

日本や韓国が中国とのEPA/FTAを締結していない現況において，ECFAの締結は「台湾を中国とそれ以外の国を結ぶ経済的なハブにする」という台湾政府の戦略実現にとって有利な状況を作り出している。ただし，現時点では，台湾産業界の期待ほどにはECFA拡充が進んでいない。液晶パネルや自動車など多くの重要品目が中国側のアーリーハーベスト品目に含まれず，関税撤廃のめどがたっていない。[8] 液晶パネルは半導体と並ぶ台湾の主要産業である。ECFAの交渉において，台湾の液晶産業界は液晶パネルがアーリーハーベスト品目に入ることを強く要望していた。液晶パネルの対中輸出においてゼロ関税が実現すれば，パネル工場の中国移転による台湾産業の空洞化の懸念が避けられると台湾側は考えていた。しかし，最終的に対象品目に含まれたのは光学用プラ原料やガラス基板などの部材のみであった。ガラス基板は，全てのメーカーが日本・アメリカ系企業であるので，ガラス基板生産を台湾に誘致できる可能性があるが，それ以外にはECFAの恩恵を受ける要素は少ない。光学用プラ原料では，台湾で製造した原料をゼロ関税で輸出し，中国で光学部品の生産に用いるという可能性はあるが，その場合にも光学部品製造設備などの技術流出の懸念があるので，台湾企業は原料の状態での輸出には消極的である。また，日本や韓国の液晶パネルメーカーは中国での生産を進めているが，液晶パ

---

8 『日本経済新聞』，2011年9月13日，朝刊。

ネルがアーリーハーベストに含まれなかったことによって，台湾企業もパネル工場の中国移転を行う必要が生じるなど，ECFA 前と変わらず日韓と同等の条件での競争にさらされることになる（交流協会，2011）。

　こうした問題が残るものの，総じて台湾企業は，中国と EPA/FTA を締結していない日本や韓国などと比べて有利な条件で対中輸出や対中投資を行うことができるようになる。またゼロ関税が適用されることで，台湾で中国製品を安く入手できるようにもなる。加えて，部分的ながらも中台双方向で投資に関する自由化が進むことによって，中国との戦略的提携に有利な環境が形成される。今後交渉が進展すれば，これらのメリットはさらに拡大することが期待される。さらに，将来的には ASEAN 諸国に日本，韓国，中国を加えたいわゆる「ASEAN+3」による自由貿易協定の締結が模索されているなか，ECFA を推進しない場合，中国が台湾と他国との EPA/FTA 締結に対する牽制を続け，台湾が東アジア地域経済貿易から孤立するリスクもある（交流協会，2011）。

　これまで台湾の産業界・企業の視点で ECFA のメリット・デメリットを論じてきた。次節では，日本企業にとって ECFA 後の台湾と中国との関係がどのような影響をもたらすのか，日本企業へのアンケート調査の結果をもとに分析する。

3．ECFA 後の台湾に対する日本企業の意識

　ECFA は台湾と中国との間の取り決めである。「合意は第三者を害しもせず益しもせず（*pacta tertiis nec nocent nec prosunt*）」の法原則からすれば，日本や日本企業は ECFA から良くも悪くも直接的な影響を受けない。しかし，ECFA は台湾や中国の企業の経済活動や企業戦略に大きな影響をもたらすものであり，経済的に台湾や中国と密接な関係にある日本の企業は，間接的にしても，相当大きなインパクトで ECFA の影響を受ける可能性がある。以下では ECFA 体制のもとで日本企業がとるべき方策を探る前に，日本企業の ECFA に対する現状認識を確認する。

　交流協会は，ECFA の日本企業への影響度の調査を野村総合研究所に委託した。聞き取り調査は，2010 年 10 月末から 11 月中旬までの間に日本企業 20 社（製造業 11 社，非製造業 9 社）を対象に行われた。製造業の内訳は，IC・

LCDが6社，IT・家電が3社，自動車が1社，繊維が1社である。非製造業の内訳は，商社が2社，飲食・小売・流通が3社，金融・不動産・サービスが4社である。また，回答者は日本本社の中国・台湾事業の担当者であった。この調査は比較的小さなサンプル数であるが，ECFAに対する日本企業の意識についての定量調査はこれまでほとんど行われておらず，日本企業のECFAに対する意見を集約した貴重なデータであるといえる。この調査結果は『両岸経済協力枠組取決め（ECFA）の影響等調査報告書』として2011年2月にまとめられている。

　結論から述べると，日本企業はおおむねECFAを好意的に捉えており，中台両岸の投資・貿易の促進は，日本企業にとってもプラス材料が多いと認識していた。[9] 例えば，対象企業の60%（12社）がECFAには良い影響があると捉えており，ECFAをビジネスチャンスとして捉えている企業は75%（15社）に上った。

　ECFAによる良い影響の理由としては，多い順に「関税引き下げによる台湾拠点の対中輸出増」，「中国製品・部品の台湾への輸入緩和」，「中国製品・部品の価格低下による台湾における生産コスト低下」などが挙げられていた。日本企業は，関税引き下げと輸入品目の緩和によるメリットに期待を寄せているといえよう。

　さらに85%（17社）がECFAによって日台アライアンスが活発化すると考えていた。[10] 多くが，台湾企業との合弁や業務提携を通して台湾「以外」での事業展開を目指している。つまり，ECFAを契機に，日本企業は台湾から中国の既存，および新規取引先への輸出拡大を図るなど，台湾拠点の拡大・機能変化を検討している（なかには既に実施済み，ないし意思決定済みという企業もある）。実際のところ，中国市場においては日本企業単独で進出するよりも日台アライアンスを利用した方が，生存率が10%程度高い（Ito, 2009）。日本企業が台湾企業とのアライアンスを行う理由としては，「信頼性」，「ビジネスセンス（マーケティング能力や国際性）」，「技術力」，「補完性」，「相手先の台湾

9　ただし，日本企業が蚊帳の外に置かれて，台湾企業と中国企業の関係が進展していくことには注意を払っているようである。
10　調査時に日台アライアンスを実行していたのは，対象企業の45%（9社）であった。

企業が中国に進出していた」などが挙げられている[11]。

　以上のような ECFA に関する日本企業の態度は，同じ東アジアの経済大国である韓国のものと大きく異なっている。2009 年 5 月 30 日に韓国の朝鮮日報は「韓国を猛追する中国と台湾」と題したコラムで中台経済の一体化をチャイワン（チャイナ＋タイワン）と表現し，韓国企業にとって脅威であると指摘している。中国の環球時報も同日に朝鮮日報の報道を紹介し，韓国の IT 企業が中国・台湾企業に押され気味であると報じた。

　チャイワンに関しては，調査対象企業 20 社のうち 70％（14 社）が東アジア経済への影響の可能性を指摘し，うち 7 社が「対応が必要」と回答しているものの，韓国におけるチャイワン脅威論に比べると日本企業の意識は楽観的に過ぎるようにも思える。実際，60％（12 社）の企業は，理由は別として「対応の必要性を感じていない」と答えている。さらに報告書は日本企業がチャイワンを「台湾を起点とする中国ビジネスの展開」や「台湾企業とのアライアンスによる中国事業展開」を検討する際のプラス材料と捉えていると分析している。

　このような日本企業の認識の背景には，日本企業と台湾企業の経営資源が相互補完関係にあるということが考えられる。次節では，日台アライアンスに関する既存研究をレビューし，その上で日本企業と台湾企業の相互補完的な能力がそれぞれどのようなものであるのかについて考察する。

4．日本と台湾の相互補完性と東アジア諸地域の役割分担

4-1．日台アライアンスによる中国市場戦略に関する既存研究

　日本企業と台湾企業の協力そのものは決して新しいことではない。東西冷戦下，日本は西側諸国の一員として，積極的に台湾への投資や技術移転を行ってきた。近年はさらに発展して，日本企業の国際展開の際に，台湾企業とともに第三国の市場を開拓していくという形態も提案されるようになった（林・陳，2011）。例えば『日経ビジネス』を遡ってみると，1970 年の記事において既に，日本企業と台湾企業が協力して共に東南アジア市場へ進出するという記述が見

11　これより，日本企業は「意図に対する信頼」，および「能力に対する信頼」に基づいて提携関係を結ぼうとしていると考えることもできる（真鍋，2001；山岸，1998）。

られる（1970年11月2日号）。また，92年9月28日号でも，80年代に起こった第一次中国投資ブームで失敗した企業が，再度投資を考える際に，合弁相手として中国市場をよく知る台湾や香港の企業との提携もあり得るという見方を示していた。

近年では，例えば前節で紹介した交流協会（2011）の報告書は，日本企業が総体的に高価格帯ラインの生産を担当し，台湾企業や中国企業が価格帯の低いラインの生産を担当することによって国際的市場で競合せず，国際分業の理想型となりうると述べている。日本に高価格帯のラインを残すことができれば，国内製造業の空洞化をある程度回避できることが指摘されている（天野，2005）。また伊藤（2010b）は，レオンチェフの逆行列を用いて，中国企業が台湾からの調達を増やせば，日本企業はその恩恵を受けやすく，「三方良し」の関係が生まれる可能性を明らかにした。

そして，日本企業と台湾企業の相互補完性に関連する研究には次のようなものがある。まず，伊藤（2005）は台湾企業が中国において(1)市場開拓・販売拡大，(2)部品調達，(3)情報収集・トラブル解決といった面で優位性を有すると述べている。天野（2007）は，(1)潜在市場開拓型の海外投資，(2)顧客企業のビジネスシステムへの浸透，(3)台湾型分業・協業システムの海外移管と集積化，(4)自律と分散の組織運営を台湾企業の強みとして挙げている。そして朱（2005）は，日本企業が(1)基礎研究，(2)優れた品質，(3)厳密なプラニング，(4)世界的ブランドの優位性をもつ一方で，台湾企業は(1)製品応用，(2)コスト抑制，(3)素早い対応，(4)中国市場での先発優位性といった特徴があるとしている[12]。これらの研究は，台湾企業がもつ全般的な組織能力と特徴を元にした議論であった。以下では，ビジネス・アーキテクチャーの視点から，日台企業の相互補完性の本質を明らかにしたい。

4－2．製品アーキテクチャーと製品コンセプトの多様性への対応

ここでは日台アライアンスの根拠となる相互補完性について，製品開発論におけるアーキテクチャーの概念を用いてその特徴を述べていく。アーキテク

---

[12] 朱（2005）はこの他に台湾を中華圏のテストマーケットとして活用することにも言及している。

ャーとは，製品であれば，製品を様々な技術や部品から構成されるひとつのシステムとして捉えた時の技術や部品同士の組み合わせ方である。Henderson and Clark（1990）は，アーキテクチャーの大きな変化が非連続なアーキテクチュラル・イノベーションをもたらすことを示し，製品開発におけるアーキテクチャーの重要性を指摘した。

　一般的にアーキテクチャーに関しては2つの分類の軸がある。ひとつはインテグラル型（すりあわせ型）とモジュラー型という分類である。インテグラル型は技術や部品間の複雑な調整を伴う。モジュラー型は，ひとまとまりの部品をモジュールとして独立性を保ち，モジュール間のインターフェイスの仕様（デザインルール）を事前に取り決めておくことで，モジュール間相互の調整を伴わない。もうひとつは企業が開発したアーキテクチャーを企業内に留めるクローズド型と，企業間でアーキテクチャーを共有し分業を容易とするオープン型という分類である。

　また，製品のアーキテクチャーはそれを開発する組織構造のアーキテクチャーにも対応する（延岡，2006）。例えば，インテグラル型の製品開発を得意とする日本のエレクトロニクス企業は一般的に内部の組織も調整型であるのに対し，高度なモジュラー型開発を特徴とするエレクトロニクス産業では，1社1技術（あるいは1部品カテゴリー）に特化した中小企業がクラスターを形成していることが多い（長内，2007）。

　交流協会（2011）では，台中間では台湾が相対的にハイエンド製品を，中国がローエンド製品をそれぞれ生産するという役割分担がなされ，ハイエンド製品は台湾から中国へと関税が減免されて輸出されるというモデルが描かれている。しかし，台湾のものづくりの特性を考えると，台湾と中国は必ずしもきれいな棲み分けができるとは限らない。台湾の強みは，個々の企業が個別の技術や部品レベルの事業に特化し，それらを企業の垣根を越えて効率的に組み合わせるモジュラー型の事業システムを採っているところにある（長内，2007, 2009）。このモジュラー型の特性は中国のエレクトロニクス産業にもあてはまる。豊富な労働力と資金，巨大な市場の存在を考えると，同じビジネス構造（アーキテクチャー）を採るのであれば，将来的によりスケールの大きい中国が台湾を追い抜き，将来的に中国にとってチャイワンが不要となる状況が生まれるかもしれない。

一方，日本のエレクトロニクス産業も日本でハイエンド，中国・東南アジアでローエンドという棲み分けをねらっているが，日本はモジュラー型の効率の良いものづくりを行う能力が台湾や中国に対して相対的に劣っている[13]。このように，製品とそれに対応する組織のアーキテクチャーに違いがあり，互いに補完関係にあることが日台アライアンスの妥当性のひとつの根拠といえよう。

　さらに，日台アライアンスの相互補完性に関して，もうひとつ妥当性の根拠を挙げることができる。つまり，日本企業の1st moverとしての製品コンセプト創造力と，台湾の2nd moverとしてのフォローアップ能力の相互補完性である。冒頭でも述べたように，日本のエレクトロニクス産業は，機能的価値の頭打ちに直面している。これまでエレクトロニクス産業で機能的価値以外の価値向上が重視されてこなかったのは，同産業は相対的に技術やアーキテクチャーの変化が激しく[14]，日本の統合型能力の高さゆえに次々と機能的・性能的進化による顧客創造が可能であったからである。しかし，過度の機能的価値向上競争は，結果として日本製品の過剰品質や日本市場のガラパゴス化を招いた。過剰品質とは機能・性能とコストのバランスがとれていない状態であるが，製品システムの全てを統合的に作ろうとするために効率よく外部資源を活用することができないというインテグラル型の問題点も原因にある。

　そして，日本企業の不振は，日本企業の新しい製品コンセプトを創造する能力が落ちたからではなく，新たなコンセプトが生み出す価値とコストとのバランスが悪く，価値創造はできても価値獲得ができないことに拠るものである。例えば，パナソニック・東芝の提案を中心に規格化された再生用DVDは，全世界で普及しているにもかかわらず，市場シェアは早期の内に台湾・中国企業

13　日本や韓国のエレクトロニクス産業はパナソニックやソニー，サムスン電子，LG電子など総合エレクトロニクス企業を中心として成り立っている。これらの企業は組織内で製品システム全体をインテグラルに開発することの方が得意である。

14　例えば，自動車産業ではハイブリッド車やEV（電気自動車）の登場まで，ガソリンエンジン，ブレーキ，サスペンションなどの基本技術や製品アーキテクチャーは連続的なイノベーション上にあったが，エレクトロニクス産業では，オーディオであれば，レコード，テープ，CD，MD，MP3，テレビであれば，ブラウン管，PDP，LCDのように，従来の技術やアーキテクチャーとは非連続なイノベーションが度々生じてきた。延岡（2011）は，技術や製品アーキテクチャーの変化が少ない産業の方が，機能的価値よりも意味的価値の創造を相対的に重視すると述べている。この意味で，エレクトロニクス産業では機能的価値の創造が進められてきたといえる。

に奪われてしまった。液晶テレビもシャープが長年にわたり液晶の研究開発を続けてきた成果であるが，2011年の時点で既に液晶パネル，液晶テレビともに市場シェア世界第5位に甘んじている。

　こうした状況を脱却するひとつのヒントは，アップルのiPodやiPhone事業にあるとされる。延岡（2011）はアップルのこれらの製品を意味的価値創造に成功した事例として紹介している。しかし，アップルの製品がいかに意味的価値をもっていたとしても，その製品価格が顧客の支払い意思額（willingness to pay）とマッチしていなければ，現在ほどの成功には結びつかなかったのではないだろうか。周知のように，アップルは，自らは製品コンセプト，デザイン，およびユーザーインターフェイスも含めたソフトウエア技術の開発に特化し，ハードウエアの設計・製造は，台湾のODM（設計・製造委託）を活用している。外部資源を活用しながら，製品コンセプトの独自性，一貫性に関わる部分については内部資源によって実現するというのがアップルの開発スタイルであり，同社の成功要因であるといえよう（長内，2010c）。

　アーキテクチャーの観点では，日本と韓国がインテグラル型，台湾・中国はモジュラー型と分類できるが，製品コンセプト創造の観点でいえば，日本は1st moverであるが，韓国は台湾・中国と同様に2nd moverである。2nd moverとしての韓国と台湾・中国の違いは，台湾が先発企業のコンセプトや技術の範囲内で開発効率や生産性を磨き上げて競争力をつけるのに対し，韓国は初期においては先発企業の模倣を行いながら，次第にインテグラル型の組織能力を活かして独自の製品進化を行う点にある。近年の事例でいえば，iPhoneのコンセプトはアップルが産み出し，1st moverとしてスマートフォン市場に新たな顧客価値を創造した。サムスン電子は2nd moverとして参入した後，新たに解釈した製品コンセプトや独自の技術開発によってGALAXYシリーズを開発し，アップルに肉薄する勢いをつけている。日韓の違いを端的に述べれば，日本企業が闇雲に技術開発を進めるのに対し，韓国企業は市場を見極めながら内部資源を効率よく活用している。このことが同じインテグラル型の特徴をもちながら日本企業と韓国企業で明暗がわかれている理由であろう。[15]

15　日本における例外的な成功事例としては，WiiやNintendo DSが挙げられる。任天堂はエレクトロニクス技術そのものは保有していないが，新たな製品コンセプトを実現するために外部の資源を活用し，効果と効率を両立させて市場で成功を収めている（延岡，

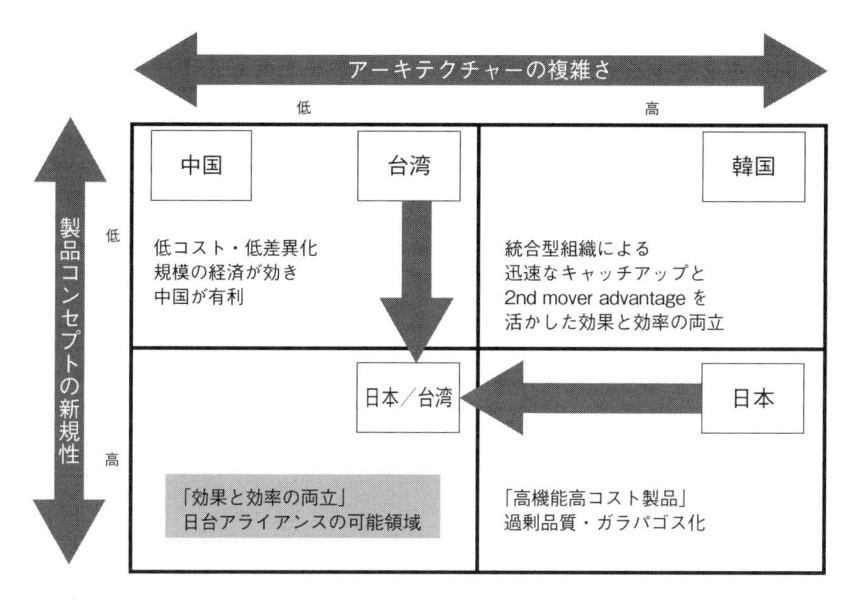

図11-1. 日台韓中における製品コンセプト・製品アーキテクチャー特性の差異

　そして，アーキテクチャーと製品コンセプトの先発・後発という2軸で日本・台湾・韓国・中国の違いを示したのが図11-1である。モジュラー型で後発優位を最も実現できそうなのは，市場・労働力ともに豊富な中国であろう。韓国はインテグラル型の効果的開発と後発によるリスク低減のバランスが良い。一方，日本はこれまでインテグラル型で先発優位をねらい続けてきた。しかし，ここまで論じてきたように，日本は従来の開発スタイルが通用しなくなり，機能的価値の頭打ちによるコモディティ化に直面している。台湾もまた，中国経済の台頭によってこれまでの優位性が脅かされてきており，近年ではASUSのネットブックやHTCのスマートフォンのように，先発による高付加価値戦略を模索する企業が現れてきている。すなわち，日本企業が台湾のようなモジュラー型の効率性を必要とするのに対し，台湾企業は日本のような製品コンセプト創造能力を求めている。日台アライアンスの相互補完性は，図11-1の

2011）。

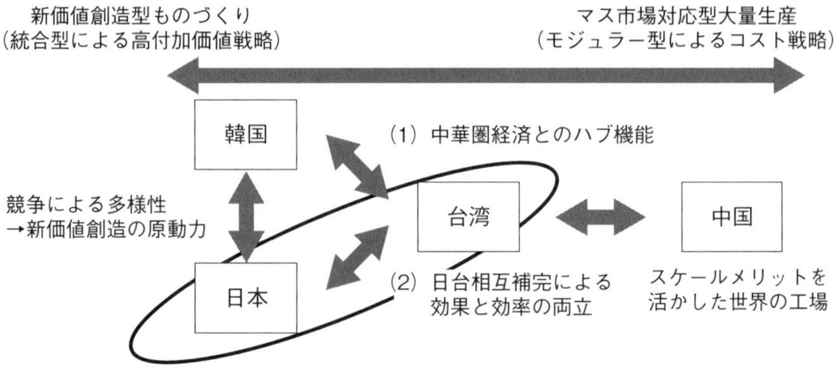

```
新価値創造型ものづくり                    マス市場対応型大量生産
(統合型による高付加価値戦略)              (モジュラー型によるコスト戦略)
←─────────────────────────────────────────→

                    ┌──────┐
                    │ 韓国 │    (1) 中華圏経済とのハブ機能
                    └──────┘
  競争による多様性      ↕      ┌──────┐              ┌──────┐
  →新価値創造の原動力          │ 台湾 │  ←────→     │ 中国 │
                               └──────┘              └──────┘
                    ┌──────┐                        スケールメリットを
                    │ 日本 │    (2) 日台相互補完による   活かした世界の工場
                    └──────┘        効果と効率の両立
```

図11—2. 世界のものづくり拠点としての東アジアの競争と協調

左下の象限に見いだすことができる[16]。

　コストを低下させながら顧客に大きな価値を提供することで最大の利益を得るという戦略は，日本企業がこれまで真似したくても実行できなかったものである。そしてこの戦略は台湾企業も単独では遂行することができない。新たな価値創造につながる製品コンセプト創造とモジュラー型の効率性を両立しうる事業においては，日台アライアンスを駆使するべきであると考えられる。さらにいえば，これは，東アジア地域全体の多様性と補完性にも貢献しうる。つまり，日台アライアンスによって日本企業が最終製品市場でのプレゼンスを取り戻し，韓国企業と競争することでより健全な競争環境につながると考えられる（図11－2）。

　ここで留意されたいのは，これまで述べてきた低コストは低価格と同義ではないということである。iPhoneのようなタッチパネル・スマートフォンと，かつて日本で主流であった折りたたみ式携帯電話では，前者の方が先進的な製品形態というイメージがあるだろう。しかし，スマートフォンの製品形態は，折りたたみヒンジの機構や折りたたみ部分に用いるフレキシブル基板，テンキーのスイッチ機構などが省けるため，折りたたみ式よりも部品点数を減らすことができる。

16　これらのことは，台湾が中国と日本の構造的空隙に位置する仲介者（Burt, 1992）であるという視点からも説明できる（長内・伊吹・中本, 2011）。

```
    台湾  ──組み合わせ能力学習──→  日本
「つくり方」の能力              「製品コンセプト」能力
効率的ものづくり ←──         効果的ものづくり
           日本の製品コンセプト
              能力の活用
    ↑                              ↑
 組み合わせ                    すりあわせと
                           卓越した製品コンセプト
```

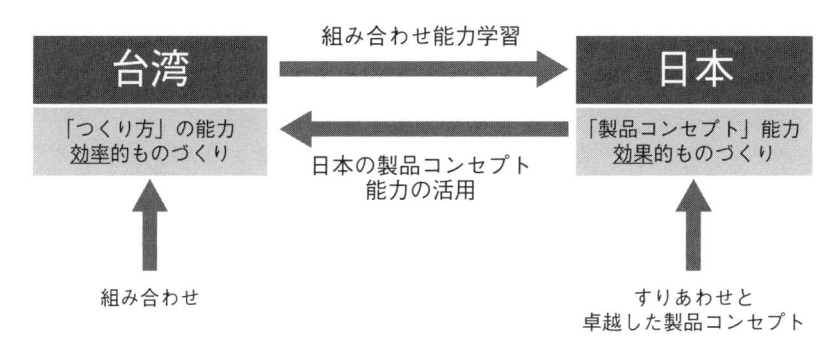

図11-3. 組み合わせとすりあわせ　相互の取り込み

　こうした価値を毀損しない（むしろ向上させる）低コスト化は，経験豊富な台湾企業の得意分野であり日本企業は学ぶことが多い。日本企業は「安かろう，悪かろう」のローエンド商品を台湾に任せ，その見返りに日本のものづくりを台湾企業に教えてやろうという高飛車な態度を決してとってはならない。台湾の効率化の技術やノウハウは，日本企業のハイエンド商品にも活用できるものである。

　また，日台アライアンスは，日台の同質化を意味するものではない。換言すれば，日台アライアンスによる日本企業のモジュラー型開発への対応は，完全なモジュラー型への移行を意味するものではない。アーキテクチャーには階層性があり，最終製品の性質がモジュラー型であるからといって，そのサブシステムであるコンポーネントのアーキテクチャーもモジュラー型であるとは限らない。反対に，モジュラー型の汎用製品に独自の改良を加えることで，低価格な汎用品をベースにインテグラル型の独自製品を開発することも可能である[17]。統合とは完全な同質化を意味する融合（fusion）ではなく（Iansiti, 1993），互いの違いを前提に両者の長所を組み合わせて競争優位につなげるための調整である。日本は日本の，台湾は台湾の，それぞれがもつこれまでの強みを磨きながら，できるところで協力することが望ましい。日台アライアンスは，モジュラーの中にインテグラルを埋め込む戦略の実践プランといえるのである（図11-3）。

17　例えば，台湾メーカーのデジタルプロセッサに日本企業独自のアルゴリズムを搭載したテレビ用画像処理プロセッサなどが挙げられる（長内，2009）。

5．むすび

　本章では，ECFA をめぐる日中台の経済関係と，そこでの役割について議論してきた。その結論は次の2点である。第1点目は，何を残し，何を任せるのかという基準に関して，新たな製品コンセプトの創造が求められるような領域は，日本の巧みなすりあわせ能力を活かして，これからも強みとしていくという点である。第2点目は，技術的な難易度は低いが，日本企業のブランド力やコンセプト創造力を活かすことができる領域については，日台アライアンスを活用するべきであろうという点である。

　しかしながら，日台アライアンスにも日本企業の立場を危うくしかねない懸念材料がいくつかある。例えば，伊藤（2010a, 2010b）は，台湾と日本の対中輸出品目が類似していることが，長期的には競合度の高まりに繋がる可能性を孕んでいることを指摘している。また，台湾企業が日本企業と長年提携関係を結ぶことにより，その間に日本企業の組織能力を学習し，代替してしまうという，Hamel（1994）がいう学習競争的状況に陥ることも考えられる。日本政府，および企業はこのようなことにも一定の注意を払う必要がある。

　最後に，日本の交流協会と台湾の亜東関係協会との間で，ECFA とは別個に「日台民間投資取決め（投資の自由化，促進及び保護に関する相互協力のための財団法人交流協会と亜東関係協会との間の取決め）」という実質的な投資協定の協議が行われ，2011年9月に締結している。日台民間投資取り決めでは，「投資家の内外無差別待遇」が定められ，日台間での投資の内国民待遇，最恵国待遇の付与が双方の合意の下で明文化され，紛争処理メカニズムの整備がより進んだ。これにより，台湾内での事業を目的とした対台湾投資はもとより，第三国，地域，とりわけ中国への進出の足がかりとして台湾を活用する場合においても，日本企業にとってより安全，安心な環境が整備されたということができる。

　日本と台湾は正式な国交こそないものの，古くから経済的関係の歴史がある。また，東日本大震災に際して台湾で突出した額の民間義援金が集まったように，文化的な交流も大変良好な関係にある。本章で示したように日本と台湾はそれぞれ相互補完的なものづくりの特性をもち，日台アライアンスは日本のエレク

トロニクス産業再興の足がかりとして有望なオプションといえる。ただし，このオプションには有効期限がある。日本は早期に重篤な NIH 症候群ともいえる自前主義を捨て，その一方で従来からの強みの蓄積を続け，日本と提携することのメリットを，台湾をはじめとする諸外国のパートナー企業に示す必要がある。日本の産業がこれ以上弱体化して統合型ものづくりの蓄積まで失ってしまってからでは，相互補完的なメリットを海外に対して示すことができなくなってしまう。

終章

東アジアエレクトロニクス産業の競争と協調にむけて

神吉直人・長内　厚

1. 各章の要約

　本書では，台湾エレクトロニクス産業について，その発展の要因と過程をそれぞれのトピックの観点から記述してきた。本書を締めくくるにあたり，一度ここまでの各章で展開した議論の結論を振り返ってみたい。

　第1章で本書の問題意識を提示した後，第2章では台湾の発展史を概説し，台湾エレクトロニクス産業がどのようにして現在のモジュラー型産業構造を確立したのかについて，マクロな視座から考察した。聞き取り調査の結果，独立独歩を志向する台湾人の気質，大陸中国との継続的な緊張関係，および中国との関係に伴う台湾というレジームの不確実性などが背景にあることが明らかになった。台湾産業の発展は，いわば環境の制約に対するある種の危機感の産物といえる。そうして生まれたモジュラー型産業構造は，もはや台湾のお家芸ともいえるプレゼンスを世界的に示している。

　次いで第3章では，台湾エレクトロニクス産業の基礎ともいえる半導体産業の黎明期にその育成の中心的役割を担ったITRIの働きを描いた。台湾経済の一大転換期は，1970年代から80年代にかけて，政府主導による半導体産業の創出が行われた時期に認められる。公的な独立研究機関であるITRIは，新竹サイエンス・パークにおいて，半導体の技術開発の中心にあった。そして，製品開発を担ったファブレス企業，製造担当のファウンドリーと合わせて，ひとつのR&Dシステムとして機能する分業構造を形成した。そこでのITRIの特色は，事業化を見据えた研究を行い，技術と事業を統合したことに認めることができ，これは優れた事業成果を台湾にもたらした。

そして，続く章では個別の産業のさらに具体的な事例にフォーカスし，台湾エレクトロニクス産業の特徴をそれぞれの領域から描き出すことを試みた。第1章と第2章でみたモジュラー型構造，分業構造によって成立するのが EMS（ODM および OEM）である。現在，世界のパソコンやデジタル家電の生産において，台湾 ODM モデルは欠かせない存在であることはいうまでもない。第4章では，台湾の ODM ビジネスが通常の委託生産取引とは異なる，傑出した存在となった鍵をプラットフォーム・ビジネスとの関係に求めた。台湾エレクトロニクス産業は，プラットフォームの利用者と提供者という2つの役割を演じることで，現在の地位を築き上げることに成功した。なお，台湾の ODM ビジネスの登場は，世界的にエレクトロニクス技術のデジタル化が急速に進んだ時期とちょうど重なる。デジタル化は基本性能の飛躍的向上をもたらしたが，一方で，モジュールの外販の拡大による参入障壁の低下や，機能的価値の頭打ちも伴った。結果，コモディティ化が助長され，今日，各国のエレクトロニクス企業はさらなる製品開発の効率化が求められるようになっている。こうした現状の前史として，本章の内容は重要である。
　第5章以降は台南サイエンスパークを中心とした台湾の FPD 事業について論じる。
　第5章は，台南サイエンスパークにおける奇美電子（CMO（創業当時））の液晶パネル事業を紹介した。CMO のモジュラー型液晶パネル開発は，日本の部材メーカーの統合型製品開発を取り込むことで成立したが，その裏には，CMO の創業者である許文龍氏の働きがあった。彼を中心とした奇美グループは台南地域と強く結びつく一方で，日本の産業界とも協調的な関係を構築していた。つまり彼らは日台双方のネットワークの中心に位置する，ブローカーとして機能することができた。許文龍氏は，日本の部材・設備メーカーに台南サイエンスパークへの投資を促し，CMO を中心とした設備・材料から完成品に至るまで内製可能なサプライチェーンを構築した。そして，それを中心として台南サイエンスパークには液晶産業集積が形成された。
　続く第6章では，前章の台湾での液晶パネル産業集積発展の議論をふまえて，台湾液晶産業の急成長期における日本企業との技術提携パターンと技術移転の成否の関係について，AUO，CMO，および HannStar に対しての聞き取り調査を中心に考察した。IMF 通貨危機による環境の変化を契機に，台湾企業は技

術提携によって日本からTFT液晶の量産に関する技術を学習した。先行していた半導体のファウンドリーで育んだキャッチアップ能力と，オペレーションの管理により工程技術を使いこなす生産オペレーション能力が，この技術移転に際して吸収能力として働いた。さらにセカンド・ムーバー戦略や迅速な意思決定による投資戦略も同産業の環境特性に極めて整合的であり，結果，技術移転の後押しをしていた。

第7章では，逆に，台湾PDP産業の失敗事例を紹介した。PDPはTFT液晶と類似の製品であり，ともに日本から台湾への技術移転が行われたが，これらの技術導入の成果には明確な差が生じた。これは，TFT液晶の技術移転が，提携先の日本工場での現場研修を経て行われたのに対して，PDPではノウハウ秘匿などのためにそうした過程を経なかったことによる。PDPの製造には，マニュアルでは説明しきれない，いわゆる暗黙知が多く関わる。そのようなものの移転には，教える側と学ぶ側のコミットメントが継続的に深まるような移転モードの選択が必要であり，その選択は成否に大きく影響することになる。

要素技術としての液晶パネルに続いて，第8章は，リアル・オプションの議論を用いた，最終製品である液晶テレビの製品開発の事例であった。対象は奇美グループである。奇美（CHIMEI）は日本ではあまり知られていないブランドであるが，台湾の液晶テレビ市場ではトップクラスのシェアを占めている。一般に，台湾エレクトロニクス産業は部品・コンポーネント事業を中心に発展してきており，顧客ニーズという不確実性への対応は不得手である。しかし，奇美グループは垂直統合的にビジネスを展開している強みを活かし，技術と市場に関する情報を多く保有している。そして，オプションの範囲を的確に規定し，巧みなアウトソーシングによって不確実性リスクを低減している。

企業は，直面する様々なタイプの国家特殊的優位に従って異なる能力蓄積を行う（藤本・天野・新宅，2007）。企業の国際競争力は，企業特殊的優位だけでなく，競争に関わる環境などによって構成される国家特殊的優位の観点から考察することも必要である。この観点から，再びマクロな視点に立ちかえり，第9章以降では制度が台湾エレクトロニクス産業に与える影響を分析した。第9章では，国防役と呼ばれる台湾独自の徴兵制度とエレクトロニクス産業の関係をみた。転職やスピンオフが盛んな台湾の労働市場は非常に流動性が高く，企業が優秀なエンジニアを社内に留めておくことが困難である。本章では，こ

の問題に対して，台湾の兵役制度のひとつである「国防工業訓練儲制度」（国防役）が，優秀なエンジニアの囲い込みに資している可能性があることを示した。国防役は，優秀な技術者を4年間，軍，政府あるいは民間企業で軍務以外の技術職に従事させる代替的な制度である。制度を利用する台湾企業と個人の双方に多くのメリットがあり，これによる人材確保が，結果として台湾の競争優位の源泉である高度なモジュラー化に結びついていた。

第10章では同じく台湾エレクトロニクス産業にかかわる制度として，半導体産業における1990年代以降の投資優遇税制を挙げ，その影響と意義について検討した。投資優遇税制は，設備投資にかかるコストを低減することで，直接的には生産要素条件を改善したり，海外の製造装置企業との交流を促進したりすることが期待される。実際，韓国の半導体産業においては，税の控除が設備投資を押し上げる効果が確認された。また，この効果には，業界標準化（インターフェイスの共通化とアーキテクチャーのオープン化）が関連していた。本章の結果から，税制のような産業政策が，企業にとって国際競争力獲得の新しい道になりうることが示唆された。

さらに，第11章では，2010年に台湾と中国の間で結ばれた貿易・投資ルールである「海峡両岸経済協力枠組取決め（ECFA）」の概要と，財団法人交流協会が行ったECFAの日本企業に対する影響調査の一部を紹介した。ECFAによって，台湾企業は日本や韓国などと比べて，有利な条件で対中輸出や投資を行うことができるようになる。また，中国企業との戦略的提携に有利な環境が形成されることも期待できる。一方日本企業もECFAを概ね好意的に捉えている。そして，ECFAを契機として日本企業は台湾企業をビジネスパートナーと捉え，台湾から中国への輸出拡大や台湾拠点の拡大・機能変化を図っていることがわかった。また，製品アーキテクチャーと製品コンセプト創造能力の違いの観点から，日本企業がそのまま強みとすべき領域と，日台アライアンスを駆使すべき領域を明らかにした。日本企業と台湾企業は，前者においては競争し，後者では協調することが望ましい。

2．日本エレクトロニクス産業への提言

第1章でも述べたが，我々が本書で台湾を研究対象としたのは，単に日本の

ライバルとしての海外産業を知ることだけが目的ではない。台湾が高度なモジュラー化という特異な産業特性を有するのとは正反対に，我が国の産業は，巧みなすりあわせのものづくりによる製品のまとまりの良さを「売り」にしている。本書の狙いのひとつは，いわば真逆の事例を見ることによって，日本産業に関する理解をより深めようとすることである。また，このように日本と台湾のエレクトロニクス産業は相互補完的な関係にあると思われる。コモディティ化の高波がさらに激しさを増している今日，効率の追求だけではこれまで同様の優位性を保てるとは限らない。本書のいくつかの章でも見たように，日本と台湾の互恵的連携は，エレクトロニクス産業が今日直面している難題を解決するひとつの方策になりうる。本書の最後は，日本と台湾のエレクトロニクス産業に向けてのメッセージで締めくくりたい。

3．1980年代の日米貿易摩擦のデジャヴ

本書の中でこれまで述べてきたように，台湾エレクトロニクス産業の強みは，徹底したモジュール化と水平・垂直双方向での分業による，極めて効率的な生産体制にある。そして，その体制の中で，自社ブランドを持たずEMSに特化した企業も数多くある。例えば，EMS世界最大手の鴻海精密工業（以下，鴻海）は，中国の工場で組み立てた製品をアメリカや日本に輸出するビジネスモデルで成長を遂げた。鴻海の代表的な取引相手にはアップル社があり，iPhoneやiPadのODM生産を受注している。

しかし近年，この強みと同じような特徴をもつ上，数倍の人口を抱える中国の台頭が著しい。中国は2010年に名目GDPで日本を抜き，世界第2位の経済大国となった。経済成長に伴って中間層人口が増大し，中国はもはや「世界の工場」というだけではなく「世界の市場」としても存在感を増している（内閣府，2011）。台湾エレクトロニクス産業は，現在のままのやり方で果たして生き残っていけるのであろうか。おそらくその答えはNoであろう。

今日，日本のエレクトロニクス産業の勢いがなくなるのと入れ替わるような東アジア諸地域の勃興は，かつての日米関係を立場を入れ替えて再現しているようにもみえる。話を数十年さかのぼると，第二次世界大戦の戦中，戦後を通じ，世界のエレクトロニクス産業の中心はアメリカであったが，そのアメリカ

のポジションを奪ったのは他でもない日本であった。かつてのアメリカ・エレクトロニクス産業の衰退と同じ道を日本も辿ることになるのであろうか。それとは「異なる道」を歩むためのひとつの方策として日台連携の可能性を考えてみたい。

　20世紀半ば以降，様々なエレクトロニクス製品が家庭の中に入り込み，人々の生活様式を大きく変化させた。20世紀に登場した家電製品の基盤技術の多くはアメリカ発であった。シャドウマスク方式と呼ばれる，ブラウン管カラーテレビの事実上の標準方式（ソニーだけが異なるブラウン管技術を採用していた）を開発したのはアメリカRCAであり，ビデオ機器やオーディオ機器同士を接続するケーブルに採用されている黄色，赤色，白色のプラグは今日でも使われ，開発企業の名を冠してRCAピンプラグと呼ばれている。ヘリカルスキャン方式という磁気テープに高速で回転する磁気ヘッドを用いて記録するビデオの原理を開発したのもアンペックス（Ampex）というカリフォルニアの企業であった。IBMは大型コンピュータからPCまであらゆる計算機を開発・製造してきた。今日のWindows PCも元々はIBMの規格（PC/ATアーキテクチャー）である。しかし，これらの製品の多くは，日本メーカーの製品に置き換わっていった。カラーテレビの累積生産量は1978年頃を境に日米逆転が生じ（新宅，1994），アンペックスが開発したヘリカルスキャン方式のビデオはオープンリール方式のため使い勝手が悪かったが，それを家庭用にカセットテープにしたのも日本メーカーであった。1970年にU規格（Uマチック）家庭用ビデオカセットをソニー・松下・JVCが規格化し，75年にはソニーがベータマックス方式，翌76年にJVCがVHS方式を開発した。VHSは家庭用ビデオのデ・ファクト・スタンダードとなり，ベータマックス方式をベースとした放送局用ビデオカセットは今日でも世界の放送局の約70％で用いられている（長内・榊原，2012）。IBMがPC/ATアーキテクチャーを開発した当初はPCといえばデスクトップPCのことであったが，東芝が85年に世界初のラップトップPCを欧州で発売し，欧米では東芝ブランドがPCのトップブランドのひとつになっていた。その後，TFT液晶，DVDドライブといった今日のラップトップPCが搭載する標準的な技術を初めて導入したのも東芝であった（白髪，2010）。PC/ATアーキテクチャーの規格提唱企業であるIBMは，その後ハードディスク事業を日立に，PC事業を中国Lenovo社に売却し，現在で

はPCを含めてコンピュータの開発製造は行っていない。テレビでも日本企業との競争に敗れたRCAは88年にフランス・トムソン社に，マグナボックス社（Magnavox）は74年にオランダ・フィリップスにそれぞれ買収された。そしてテレビを作り続けた最後のアメリカブランドといわれたゼニス社（Zenith：米語発音ではジーナス）も，95年に韓国・LG電子に買収されている。日本企業の台頭と取って代わるようにアメリカの伝統的家電メーカーはその多くが市場から姿を消している。80年代に入ると日本は半導体，PC，家電といったエレクトロニクス産業においてアメリカに変わるリーダーとなったが，20世紀の終わりをピークに衰退の一途をたどっている。日本に代わって成長してきたのが，台湾と韓国である。

ここ数年の鴻海によるソニーの欧米テレビ工場の買収や，シャープへの資本参加，韓国サムスン電子やLG電子の液晶テレビ，スマートフォンの市場シェア拡大の流れを見ていると，一見，かつてのアメリカと日本との関係が，日本と台湾・韓国の間でも再現されているようにも見える。しかし，社会現象はそれほど単純なものではない。本書のあらゆるところで日台企業の技術力と規模の相互補完性を示し，提携のメリットも議論してきたように，日台はある側面ではライバルであるが，別の側面としては互恵的なアライアンスの可能性が指摘できる。

また1980年代，アメリカ市場における日本の自動車・家電産業の台頭は日米貿易摩擦として政治問題に発展した。アメリカ自動車産業の本拠地であるデトロイトではトヨタ車を破壊する労働者デモが行われ，議会では日本を狙い撃ちにした輸入規制法案「スーパー301条（Super 301: Amending Section 301 of the trade act of 1974 in the U.S.）」が審議されていた。この時，市場で競争する日米企業は両者とも同じような組織を有していた。

つまり，GMやフォードが様々な車種の車を自社で開発，製造，販売したのと同じように，トヨタやホンダも自社で開発，製造した車を自社系列のアメリカ販売店ネットワークを通じて販売していた。家電も同様である。RCAやマグナボックスと同じように，ソニーや東芝といった日本のメーカーは自社内に研究開発，製造，販売の部門を持ち，それぞれの自社ブランドの製品を市場に供給していた。

一方，今日の台湾と日本の企業を比較すると，日本企業が主要部品の開発か

ら，最終製品の開発，販売までを自分自身で行う「垂直統合型」であるのに対し，台湾の企業は，「垂直分業型」をとっている。例えば奇美電子やAUO，Media Tekのように製品の一部の部品だけに特化して製造する企業や，自社ブランドを持たず，クライアント企業ブランドの製品の設計，生産だけを行う鴻海のように，製品の開発から販売までの流れ（サプライチェーン）の一部分だけを担当している企業からなる体制である。すなわち，日米家電戦争の時は，似たもの同士の戦いであったのに対し，台湾と日本ではそもそも競争の枠組が異なっており，異なる事業を行う企業同士では，直接的な対立は少ない。AUOとソニーはともに液晶テレビ市場に参入しているが，市場でAUOとソニーの製品が対立することはない。むしろAUOはソニーの液晶パネル供給元になっており，対立関係ではなく補完関係になっている。

4．鴻海と日本メーカーの互恵関係

本稿を執筆している2012年現在，日台アライアンスに関する最大のニュースは，鴻海とシャープの提携交渉であろう。研究書として現在進行形の事象を扱うことに戸惑いはあるものの，鴻海がエレクトロニクス産業における日台連携のキープレーヤーであることにはおそらく異論はないだろう。鴻海の郭台銘董事長は，鴻海と日本メーカーという日台連携のメリットについて「日本企業は台湾企業と協力することによって韓国企業に対抗できる」[1]，「ブランドを持つ日本企業と量産技術を持つ鴻海が組めばサムスンに勝てる」[2]などと語り，特に対・韓国サムスン電子という文脈での日台連携の重要性を強調している。さらに，その根拠となる日台企業の補完性に関して，「日台がうまく連合を組めば技術，スピード，柔軟性，品質，顧客サービスが揃う」と述べている[3]。

鴻海はすでにソニーと，テレビ生産の分野で協業を行っている。2009年にソニーはメキシコにある北米向け液晶テレビ工場の資本の90％を鴻海に売却（10％は引き続きソニーが出資），2010年3月には欧州の液晶テレビ工場のひとつ，ソニー・スロバキア（Sony Slovakia）も北米の工場と同様に鴻海90％，

1　「日台連合で韓国に対応を」『日本経済新聞』，2011年6月9日，朝刊。
2　「日台連合で成長市場攻略」『日本経済新聞』，2011年7月1日，朝刊。
3　同上。

ソニー10％の出資比率で鴻海に譲渡している。ソニーの広報発表ではいずれの工場も「現在の従業員の雇用は，そのまま鴻海グループに引き継がれ」，「ソニーの液晶テレビ生産の重要拠点という工場の位置づけは変わりません」と述べられている。1980年代の日米主役交代では，ソニーがRCAやマグナボックスに取って代わったが，鴻海によるソニー工場買収においては，市場に供給される商品はこれまでどおりソニーのままなのである。

　ソニーの工場売却の理由のひとつには，キャッシュフローの問題があったと思われる。日本では，かつて護送船団方式と呼ばれる銀行を中心とした企業グループが存在し，松下は住友銀行系列，東芝は三井銀行系列といった具合に製造業の背後にバックアップをする銀行がいた。銀行の系列下にある日本企業の特徴のひとつに株式・債権といった直接金融ではなく，系列銀行からの間接金融による資金調達が中心になっているということが挙げられる。これによって日本企業は長期的に安定した経営を営むことができた反面，新規事業への進出には銀行の了解が必要となるため投資が保守的になるという傾向も生まれた。松下，東芝，日立などの第二次世界大戦前から存在した企業の多くはこうした銀行との関係があったが，ソニーは，戦後（1946年）に創業した新興企業であったため，銀行系列に組み込まれなかった。それだけでなく，銀行はソニーなどの新興企業への融資には消極的であった。そのため，ソニーの資金調達は主に直接金融市場で行われてきた。ソニーが日本で初めてアメリカの株式市場に上場した銘柄になったのはこうした背景によるものである。資金調達の中心が直接金融の場合，ステークホルダーに対してできる限り健全な財務状況を見せ続けなければならない。新たな製品開発を行うためには短期的な利益追求よりも長期的で戦略的な開発投資が必要となるが，資金調達の面では短期的な収益性が重視されるというジレンマに立たされる。こうした事情から，鴻海への工場売却当時，日本ではソニーの工場売却はキャッシュが必要なための切り売り，という見方も存在していた。しかし，その後のソニーと鴻海の関係を見ると，両社の関係が相互補完であることがわかる。

　鴻海は，台湾でもよく知られたとおり，創業者の郭台銘氏の強いカリスマ性によって率いられた軍隊的な文化を持つ強力な組織である。こうした厳格な業務分担やルールを持つ強力な組織は，効率よく目的を遂行するタイプの製品開発に向いている（Tushman & O'Riley, 1996）。一方，ソニーは「自由闊達」

を社是としており，各々の部署やエンジニアが比較的自由に行動することが許される。それが新しい技術や商品を生み出す源泉としての多様性に結びついているが，反面で，効率性は良くない。こうしたトレードオフは一般的に言えることであり，「効果的」な製品開発組織は「効率的」でなく，「効率的」な組織は「効果的」な開発が行いにくい。こうした状況が Abernathy（1978）がいうところの「生産性のジレンマ」である。

　つまり，鴻海は目指すゴール（製品コンセプト）が明確であれば，そのために最も効率的な生産活動を行うことができる会社である。それに対して，ソニーは，製品コンセプトを産み出すのは得意だが，効率的に生産することは苦手なのである。今日，ソニーは 8 期連続の赤字を続けているが，その主な要因はテレビ事業にある。ソニーのテレビ事業は長年赤字続きではあるが，決して事業が縮小したり，衰退したりしているわけではない。ソニーのテレビ事業が最も好調だった 1990 年代後半にはソニーは全世界で年間約 1 億 2000 万台のテレビを販売し，10％台前半の市場シェアを有する世界一のテレビメーカーであった。今日，ソニーはサムスン電子，LG 電子に次ぐ第 3 位になっているが，販売台数は約 2 億台，市場シェアも 10％強である。つまりソニーが転落したのではなく，サムスン電子，LG 電子のシェア伸長が大きかったというべきである。[4]

　実は，サムスン電子，LG 電子の韓国勢にしてもテレビ事業単体では赤字といわれ，誰も勝者がいないのが今日のテレビ市場といえる。ただ，サムスン電子や LG 電子は半導体，液晶パネル，携帯電話などの高い収益によってテレビ事業の赤字を相殺しているに過ぎないのであろう。それでも両社がテレビ事業に固執するのは，テレビが家電メーカーの顔だからである。あらゆる映像コンテンツは最終的にテレビ画面に映される。シャープは日本国内で AQUOS ブランドの液晶テレビ事業が成功しているが，同時に，AQUOS ブランドをつけたブルーレイレコーダーも好調である。自宅のテレビに AQUOS を選んだユーザーは他の映像機器も同じブランドにしようするからだ。サムスン電子や LG 電子にとってもテレビ事業はプロフィットセンターではなく，むしろ広告宣伝部門同様に両社のブランド力を向上させるためのコストセンターなのかも

---

[4] 長内厚（2012）「経済教室：家電不況の教訓（上）海外主戦場から逃げるな」『日本経済新聞』，2012 年 11 月 29 日，朝刊．

しれない。

　つまり，現状ではテレビ事業は誰もが儲からないが，やめるわけにはいかないという，ある種の囚人のジレンマに近い状態にある。だからこそ，ソニーは今までの内製重視のテレビ開発から，鴻海などのODM企業を活用した効率的な製品開発へドラスティックに転換し，テレビ事業の赤字圧縮，ひいてはソニー全体の黒字化を鴻海の力を借りて行おうとしているのではないだろうか。

5．内向きな日本のエレクトロニクス産業を変える契機

　ソニーのテレビ事業における鴻海との提携にみられるような，東アジア諸地域の外部資源の活用事例は，垂直統合を是としてきた日本企業ではむしろ珍しいケースといえるかもしれない。同じソニーがサムスン電子と液晶パネル事業で提携したときも，国内の反応は概ね技術流出を懸念した否定的なものであった。現在，交渉が進むシャープと鴻海の交渉も長引いており，後から交渉を始めた米国企業の資本参加の方が早く決まっている。両社の提携に二の足を踏んでいるのは，どうもシャープ側のようである。

　むしろ，シャープの技術に対する鴻海の評価は非常に高く，郭董事長はこのように述べている。「堺工場は液晶産業の重要なマイルストーンです。世界で初めて第10世代の大型ガラス基板を投入できる製造ラインを稼働させた工場です。…（中略）…堺工場には，これまでの日本の蓄積があります。だから，色合いや液晶分子の反応速度などにおいて第一級の60〜80型品を造れる。セル製造ラインにおける自動化のレベルも私たちの予想以上でした」[5]。

　堺の大型パネル工場についてはシャープと鴻海との合弁事業が既に始まっている。そしてシャープは，スマートフォンやタブレット向けに用いられる中小型液晶パネルを生産する亀山第1，第2工場を有しており，これらの工場は稼働率も生産性も高い。特に亀山第2工場は，携帯端末の性能向上に適したIGZO（酸化物半導体）液晶というシャープ独自の技術を保有している。シャープにとって差異化技術を有する亀山工場は，堺工場より重要な，言わば虎の

5　「鴻海CEO特別インタビュー　シャープとの提携に成功させる」『日経ビジネス』，2012年6月18日号。

子の工場だ。実際に，多くの報道によると，鴻海とシャープの交渉がまとまらない主要因は，IGZO液晶など亀山工場が持つ技術が鴻海に流出することへの懸念であるという。こうした懸念を抱くのはシャープに限った話ではない。鴻海は，シャープとの資本提携に至る前に日立製作所との間でも液晶パネル事業の合弁交渉を行っていた。しかし，条件面で合意に至らず，日立は産業革新機構が出資する東芝とソニーの統合新会社に合流することになった。この時の鴻海の狙いは，IPSと呼ばれる日立独自の液晶パネル製造手法にあったといわれ，先端技術の流出を懸念した経済産業省などが，国内メーカー連合への参加を促したとの見方も存在している。

　話をシャープと鴻海に戻すと，シャープにとって，差異化技術は重要な財産であり，容易く外部に出したくないという思いも理解できる。しかし，液晶パネルの世界では，セットメーカーがパネルの需給バランスに応じて複数のパネルメーカーからパネルを調達するということがしばしば見られる。この場合，1社独自，液晶技術は，複数の液晶パネルメーカーから調達を行っている家電メーカーにとって，「使いにくい技術」となってしまうという。ある台湾液晶パネルメーカーのエンジニアは「液晶パネルは独自技術よりもむしろ標準技術のほうが好まれる」といい，他社との差異化をあえて避けると述べている。液晶パネル市場はサムスン電子，LGディスプレイ，AUO，CMIで60％以上のシェアを有する寡占市場であり，彼らが戦略的に「IGZO技術を無視する」という手に出た場合，折角の優れた技術もビジネスの成果として結実しない可能性がある。現に，シャープは従来の赤，緑，青の3原色で色調を表現する方式と異なり，3原色に黄色を加えた4色方式の液晶パネルを開発し，2010年に「クアトロン」の商品名で発売したが，シャープに追随するテレビメーカーも現れなく，市場の反応は期待したほど大きいものではなかった。

　メーカーにとって技術開発は手段であって，目的ではない。折角の優れた技術もビジネスの成果に反映できなければ意味がない。独自技術を内製化し，他社による模倣を避けることは戦略論の基本ではあるが，標準化が進んだ市場では，技術の囲い込みよりも，戦略的提携によって技術を共有した方が有利な場合もある。条件次第ではあるが，シャープが鴻海に対してIGZO技術による液晶パネル生産のライセンスを供与するというのも考えられるひとつのオプションであろう。

シャープの歴代商品の中には「世界初」,「日本初」という冠のついた商品が数多く存在する。新しい商品アイデアを生み出すシャープの創造力と，軍隊式と言われる鴻海の高い生産効率は，相互補完的な組織能力であり，両者が互いを認めているからこそ，この交渉は長引いても継続する価値があるのだろう。

　日本企業は今までにない新しい技術や製品を生み出すことには長けているが，効率的な大量生産，ビジネスへの積極性，交渉力，といった点では台湾人には敵わない。鴻海はシャープにとって単なる援助者ではなく，日本企業が再び国際競争力を取り戻すための良き教師でもある。その点で，鴻海とソニーのケースと鴻海とシャープのケースは，提携の形態の違いはあるが，その意義には多くの共通点が見られるのではないか。現在進んでいるシャープと鴻海の提携交渉の意義は，2社間の話に留まらず，今後の日本と台湾がともに国際競争力を維持できるような協力関係を模索するための試金石であると言える。

　1980年代の日米エレクトロニクス戦争は，同質的で対立的な競争であった。日本企業と韓国企業，あるいは海爾（ハイアール）や海信（ハイセンス）などの中国企業との関係は，かつての日米関係とやや似た様相である。しかし，少なくとも日本と台湾との関係は，相互補完的で互恵的な協力関係になりうる。むしろ日台連携で韓国や中国のメーカーとの競争にあたることが，日本メーカー復活のカギとなるのではないだろうか。

6．「上に逃げる」場所はない

　むろん，筆者らも日台企業の連携が，バラ色の未来を手放しで約束するとは考えていない。2012年2月28日の日本経済新聞3面には，エルピーダメモリの会社更生法申請を受け，大きく「日米台の連携不発」の見出しが躍った。エルピーダメモリは，台湾のDRAMメーカーに先端の技術を供与し，台湾の低コスト工場でエルピーダ・ブランドの製品を生産させる提携関係を構築していた。しかし，相次ぐDRAM価格の下落や韓国勢，特にサムソン電子の攻勢に遭い，4000億を超えるとされる巨額の負債を抱えることとなった。

　また，提携先が台湾に限られるわけでもない。中国のレノボ・グループがNECとの提携を拡大し，スマートフォンやタブレット端末（多機能携帯端末）

への展開を狙うことも発表されている[6]。スケールメリットに優れるレノボの楊CEOは「NECは技術力が高く，よい製品も持っている」と述べ，日本の技術力を評価している。規模と技術力が補完関係にあるという構図は，日台連携だけの専売特許ではない。

さらに，そもそも台湾のビジネスモデルも盤石というわけでは決してない。現に，台湾企業が多くの生産拠点を置く中国の人件費は上昇傾向にあり，コストを圧迫する要因となっている。その影響もあり，鴻海はブラジルに液晶パネル工場を建設する計画があることを発表している[7]。相対的にコストが安い生産地を求め続けるビジネスモデルには，早晩限界が訪れる。日台双方の企業は，地域のコスト差に拠らない方策を必ず模索しなければならない。

すなわち，単に規模やコストだけを狙って台湾企業と組むことは，短期的なメリットになったとしても，長期的に日本企業が組織能力を高めることにはつながらない。筆者らが日台アライアンスの可能性に魅力を感じるのは，日本企業がかつての成功体験に縛られ，Christensen（1997）がいう「イノベーションのジレンマ」に陥らないための，ものづくりの価値観を転換させるきっかけになるのではないかと期待しているからである。

日本の家電メーカーは，「日本のブランドのテレビはこうあるべき」という思い込みによって，必要以上に高性能・高機能を追求してしまい，自ら高コスト体質を作ってしまっている。日本企業の幹部は「上に逃げる」という言葉を口にする。低価格のエントリー製品をあきらめ，高所得者向けの高級製品に特化するという意味だが，これこそ愚の骨頂である。これから成長する市場はBRICsであり，インドやブラジルのマーケットに日本の基準で高級な商品を導入しても，北欧の高級オーディオメーカーのようなもので，そこには極めてニッチな市場しか存在せず，活路はない。日本企業は，悪い意味で「手を抜く」ということが下手なのである。もちろん，新たな技術開発・製品開発は必要である。しかし，同時にマスマーケットの対応が，換言すれば，「上に逃げる」のではなく「下を強化してしっかり支える」ということが必要なのである。

しかし，日本のエレクトロニクス産業にとっては，20世紀後半の高性能・

---

6 「「パソコン生産，NECに一部委託」レノボCEO提携拡大」『日本経済新聞』，2012年5月18日。
7 「鴻海，ブラジルに液晶工場」『日本経済新聞』，2011年7月1日。

高機能は大きな成功体験になった。成功体験を伴うやり方を自ら変えるのは容易ではない（青島・加藤，2012）。むしろ，外から変える方が簡単なのではないか。そのためのパートナーが鴻海であり，その他の台湾企業であると考えるのが，最も正しい日本と台湾の関係の見方ではないかと筆者は考える。先進国市場にせよ，新興国市場にせよ，家電のデジタル化は，激しいコモディティ化による価格競争化をもたらしている。現在の市場のボリュームゾーンは，上に述べるような製品差異化戦略が効きにくい状況になっている。しかし，安易にあるマーケットをねらったとしてもボリュームゾーンに投入している商品がない市場では日本企業のブランドとしてメジャーブランドが浸透するとは考えにくい。また，部品や製品の製造プロセスの自動化が進むと規模の経済性がはたらきやすくなるので，少量生産で利益を得るのは更に難しくなるだろう。本書で論じてきたように台湾のものづくりの効率の良さは，単に人件費だけの問題ではない。過剰品質ともいわれる日本のものづくりに，台湾の効率のよさを持ち込む際に付随する，ものづくりに対する価値や考え方の転換が日台アライアンスの最大のメリットと言えるであろう。

　ところでソニーの北米・欧州の工場にしても，従業員や生産する製品は今までと変わらず，変わったのは，鴻海の指揮命令系統に入るということだけである。一方，鴻海にとってもこれまではアップルが彼らの優良顧客であったが，中国でiPhoneが苦戦しているように，いつまでもアップルだけに頼った経営を続けるわけにはいかない。むしろ，鴻海の戦略としては，アップルと同じような製品開発力を有する複数の顧客とつき合うことで，顧客企業との間にバーゲニングパワーを持った方がよい。サムスン電子やLG電子はかつての日本企業のように主要部品を全て内製化することでうまくいっている企業である。この意味で韓国企業は鴻海にとってもライバルと言える。つまり鴻海は，サムスン電子やLG電子と顧客企業ソニーやシャープを通じて間接的に戦っている。味方であるソニーやシャープの戦力を強めるためには，生産効率という手段で救済し，再び彼らがサムスン電子やLG電子と互角の競争ができるようにすることが得策である。

　また，鴻海は奇美電子を事実上傘下に置くとともに，シャープの大阪府堺市の液晶工場を買収し，ODM事業だけでなく，液晶パネル事業にも進出した。これを，鴻海もサムスン電子やソニーと同じように自社ブランド市場で競争しようとしているのではないか，と分析する人もいるが，これも正しくはないだ

ろう。これまでは，液晶テレビの価値は液晶パネルの価値であり，液晶テレビの需要に対して，パネル供給は不足気味であった。そのため大手数社のパネルメーカーが競争をしても，全ての企業が儲かる状況にあったが，需給バランスは既に逆転している。シャープの堺工場の稼働率は，あるアナリストによると50％を切っているといわれる。これからは，液晶パネルも液晶テレビ同様に熾烈な競争環境に置かれる。しかも部品事業はブランド価値が付加しにくいので，勝者だけが生き残る価格競争になるだろう。そのような時こそ，液晶パネル生産に鴻海のような軍隊式文化を導入し，疲弊したライバル企業を撤退させることで残存者利益を獲得するチャンスである。

　日本国内の報道によると，鴻海と合弁事業を開始するシャープ堺工場では，液晶パネル生産の稼働率を90％まで引き上げるという。これはすなわち，韓国勢に対する価格競争の宣戦布告であると思われる。シャープは2011年度通期の連結決算で3760億円もの赤字を発表した。しかし，上で述べたように，鴻海の郭董事長はシャープの技術を大変高く評価している。同業他社からも高く評価される技術を，なぜシャープは活かしきることができなかったのか。郭董事長は，技術への評価の一方で，ガバナンスの問題を指摘し，技術や工場を活かす経営が必要とも述べている[8]。つまるところ，日本のマネジメントにはまだまだ改善の余地がある。シャープをはじめとする日本企業の管理層は，自分たちの力で考えなければならない。大局観をもち，真の意味で戦略的な形で，関係性をマネジメントすることが求められる。甚だ月並みな議論であるが，日本と台湾の共通点，および相違点について改めて整理するなど，仔細に渡って真摯に思考を巡らせることが肝要である。日台企業は互いに強力な好敵手であり，また協力者でありうる。まずは台湾企業の優れた点に関して真似できるところは真似をする。次に模倣することができないものの，性質上フィットする余地があるものは，M&Aなどで上手く取り込む。そして親和性がなくても必要なものは，EMSを活用し，アウトソーシングで手に入れる。また，本書の第9章や第10章で見たように，競争環境を構成する外部要因である法律など

---

[8] インタビューでも堺工場のODMサービスへの参入など運営に関する提言を行っている（「鴻海CEO特別インタビュー　シャープとの提携は成功させる」『日経ビジネス』，2012年6月18日号）。

の制度面にも目配りすることも欠かせない[9]。制度が障壁となるか，それとも追い風となるかには，大変大きな違いがある。台湾との間に情報パイプを築くなどして，制度を上手く利用していくべきである。

　このような問題を考えるにあたり，もう一度これまでの台湾エレクトロニクス産業の発展の歴史とその背景に思いを巡らせることは，決して無駄なことではない。

---

[9] 2011年10月1日号の『週刊東洋経済』では，ECFA発効後1年経過もあって，日本企業と台湾企業が協力して中国市場へ進出するという事例がより一段と注目を集めている。

参考文献

Abernathy, W. J(1978)The Productivity Dilemma, Baltimore, MD: The Johns Hopkins University Press.

Adner, R. and D. A. Levinthal(2004)"What Is not a Real Option: Considering boundaries for the Application of Real Options to Business Strategy," *Academy of Management Review*, Vol.29, No.1, pp.74-85.

Asanuma, B.(1989)"Manufacturer-supplier relationships in Japan and the concept of relation-specific skill", *Journal of the Japanese and International Economies*, Vol.3, No.1 pp.1-30.

赤羽敦(2004)「台湾 TFT-LCD 産業―発展過程における日本企業と台湾政府の役割―」『アジア研究』Vol.50, No.4, pp.1-19。

赤羽淳(2004)「台湾 TFT-LCD 産業―発展過程における日本企業と台湾政府の役割」『アジア研究』Vol.50, No.4, pp.1-19。

赤羽淳(2005)「台湾 TFT-LCD 産業―発展の系譜―」『赤門マネジメント・レビュー』Vol.4, No.12, pp.623-634。

Allen, T. J., and R. Katz(1986)"The dual ladder: Motivational solution or management delusion？," *R&D Management*, Vol.16, No.2, pp.185-187.

天野倫文(2005)『東アジアの国際分業と日本企業―新たな企業成長への展望―』有斐閣。

天野倫文(2007)「台日サプライヤーの中国進出とアライアンス:国際化戦略における能力補完仮説」『経済学論集』73(1), pp.48-68。

Amram, M. and N. Kulatilaka(1999)*Real Options: Managing Strategic Investment in an Uncertain World*, Boston: Harvard Business School Press.

青島矢一(2005)「R&D 人材の移動と技術成果」『日本労働研究雑誌』No.541, pp.34-48。

青島矢一・延岡健太郎(1997)「プロジェクト知識のマネジメント」『組織科学』, Vol.31, No.1, pp.20-36。

青島矢一・武石彰(2001)「アーキテクチャという考え方」, 藤本・武石・青島(2001)。『ビジネス・アーキテクチャ』有斐閣。

青島矢一・加藤俊彦(2012)『競争戦略論』東洋経済新報社。

青山修二(1999)『ハイテク・ネットワーク分業―台湾半導体産業はなぜ強いのか―』白桃書房。

天野倫文(2007)「台日サプライヤーの中国進出とアライアンス―国際化戦略における能力補完仮説―」『経済学論集』第 73 巻 第 1 号。

淺川和宏(2003)『グローバル経営入門』日本経済新聞社。

亜洲奈みづほ(2003)『現代台湾を知るための 60 章』明石書店。

Baldwin, C. Y. and Clark, K. B. (1997) "Managing in the an of Modularity," *Harvard Business Review*, Vol.75, No.5, pp.84-93.

Henderson, R. M. and Clark, K. B. (1990) Architectural Innovation : The Reconfiguration of Existing Product Technologies and the Failure of Established Firms, *Administrative Science Quarterly*, Vol.35, pp.9-30.

Bailyn, L. (1991) "The hybrid career: An exploratory study of career routes in R&D," *Journal of Engineering and Technology Management*, Vol.8, pp.1-14.

Barney, J. B. (1991) "Firm Resources and Sustained Competitive Advantage," *Journal of Management*, Vol.17, Issue 1, pp.99-120.

Buckley, P. J. and Casson, M. (1976) Peter J. and Mark Casson (1976) *The Future of the Multinational Enterprise*, Macmillan.

Burgelman, R. A. (2001) *Strategy Is Destiny: How Strategy-Making Shapes a Company's Future*, Free Press.

Burt, R. S. (1992) *Structural Holes: The Social Structure of Competition*, Boston: Harvard University Press.

Burton Jr., D. E., A. S. Grove, G. Gilder, T. J. Rodgers, C. Ryan, R. Florida, M. Kenney, J. A. Rollwagen, P. M. Neches, M. D. Stahlman, R. Miller, S. Gannes, M. Rothschild, G. E. Colony, B. Scott, T. H. Bruggere, J. Guiniven, E. Grossman, D. L. Stone, and R. L. Skates (1991) "Should the U.S. Abandon Computer Manufacturing ? ," *Harvard Business Review*, Vol.69, Issue 5 (Sep. /Oct.), pp.140-161.

Borrus, M. (1988) *Competing for Control: America's Stake in Microelectronics*, Ballinger Publishing Company: Cambridge, Mass.

Chandler, A. D., Jr. (1990) *Scale and scope: The dynamics of industrial capitalism*. Cambridge, MA: Belknap Press of Harvard University Press. (邦訳，安部悦生他訳 (1996)『スケール・アンド・スコープ―経営力発展の国際比較―』有斐閣).

陳家聲・羅達賢・蘇建勳・戴芸 (2003)「國防役人力對我國科技產業發展之影響―以工研院為例―」『產業論壇』(台湾) Vol.4, Issue 2, pp. 1 -22。(中国語)

陳東升 (2003)『積体網路』台湾：群学出版。(中国語)

Chen, W. (2000) 'Shuanglong Qiangzhu de Jingpianzu Shichan (Competition between two dragons in chipset market)' [in Chinese], KGI Securities Research Report, Taiwan, KGI Securities Co., Ltd.

陳東瀛 (2003)「産業クラスターにおける企業間のインターフェイス構造と調整パターン，および集積メカニズムとの関係性―台湾・新竹科学園区の事例研究―」『赤門マネジメント・レビュー』Vol.2, No.10, pp.539-561。

陳泳丞 (2004)『台灣的驚嘆號―台日韓 TFT 世紀之爭―』台湾：時報出版。(中国語)

陳韻如・伊藤衛・伊吹勇亮・長内厚・神吉直人・朴唯新 (2007)「産業競争力向上を促す学研都市のシステム・デザイン―台湾新竹サイエンス・パークの事例検討―」，日本経営学会編『経営学論集 77 集・新時代の企業行動―継続と変化―』千倉書房，

pp.138-139。

陳韻如・神吉直人・長内厚・伊吹勇亮・朴唯新（2006）「意図された学研都市のシステム・デザイン―台湾新竹サイエンス・パークにおける半導体産業の創出―」『九州国際大学社会文化研究所紀要』No.59, pp.55-70。

曺斗燮（1994）「日本企業の多国籍化と企業内技術移転―「段階的な技術移転」の理論―」『組織科学』Vol.27 No.3。

曺斗燮・尹鍾彦（2005）『三星の技術能力構築戦略・グローバル企業への技術学習プロセス』有斐閣。

Christensen, C. M. (1997) *Innovator's Dilemma: When New Technology Cause Great Firms to Fail*, Boston: Harvard Business School Press.

Clark, K. B. and Fujimoto, T. (1991) *Product Development Performance: Strategy, Organization, and Performance in the World Auto Industry*, Boston: Harvard Business School Press.

Cohen, W. M. and Levinthal, D. A. (1990) "Absorptive Capacity: A New Perspective on Learning and Innovation", *Administrative Science Quarterly*, Vol.35, April, pp.147-160.

cpu-collection.de (2007) *cpu collection database*, (http://www.cpu-collection.de,) date of access 2007/02/02.

デロイト安進会計法人（2007）『Investment in Korea』東京。

Dunning, J. H. (1979) Explaining changing patterns of international production: In defense of the eclectic theory, *Oxford bulletin of Economics and Statistics*, Vol.41, pp.259-269.

Dyer, J. H. and Nobeoka, K. (2000) "Creating and managing a high-performance knowledge-sharing network: The Toyota case," *Strategic Management Journal*, Vol.21, pp.345-367.

Eisenhardt, K. M. and Tabrizi, B. N. (1995) "Accelerating Adaptive Processes: product innovation in the global computer industry," *Administrative Science Quarterly*, Vol.40, No.1, pp.84-110.

方國健（2002）「海闊天空―我在DELL的歳月―」天下文化。（中国語）

Ford, D. N. and D. K. Sobek II (2005) "Adapting Real Options to New Product Development by Modeling the Second Toyota Paradox," *IEEE Transactions on Engineering Management*, Vol.52, Issue 2, pp.175-185.

Freeman, C. (1982) *The Economics of Industrial Innovation*, London: Frances Printer.

藤本隆宏（1997）『生産システムの進化論』有斐閣。

藤本隆宏（1998）「自動車製品開発の新展開―フロント・ローディングによる能力構築競争―」『ビジネスレビュー』Vol.46, No.1, pp.22-45。

藤本隆宏（2001）『生産マネジメント入門』日本経済新聞社。

藤本隆宏・青島矢一・武石彰（2001）『ビジネス・アーキテクチャ―製品・組版・プロセスの組織的設計―』有斐閣。

藤本隆宏・延岡健太郎（2006）「競争力分析における継続の力―製品開発と組織能力の進化―」『組織科学』，Vol.39, No.4, pp.43-55。

藤本隆宏・天野倫文・新宅純二郎（2007）「アーキテクチャにもとづく比較優位と国際分業―ものづくりの観点からの多国籍企業論の再検討―」『組織科学』第40巻40号。

藤本隆宏・東京大学21世紀COEものづくり経営研究センター（2007）『ものづくり経営学―製造業を超える生産思想―』光文社。

藤本隆宏・天野倫文・新宅純二郎（2007）「アーキテクチャにもとづく比較優位と国際分業」『組織科学』Vol.44, No.4, pp.51-64。

藤田敏三（2003）「基礎と応用の連携―高温超伝導研究の場合―」『応用物理』Vol.73, No.1, p.1。

蔣漢旗（2003）『台，韓TFTLCD製造發展策略比較分析之研究』台湾交通大學經營管理研究所碩士論文。（中国語）

GAO [United States General Accounting Office]（1992）*Sematech's technological progress and proposed R&D program*, United States General Accounting Office, Washington, D.C.

ガーシェンクロン, A.（1962）『後発工業国の経済史』ミネルヴァ書房。

Garud Raghu and Praveen R. Nayyer（1994）"Transformative Capacity: Continual Structuring by Intertemporal Technology Transfer" *Strategic Management Journal*, Vol.15, pp.365-385.

Gawer, A., and Cusumano, M. A.（2002）*Platform Leadership: How Intel, Microsoft, and Cisco Drive Industry Innovation*, Harvard Business School Press.

Genossar, D. and Shamir, N.（2003）Intel Pentium M Processor Power Estimation, Budgeting, Optimization, and Validation, *Intel Technology Journal*, Vol.7, Issue 2, pp.44-49.

Griffeth, R. W., and P. W. Hom（2001）*Retaining valued employees*, Thousand Oaks CA: Sage Publications.

Hamel, G.（1991）"Competition for Competence and Interpartner Learning with International Strategic Alliance," *Strategic Management Journal*, Vol. 12, pp.83-103.

畑次郎（2006）『Exaflops米国ハイテク戦略の全貌』日本工業出版。

半導体産業新聞『世界FPDカンファレンス2007―2007年／FPD産業動向と世界戦略を探る―』産業タイムズ社。

Henderson, R. M. and Clark, K. B.（1990）"Architectural Innovation: The Reconfiguration of Existing Product Technologies and the Failure of Established Firms," *Administrative Science Quarterly*, Vol. 35, No. 1, pp.9-30.

平林英勝（1993）『共同研究開発に関する独占禁止法ガイドライン』商事法務研究会。

洪世章, 黄欣怡（2003）「台灣TFTLCD產業群聚經驗與科學園區專業化趨勢之探討」『經濟情勢暨評論』第10卷第2期, pp.1-31。（中国語）

洪世章，呂巧玲（2001）「台灣液晶顯示器產業之發展」『科技發展政策報導』SR9003，pp.173-183。（中国語）

洪懿妍（2003）『創新引擎―工研院―台灣產業成功的推手―』台湾：天下出版社。（中国語）

黃仁德・胡貝蒂（2006）『台灣租稅獎勵與產業發展』台湾：聯経出版公司。（中国語）

黃素莉（2003）『台灣 TFT-LCD 廠商對關鍵零組件之統治結構』台湾：中原大學企業管理學系碩士學位論文。

黃越宏（1996）『觀念―許文龍和他的奇美王國―』台湾：商業周刊出版。（中国語）

Hymer, S.（1960）*The international operations of National Firms: A study of Direct Foreign Investment*, Ph.D. Dissertation, MIT.

Iansiti, M.（1995）"Technology Integration: Managing the Interaction between Applied Science and Product Development," *Research Policy*, Vol.24, Issue 4, pp.531-524.

Iansiti, M.（1993）"Real-World R&D: Jumping the Product Generation Gap," *Harvard Business Review*, Vol. 71, Issue 3, pp. 138-147.

Iansiti, M.（1997）"Technology Integration: Turning Great Research into Great Products," *Harvard Business Review*, Vol.75, Issue 3（May. ／June.），pp.69-79.

Iansiti, M.（1998）*Technology Integration*, Boston: Harvard Business School Press.

伊吹勇亮・簡施儀・德永篤司・長内厚・陳韻如（2007）「[パネルディスカッション] 学研都市のシステム・デザインと北九州地域の今後」『九州国際大学経営経済論集』Vol.14, No.1, pp.43-70。

井上弘基（1999）「米国半導体産業における産業政策の登場＝セマテック」『機械経済研究』第 30 号，pp.1-31。

伊丹敬之・加護野忠男（1989）『ゼミナール経営学入門』日本経済新聞社。

伊丹敬之・軽部大編（2004）『見えざる資産の戦略と理論』日本経済新聞社。

伊藤潔（1993）『台湾―四百年の歴史と展望―』中央公論社。

伊藤信悟（2005）「急増する日本企業の「台湾活用型対中投資」―中国を舞台とした日台企業間の「経営資源の優位性」補完の構造―」『みずほ総研論集』2005 年Ⅲ号，pp.1-35。

Ito, S（2009）"Japanese―Taiwanese Joint Ventures in China: The Puzzle of the High Survival Rate," *China Information*, Vol.23, No.15, pp.15-44。

伊藤信悟（2010a）「ECFA は日本の脅威か―日本の対中輸出への影響を考える」『みずほリサーチ』December 2010, pp.11-12。

伊藤信悟（2010b）「「チャイワン」の進展と日本企業への影響」『「日台ビジネスアライアンス研究会」報告書』日本貿易振興機構海外調査部中国北アジア課，pp.16-27。

伊藤信悟（2011）「台湾経済の現状と展望―何が総統選の争点となりうるか―」『交流』No. 844, pp.3-18。

伊藤宗彦（2005）『製品戦略マネジメントの構築』有斐閣。

岩井善宏（2000）『液晶産業最前線』工業調査会。
岩井善弘・和泉志伸（1995）『液晶部品・材料ビジネス最前線』工業調査会。
經濟部技術處（2007）『2007 平面顯示器年鑑』財團法人工業技術研究院 台湾：産業經濟與趨勢研究中心。（中国語）
Jenkins, G. P., Kuo, C. and Sun, K.（2003）*Taxation and economic development in Taiwan*, Harvard university press.
簡施儀（2006）「ネットワークからみる台南科学園区のTFT-LCD 産業集積の形成—「奇美電子」を手掛かりに—」日本経済学会関西部会 2006 年度 6 月例会（2006 年 6 月 17 日，大阪市立大学文化交流センター）。
簡施儀（2007）「台湾 TFT-LCD 産業における組織間の信頼に関する一考察」『九州国際大学経営経済論集』Vol.14, No.1, pp.13-29。
簡施儀・長内厚・神吉直人（2011）「台南サイエンスパークにおける垂直統合型液晶産業の形成—奇美電子創業者・許文龍氏が果たした役割—」『経済経営研究』（神戸大学経済経営研究所）No.60, pp.21-52。
金井一頼（2005）「産業クラスターの創造・展開と企業家活動—サッポロ IT クラスター形成プロセスにおける企業家活動のダイナミクス—」『組織科学』Vol.38, No.3, pp.15-24。
神吉直人・長内厚・本間利通・伊吹勇亮・陳韻如（2008）「台湾の国防役制度と産業競争力 —台湾ＩＴ産業におけるエンジニアの囲い込み—」『赤門マネジメント・レビュー』Vol.7, No.12, pp.859-880。
Katz, R. and T. J. Allen（1982）"Investigating the Not Invented Here（NIH）Syndrome: A Look at the Performance, Tenure, and Communication Patterns of 50 R&D Project Groups," *R&D Management*, Vol.12, No.1, pp. 7 -19.
Kawakami, M.（2009）"Learning from Customers : Growth of Taimanese Notebook PC Manufactures as Original Design Manufacturing Suppliers," Chaina Information, Vol.23, No.1, pp.103-128.
川上桃子（2004）「台湾パーソナル・コンピュータ産業の成長要因—ODM 受注者としての優位性の所在—」，今井健一・川上桃子編『東アジア情報機器産業の発展プロセス』アジア経済研究所（http://www.ide.go.jp/Japanese/Publish/Report/2004_01_06.html）。
川上桃子（2012）『圧縮された産業発展　台湾ノートパソコン企業の成長メカニズム』名古屋大学出版会。
楠木建・ヘンリー・W・チェスブロク（2001）「製品アーキテクチャのダイナミック・シフト」，藤本隆宏・武石彰・青島矢一編著『ビジネス・アーキテクチャ』有斐閣, pp.263-285。
金堅敏（2009）「『両岸経済協力枠組協定（ECFA）』締結推進から見る台湾の狙い」『中国通 TOPICS』No.124, 富士通総研（http://jp.fujitsu.com/group/fri/china-research/topics/2009/no-124.html）。
河添恵子（2004）『台湾新潮流—ナショナリズムの現状と行方—』双風舎。

韓国 KPMG 三晸会計法人（2005）「韓国での事業活動における FAQ 法人税法上の固定資産の減価償却について」『国際税務』，8月号，pp.75-78。
北原洋明（2004）『新液晶産業論・大型化から多様化への転換』工業調査会。
喜安幸夫（1997）『台湾の歴史―古代から李登輝体制まで―』原書房。
小寺彰（2010）「国際投資協定：現代的意味と問題点―課税事項との関係を含めて―」RIETI Policy Discussion Paper Series，10-P-024（2010 年 12 月）。全 27 頁。
小池和男・猪木武徳編（1987）『人材形成の国際比較：東南アジアと日本』東洋経済新報社。
小宮啓義（2003）『グローバルスタンダードへの挑戦― 300mm 半導体工場へ向けた標準化の歴史―』SEMI ジャパン。
小中山彰・陳東瀛（2003）「台湾新竹科学園区の発展に関する歴史的考察―産業クラスターに関する事例研究―」『東海大学政治経済学部紀要』No.35, pp.101-119。
Kogut, B. and U. Zander（1993）"Knowledge of the the Evolutionary Theory of the Multinational Corporation," *Journal of International Business Studies,* Vol.24, No.4, 625-645.
近藤信一（2006）「台湾の LCD 産業の現状と課題：台湾 LCD 産業から学ぶ日系メーカーの事業戦略へのヒント」，財団法人 機械振興協会 経済研究所『機械経済研究』第 37 号。
交流協会編（2005）「アジアのフラットパネルディスプレイ産業」『交流協会』，pp.33-34。
交流協会（2006）『交流』No.759,（2006 年 8 月 31 日）。
交流協会（2011）『両岸経済協力枠組取決め（ECFA）の影響等調査報告書』財団法人交流協会。
交流協会「投資の自由化，促進及び保護に関する相互協力のための財団法人交流協会と亜東関係協会との間の取決め」（http：//www.koryu.or.jp/taipei/ez3_contents.nsf/New/71E59C965688691A492579130013296E?OpenDocument）（閲覧日：2011 年 9 月 25 日）。
交流協会「海峡両岸経済協力枠組取り決め（ECFA）の概要及び付属文書（日本語訳）」（http：//www.koryu.or.jp/ez3_contents.nsf/all/0C68CFF7924DAB434925777A002CB704?OpenDocument）（閲覧日：2011 年 9 月 25 日）。
國領二郎（1999）『オープン・アーキテクチャ戦略―ネットワーク時代の協働モデル―』，ダイアモンド社。
工業技術研究院電子工業研究所（1995）『1995 年版 半導體工業年鑑』台湾：工業技術研究院電子工業研究所。（中国語）
楠木建（2001）「価値分化―製品コンセプトのイノベーションを組織化する―」『組織科学』Vol.35, No.2, pp.16-37。
楠木建・H. W. チェスブロウ（2006）「モジュラー化の罠―製品アーキテクチャのダイナミクス―」，伊丹敬之・藤本隆宏・岡崎哲二・伊藤秀史・沼上幹編『リーディングス日本の企業システム（第 3 巻）―戦略とイノベーション―』有斐閣，pp.269-

302。
頼勇成（2005）「合作網絡，結構洞對企業營運效率之關係研究」『管理學報』第 22 巻第 3 期，pp.317-328。（中国語）
Langlois, R. N. and Robertson, P. L. (1992) "Networks and innovation in a modular system: Lessons from the microcomputer and stereo component industries," Reserch Policy, vol.21, pp.297-313
Leonard-Barton, D. (1992) "Core Capabilities and Core Rigidities: A Paradox in Managing New Product Development," *Strategic Management Journal*, Vol.13, Issue 5, pp.111-125.
Leonard-Barton, D. (1995) *Wellsprings of knowledge*, Boston: Harvard Business School Press.
李聰易（2003）「台日 TFTLCD 国際戦略提携」台湾高雄第一科技大学応用日本語所修士論文。
Lieberman, M. B. and Montgomery, D. B. (1998) "First Mover Advantages", *Strategic Management Journal , Dec. 1998,* Vol.19 Issue 12. pp.1111-1125.
林祖嘉・陳徳昇（2011）『ECFA と日台ビジネスアライアンス—経験，事例と展望 エリートの観点とインタビュー実録—』印刻文學生活雜誌出版有限公司（台湾）。
劉進慶・朝元照雄（2003）『台湾の産業政策』勁草書房。
李振文（2004）『台南科學工業園區液晶顯示器產業群聚現象研究』台湾：中山大學公共事務館研究所碩士論文。（中国語）
Lundvall, B-Å. (1992) *National Innovation Systems: Towards a Theory of Innovation and Interactive Learning*, London: Pinter.
丸川知雄（2007）『現代中国の産業—勃興する中国企業の強さと脆さ—』中央公論新社。
Mathews, J. A. (1997) "A Silicon Valley of the East: Creating Taiwan's Semiconductor Industry," *California Management Review*, Vol.39, No.4, pp.26-54.
馬維揚（2004）「台灣 TFTLCD 產業群聚經驗與科學園區專業化趨勢之探討」『經濟情勢暨評論』第 10 卷第 2 期，pp.115-130。（中国語）
宮原雅晴（2002）「小型電子機器の冷却ファン技術」『設計工学』Vol.37, No.10, pp.510-514.
宮田由紀夫（1997）『共同研究開発と産業政策』勁草書房。
水橋佑介（2001）『電子立国台湾の実像』ジェトロ。
水橋佑介（2003）「電子産業に見るハイテク産業振興政策」，劉進慶・朝元照雄編著『台湾の産業政策』勁草書房。
文部科学省（2005）『平成 17 年版科学技術白書』国立印刷局。
真鍋誠司（2001）「サプライヤー・ネットワークにおける組織間信頼の意義—日本自動車産業の研究—」神戸大学大学院経営学研究科博士過程学位論文。
Moon, H. C., Rugman, A. M. and Verbeke, A. (1998) "A generalized diamond approach to the global competitiveness of Korea and Singapore, " *International Business Review*, Vol.7, pp.135-150.

Murtha, T. P., Lenway, S. A. and Hart, J. A.（2001）*Managing New Industry Creation: Global Knowledge Formation and Entrepreneurship in High Technology*, Palo Alto, CA: Stanford University Press.

永野周志編（2002）『台湾における技術革新の構造』九州大学出版会。

内閣府（2011）『世界経済の潮流 2011 年 I ＜ 2011 年上半期世界経済報告＞』内閣府。

中森章（2004）『マクロプロセッサ・アーキテクチャ入門 RISC プロセッサから最新プロセッサの仕組みまで』CQ 出版。

中岡哲郎（1990）『技術形成の国際比較―工業化の社会的能力―』筑摩書房。

南部科學工業園區（2006）「日商企業忘年會」『南科簡訊』第 85 期，p.17。（中国語）

南部科學工業園區（2005a）「日商夫人讀書會及日籍從業人員交流會」『南科簡訊』第 76 期，p.14。（中国語）

南部科學工業園區（2005b）「邀請加入台南地區日本人交流會」『南科簡訊』第 80 期，p.21。（中国語）

『日経ビジネス』1970 年 11 月 2 日号，1992 年 9 月 28 日号。

日経マイクロデバイス編（1999）『フラットパネルディスプレイ 2000』日経 BP 社。

日経マイクロデバイス編（2005）「儲からない日本の半導体「コストから逃げるな」」，日経マイクロデバイス，2005 年 6 月号，pp.57-66。

日本機械輸出組合（2005）『日米独韓の国際競争力に関わる制度比較』日本機械輸出組合総務企画グループ。

社団法人日本ロボット工業会（2002）『30 年の歩み』社団法人日本ロボット工業会。

西原佑一（2002）「奇美グループの成長戦略に関する考察― ABS 樹脂の発展過程を中心に―」『亜細亜大学経営学研究論集』No.26, pp.16-44。

延岡健太郎（1996）『マルチプロジェクト戦略―ポストリーンの製品開発マネジメント―』有斐閣。

延岡健太郎（2006a）「意味的価値の創造―コモディティ化を回避するものづくり―」『国民経済雑誌』Vol.194, No.6, pp.1-14。

延岡健太郎（2006b）『MOT［技術経営］入門』日本経済新聞出版社。

延岡健太郎（2007）「組織能力の積み重ね―模倣されない技術力とは―」『組織科学』Vol.40, No.40。

延岡健太郎（2011）『価値づくり経営の論理―日本製造業の生きる道―』日本経済新聞出版社。

延岡健太郎・伊藤宗彦・森田弘一（2006）「コモディティ化による価値獲得の失敗―デジタル家電の事例―」，榊原清則・香山晋共編著『イノベーションと競争優位―コモディティ化するデジタル機器―』NTT 出版，pp.14-48。

野中郁次郎・竹内弘高（1996）『知識創造企業』東洋経済新報社。

沼上幹（1989）「市場と技術と構想―イノベーションの構想ドリブン・モデルに向かって―」『組織科学』Vol.23, No.1, pp.59-69。

沼上幹（1999）『液晶ディスプレイの技術革新史・行為連鎖システムとしての技術』白桃書房。

OECD（1979）*The Impact of the Newly Industrializing Countries on Production and Trade in Manufactures*, Paris: OECD（邦訳，大和田恵朗訳（1980）『新興工業国の挑戦』東洋経済新報社）．

小笠原敦・松本陽一（2005）「イノベーションの展開と利益獲得方法の多様化」『組織科学』Vol.39, No.2, pp.26-39。

小川紘一（2007a）「我が国エレクトロニクス産業にみるプラットフォームの形成メカニズム」（MMRC ディスカッションペーパー No.146）。

小川紘一（2007b）「製品アーキテクチャー論から見た DVD の標準化・事業戦略―日本企業の新たな勝ちパターン構築を求めて―」*MMRC Discussion Paper*, No.64.

長内厚（2006）「組織分離と既存資源活用のジレンマ―ソニーのカラーテレビ事業における新旧技術の統合―」『組織科学』Vol.40, No.1, pp.84-96。

長内厚（2007a）「研究部門による技術と事業の統合―黎明期の台湾半導体産業における工業技術研究院（ITRI）の役割―」『日本経営学会誌』No.19, pp.76-88。

長内厚（2007b）「技術開発と事業コンセプト」『国民経済雑誌』Vol.196, No.5, pp.79-94。

長内厚（2008）「技術とニーズのスパイラル―ハウス食品「プライムカレー」の開発事例にみる R&D 部門のニーズ創造―」（RIEB Discussion Paper Series, No.J93）．神戸大学経済経営研究所。

長内厚（2009a）「既存技術と新規技術のジレンマ ―ソニーのテレビ開発事例―」西尾チヅル・桑嶋健一・猿渡康編著『マーケティング・経営戦略の数理』朝倉書店, pp.169-188。

長内厚（2009b）「オプション型並行技術開発―台湾奇美グループの液晶テレビ開発事例―」『組織科学』Vol.43, No.2, pp.65-83。

長内厚（2010）『交流』掲載論文。

長内厚（2010a）「技術開発と市場」, 社団法人映像メディア学会編『映像メディア工学大事典』オーム社, p.849。

長内厚（2010b）「日本化する台湾エレクトロニクス産業のものづくり―奇美グループの液晶テレビ開発事例―」『交流』No.835, pp.20-35。

長内厚（2010c）「製品コンセプト・イノベーション」, 日本経営学会誌編『経営学論集 80 集・社会と企業』千倉書房, pp.228-229。

長内厚・陳韻如（2009）「台湾エレクトロニクス産業発展史」『国民経済雑誌』Vol.200, No.3, pp.71-82。

長内厚・伊吹勇亮・中村龍市（2011）「規格間ブリッジによるネットワーク外部性のコントロール―標準形成における周縁企業の競争戦略―」『国民経済雑誌』Vol.203, No.4, pp.103-116。

長内厚・伊吹勇亮・中本龍市（2011）「規格間ブリッジ―標準化におけるネットワーク外部性のコントロール―」『早稲田大学 IT 戦略研究所ワーキングペーパーシリーズ』No. 37。

長内厚・榊原清則（2011）「ロバストな技術経営とコモディティ化」『映像情報メデ

ィア学会誌』Vol. 65, No. 8, pp.(28)1144-(32)1148。

長内厚・榊原清則(2012)『アフターマーケット戦略―コモディティ化を防ぐコマツのソリューション・ビジネス―』白桃書房。

オルドリッチ, ハワード・E(2007)「企業家と社会関係資本」『組織科学』Vol.40, No.3, pp.4-17。

朴宇熙・森谷正規(1982)『技術吸収の経済学：日本・韓国の経験比較』東洋経済新報社。

朴唯新・陳韻如(2007)「ナショナル・イノベーション・システムにおける核機関のコーディネート能力―台湾半導体産業の創出におけるITRIの役割―」『2007年組織学会研究発表大会予稿集』, pp.133-136。

Porter, M. E. (1990) *The Competitive Advantage of Nations,* Free Press-Macmillan, New York.

Prahalad, C. K. and Hamel, G. (1990) "The Core Competence of the Corporation," *Harvard Business Review*, Vol.68, Issue 3 (May./June.), pp.79-91.

Rappaport, A. S. and Halevi, S. (1991) "The Computerless Computer Company," *Harvard Business Review*, Vol.69, Issue 4 (Jul./Aug.), pp.69-80.

Robertson, P., L. and Langlois, R., N. (1995) Innovation, network and vertical integration, *Research Policy*, Vol.24, pp.543-562.

Rosenbloom, R. S. and Spencer, W. J. (1996) *Engines of Innovation*, Boston: Harvard Business School Press.

Rugman, A. M. (1981) *Inside the multinational: the economics of internal markets*. Columbia University Press.（邦訳, 江夏健一・中島潤・有沢孝義・藤沢武史訳(1981)『多国籍企業と内部化理論』ミネルヴァ書房）.

Rugman, A. M., Lecraw, D. J., and Booth, L.D. (1985) *International Business*, McGraw-Hill, Inc., New York.

Rugman, A. M. and Verbeke, A. (1993) "Foreign Studies and Multinational Strategic Management: An extension and Correction of Porter's Single Diamond Framework," *Management International Review*, Vol.33, 1, pp.71-84.

榊原清則(1995)『日本企業の研究開発マネジメント』千倉書房。

榊原清則・香山晋(2006)『イノベーションと競争優位―コモディティ化するデジタル機器―』NTT出版。

Samson, E. C, Machiroutu, S. V., Chang, J., Santos, I., Hermerding, J., Dani, A., Prasher, R., and Song, D. W. (2005) Interface Material Selection and a Thermal Management Technique in Second-Generation Platforms Built on Intel Centrino Mobile Technology, *Intel Technology Journal*, Volume 9, Issue 1, pp.75-86.

斉藤優(1979)『技術移転論』文眞堂。

斉藤優・伊丹敬之(1986)『技術開発の国際戦略』東洋経済新報社。

佐藤幸人(2007)『台湾ハイテク産業の生成と発展』岩波書店。

産業タイムス社編(2004)『液晶・PDP・ELメーカー計画総覧 2004年度版』産業

タイムズ社。

Saxenian, A.（1994）*Regional Advantage: Culture and Competition in Silicon Valley and Route128*, Boston: Harvard University Press.

Saxenian, A. and Hsu, J. Y.（2001）"The Silicon Valley-Hsinchu Connection: Technical Communities and Industrial Upgrading," *Industrial and Corporate Change*, Vol.10, No.4, pp.893-920.

SEMI（2005）*World Fab Watch :Database*（January 2005 Edition）, Semiconductor Equipment and Materials International.

Schnaars, S. P.（1994）*Managing imitation strategies: How later entrants seize markets from pioneers*. New York: Free Press（邦訳, 恩蔵直人・坂野友昭・嶋村和恵訳（1996）『創造的模倣戦略』有斐閣）.

Sherwin, C. W. and Issenson, R. S.（1967）"Project Hindsight: A Defense Department Study of the Utility of Research," *Science*, Jun. 23, Vol.156, No.3782, pp.1571-1577.

柴田友厚・玄場公規・児玉文雄（2002）『製品アーキテクチャの進化論：システム複雑性と分断による学習』白桃書房。

史欽泰（2003）『産業科技興工研院』台湾：工業技術研究院。（中国語）

新宅純二郎（1944）『日本企業の競争戦略―成熟産業の技術転換と企業行動』有斐閣。

新宅純二郎・許経明・蘇世庭（2006）「台湾液晶産業の発展と企業戦略」『赤門マネジメント・レビュー』Vol.5, No.8, pp.519-540。

Shintaku, J., Ogawa, K. and Yoshimoto, T.（2006）"Architecture-based Approaches to International Standardization and Evolution of Business Models," *Internati onal Standardization as a Strategic Tool: Commended Papers from the IEC Century Challenge 2006*, IEC.

新宅純二郎・立本博文・善本哲夫・富田純一・朴英元（2008）「製品アーキテクチャ論による技術伝播と国際分業の分析」『一橋ビジネスレビュー』2008年秋号, pp.42-60。

新宅純二郎・富田純一・立本博文・小川紘一（2009）「ドイツにみる産業政策と太陽光発電産業の興隆：欧州産業政策と国家特殊優位」『赤門マネジメントレビュー』, Vol. 9, No. 2, pp.61-88。

新宅純二郎・天野倫文（2009）『ものづくりの国際経営戦略―アジアの産業地理学―』有斐閣。

新宅純二郎・立本博文・善本哲夫・富田純一・朴英元（2008）「製品アーキテクチャ論による技術伝播と国際分業の分析」『一橋ビジネスプレビュー』2008年秋号, pp.42-60, 一橋大学イノベーション研究センター。

Winter, S. G.（1987）"Knowledge and Competence as Strategic Assets," D. J. Teece ed.（1987）*The Competitive Challenge*, Center for Research in Management, School of Business Administration ,University of California, Berkeley（邦訳, 石井淳蔵・奥村昭博・金井壽宏・角田隆太郎・野中郁次郎訳（1987）『競争への挑戦：革新と

再生の戦略』白桃書房）。
白髪昭敏（2010）「東芝 PC25 年の歩みとノート PC 市場」『東芝レビュー』，Vol. 65, No. 10, pp.2-5
白木三秀（2000）「台湾における研究開発技術者のキャリア分析序説―公的部門と民間部門の比較を中心に―」『組織行動研究』Vol.30, pp.107-120。
Simon, H.（1996）*The Sciences of the Artificial*（3*rd ed.*），Cambridge: MIT Press.
宋娘沃（2005）『技術発展と半導体産業―韓国半導体産業の発展メカニズム』文理閣。
ソニー株式会社（2011）『アニュアルレポート 2011』ソニー。
Spencer, W. J. and Grindley, P.（1993）"SEMATECH After Five Years: High-Technology Consortia and U. S. Competitiveness", *California Management Review*, Summer 1993.
末廣昭（2000）『キャッチアップ型工業化論―アジア経済の軌跡と展望―』名古屋大学出版会。
蘇立瑩（1994）『也有風雨也有晴：電子所 20 年的軌跡』台湾：工業技術研究院電子工業研究所。（中国語）
杉原高嶺・水上千之・臼杵知史・吉井淳・加藤信行・高田映（2007）『現代国際法講義（第 4 版）』有斐閣。
椙山泰生（2000）「カラーテレビ産業の製品開発―戦略的柔軟性とモジュラー化―」，藤本隆宏・安本雅典編『成功する製品開発―産業間比較の視点―』有斐閣 , pp.63-86。
椙山泰生（2005）「技術を導くビジネス・アイデア―コーポレート R&D における技術的成果はどのように向上するか―」『組織科学』Vol.39, No.2, pp.52-66。
椙山泰生・長内厚（2007）「技術統合の促進要因―既存知識の効果的活用と研究側からの提案の意義―」『赤門マネジメント・レビュー』Vol.6, No.5, pp.179-194。
朱炎（2005）『台湾企業に学ぶものが中国を制す』東洋経済新報社。
台湾經濟部工業局（1996）『工業區設置有關法規総編』台灣經濟部。（中国語）
台灣工商税務出版社（2008）『促進産業昇級条例附属法規』台湾市：台灣工商税務出版社。（中国語）
台灣國防部人力司（2005）『國防工業訓儲制度』台灣國防部。（中国語）
高橋伸夫（2000）『超企業・組織論』有斐閣。
武石彰（2003）『分業と競争―競争優位のアウトソーシング・マネジメント―』有斐閣。
玉置直司（1995）『インテルとともに―ゴードン・ムーア 私の半導体人生』日本経済新聞社。
立本博文（2007）「1990 年代にエレクトロニクス産業に新モデルを提示した台湾―プラットフォームビジネスを支える ODM ビジネス―」『赤門マネジメント・レビュー』Vol.6, No.10, pp.507-522。
立本博文・許経明・安本雅典（2008）「知識と企業の境界の調整とモジュラリティの構築―パソコン産業における技術プラットフォーム開発の事例―」『組織科学』Vol.42, No.2, pp.19-32。

立本博文・小川紘一・新宅純二郎（2010）「オープン・イノベーションとプラットフォーム・ビジネス」『研究 技術 計画』，Vol.25, No.1, pp.78-91。

Tatsumoto, H., Ogawa, K. and Fujimoto, T. (2009) "Platforms and the international division of labor : A case study on Intel's platform business in the PC industry", in Gawer, A. (ed.) Platform, Markets and Innovation, pp.345-369,Edward Elgar.

立本博文，藤本隆宏，富田純一（2009）「プロセス産業としての半導体産業」，藤本隆宏，桑嶋健一『日本型プロセス産業—ものづくり経営学による競争力分析』pp.206-251，有斐閣。

立本博文・高梨千賀子（2011）「標準規格をめぐる競争戦略—コンセンサス標準の確立と利益獲得を目指して」，渡部俊也編『ビジネスモデルイノベーション』，pp.13-48，白桃書房。

Tatsumoto, H., Ogawa, K. and Fujimoto, T. (2009) "The effect of technological platforms on the international division of labor: A case study on Intel's platform business in the PC industry" in Gawer,A. (ed) *Platforms, Markets and Innovation*, Cheltenham, UK and Northampton, MA, US: Edward Elgar.

富田純一・立本博文・新宅純二郎・小川紘一（2009）「ドイツ太陽光発電産業はなぜ急速に発展したのか—産業政策の観点から—」*MMRC Discussion Paper*, No.285。

富田純一・立本博文・新宅純二郎・小山紘一（2009）「ドイツに見る産業政策と太陽光発電産業の興隆—欧州産業政策と国家特殊優位」『赤門マネジメントレビュー』，Vol.9, No.2, pp.61-88。

垂井康夫（2008）『世界をリードする半導体共同研究プロジェクト』工業調査会。

Teece, D. J. (1977) "Technology Transfer by Multinational Firms : The Resource Cost of Transferring Technological Know-How," *The Economic Journal,* Vol.87, No.346, pp.242-261.

Teece, David J. (1986) "Profiting from technological innovation:Implication for integration, collaboration, licensing and public policy", *Research Policy* Vol.15, Issue 6, pp.285-305.

富田純一・立本博文（2008）「半導体における国際標準化戦略—300mm ウェーハ対応半導体製造装置の事例—」MMRCDiscussion Paper, No.222。

Trushman, M. L. and C. A, O'Reilly Ⅲ (1996) "Ambidextrous organizations: Manasing evolutionary and revolutionary change," California Manasement Review, Vol 38, No.4 pp.8-29.

Tyson, L. (1992) Who's Bashing Whom?: Trade Conflict in High-Technology Industries, Institute for International Economics:Washington DC.

Ulrich, K. (1995) "The role of product architecture in the manufacturing firm," *Research Policy*, 24, pp.419-400.

UMC (2003) International Technology Conference 発表，2003 年 1 月 14 日，香港．(http://www.ee.cuhk.edu.hk/hkstp/tech_conf/files/presentation/umc_frank.ppt)

梅澤隆（2000）「台湾における研究開発者の職業意識・研究業績」『組織行動研究』

Vol.30, pp.121-135。

United Nations（1974）*Yearbook of the United Nations 1971*, New York: United Nations, Office of Public Information.

Vernon, R.（1966）"International Investment and International Trade in the Product Cycle,"*The Quarterly Journal of Economics*, Vol.80, No.2, pp.190-207.

若林秀樹・大森栄作（1999）『フラットパネルディスプレイ最前線』工業調査会。

若林直樹・西岡由美・松山一紀・本間利通（2007）「研究人材のキャリア・マネジメントと複線型人事制度―製薬企業調査に見る実践と課題―」『京都大学経済論叢別冊・調査と研究』Vol.34, pp.1-17。

王淑珍（2003a）「台湾半導体産業における垂直非統合の形成と発展」『国際ビジネス研究学会年報』No.9, pp.133-148。

王淑珍（2003b）『台灣邁向液晶王國之密』台湾：中国生産力中心。（中国語）

Ward, A., J. K. Liker, J. J. Cristiano and D. K. Sobek II（1995）"The Second Toyota Paradox: How Delaying Decisions Can Make Better Cars Faster,"*Sloan Management Review*, Vol.36, No.3, pp.43-61.

渡辺利夫・朝元照雄（2007）『台湾経済入門』勁草書房。

渡辺雄一（2008）「韓国主要企業に対する税制支援効果の検証」、奥田聡・安倍誠『韓国主要産業の競争力』アジア経済研究所。

Williamson, E.O.（1979）,"Transaction-Cost Economics：The Governance of Contractual Relations",*The Journal of Law and Economics*, 22.

呉團焜（2004）「台湾半導体産業の形成プロセスと垂直非統合の産業構造」『立教経済学研究』Vol.57, No.4, pp.55-86。

謝牧謙（2002）「台湾の成功の秘密」、永野周志編著『台湾における技術革新の構造』九州大学出版会。

徐正解（1995）『企業戦略と産業発展―韓国半導体産業のキャッチアップ・プロセス―』白桃書房。

徐鳳原（2004）『以技術系統的觀點來探索平面顯示器產業』台湾：交通大學科技管理研究所碩士論文。（中国語）

山口栄一・水上慎士・藤村修三（2000）「技術創造の社会的条件」『組織科学』Vol.34, No.1, pp.30-44。

山岸敏男（1998）『信頼の構造 こころと社会の進化ゲーム』東京大学出版会。

楊昭君（2004）『外商直接投資因素及其在產業群聚的角色探討―以台南地區 TFT-LCD 相關產業日商為例』台湾：立德管理學院地區發展及管理研究所碩士論文。（中国語）

于茂生（2004）『打造全球競爭力―國防工業訓儲制度與台灣產業的發展―』台湾：電腦商業同業公會。（中国語）

莊素玉（2000a）「抛射事業的第二條大魚―LCD―」、莊素玉編『許文龍與奇美實業的利潤池管理』台湾（中国語）：天下遠見。

莊素玉（2000b）「對事想的開，對錢才想得開」、莊素玉編『許文龍與奇美實業的利潤

池管理』台湾（中国語）：天下遠見。

莊幸美（2004）『台湾ＩＴ産業の経営戦略―エイサーを中心に―』創成社。

資訊工業策進會（1996）『從 CPU 發展看主機板發展趨勢與我國廠商機會分析』台灣資訊工業策進會資訊市場情報中心。（中国語）

Takeishi, A. (2001) "Bridging inter- and intra-firm boundaries: Management of supplier involvement in automobile product development," *Strategic Management Journal*, Vol.22, pp.403-433.

Baldwin, K. Y. and Clark, K. B. (2000) *Design rules : The power of modularity*, MITPress（邦訳，カーリス・Y・ボールドウイン，キム・B・クラーク（2004）『デザイン・ルール』安藤晴彦訳，東洋経済新報社）.

索引 index

人　名

欧　文

【A～G】

- Allen, T. J. ……………………… 170, 192
- Amram, M. ……………………… 167
- Asanuma, B. …………………… 54
- Baldwin, C. Y. ………………… 56
- Booth, L. D. …………………… 195
- Bailyn, L. ……………………… 192
- Borrus, M. ……………………… 197
- Bruggere, T, H. ……………… 30
- Buckley, P. J. ………………… 45
- Burgelman, R. A. ……………… 40
- Burt, R. S. …………………… 230
- Burton Jr., D. E. ……………… 30
- Casson, M. …………………… 45
- Chandler, A. D., Jr. ………… 110
- Christensen, C. M. ………… 68, 248
- Cristiano, J. J. ……………… 147
- Clark, K. B. ………… 31, 56, 146, 196, 226
- Cohen, W. M. ……………… 117, 140
- Colony, G. E. ………………… 30
- Cusumano, M. A. …………… 38
- Dunning, J. H. ……………… 45, 195
- Dyer, J. H. ……………… 56, 226
- Eisenhardt, K. M. …………… 166
- Florida, R. …………………… 30
- Fujimoto, T. ………… 31, 45, 57, 146, 196
- Gannes, S. …………………… 30
- Gawer, A. ……………………… 38
- Genossar, D. ………………… 50
- Gilder, G. ……………………… 30
- Grindley, P. ………………… 202
- Griffeth, R. W. ……………… 190
- Grove, A. S. ………………… 30
- Grossman, E. ………………… 30
- Guiniven, J. ………………… 30

【H～N】

- Halevi, S. ……………………… 30
- Hamel, G. ……………………… 150, 171
- Hart, J. A. …………………… 153
- Henderson, R. M. …………… 56
- Hom, P. W. …………………… 190
- Hsu, J. Y. ……………………… 32
- Hymer, S. ……………………… 45
- Iansiti, M. ………… 19-21, 31, 35, 55, 146, 167, 231
- Issenson, R. S. ……………… 19
- Jenkins, G. P. ……………… 199
- Katz, R. ……………………… 170, 192
- Kawakami, M. ………………… 53
- kenney, M. …………………… 30
- Kuo, C. ………………………… 199
- Kogut, B. ……………………… 45
- Kulatilaka, N. ……………… 167
- Langlois, R. N. ……………… 56
- Lecraw, D. J. ………………… 195
- Lenway, S. A. ………………… 153
- Levinthal, D. A. …………… 117, 140
- Lieberman, M. B. …………… 117
- Liker, J. K. ………………… 147
- Lundvall, B. Å. ……………… 3, 34
- Mathews, J. A. ……………… 5
- Miller, R. ……………………… 30
- Montgomery, D. B. …………… 117
- Moon, H. C. …………………… 61
- Murtha, T. P. ………………… 153
- Neches, P. M. ………………… 30
- Nobeoka, K. …………………… 56

【O～U】

- Ogawa, K. ……………… 45, 57, 211
- Porter, M. E. ……… 60-61, 195, 197, 199
- Prahalad, C. K. ……………… 150, 171
- Rappaport, A. S. …………… 30
- Robertson, P. L. …………… 56
- Rodgers, T. J. ……………… 30
- Rollwagen, J. A. …………… 30
- Rothschild, M. ……………… 30
- Rosenbloom, R. S. ………… 35, 36
- Rugman, A. M. ……… 60-61, 137, 195-197
- Ryan, C. ……………………… 30
- Samson, E. C. ………………… 50
- Saxenian, A. ………………… 32, 191
- Schnaars, S. P. …………… 110
- Scott, B. ……………………… 30
- Shamir, N. …………………… 50
- Sherwin, C. W. ……………… 19
- Shintaku, J. ………………… 211
- Simon, H. ……………………… 146

269

Skates, R. L.	30	神吉直人	11, 69, 72, 76, 77, 175, 182, 189
Sobek II, D. K.	147	香山晋	160
Spencer, W. J.	35-36, 202	川上桃子	37, 53, 195
Stahlman, M. D.	30	川添恵子	22, 23, 33, 170
Stone, D. L.	30	簡施儀	17, 67, 69, 72, 76, 77
Sun, K.	199	喜安幸夫	7, 8
Tabrizi, B. N.	166	許家彰	151, 152, 161
Tatsumoto, H.	45, 57	許経明	17, 47, 80, 126, 153
Teece, D. J.	45, 138	許庭禎	83
Tyson, L.	197	許文龍	77-89, 102, 151, 152, 236
Ulrich, K.	46	楠木建	33, 148, 174, 188

【V～Z】

Verbeke, A.	60, 61	国本文亨	103-105, 112
Vernon, R.	45, 156	呉昱融	152, 161
Ward, A.	147	小池和男	141
Williamson, E. O.	54	呉逸蔚	99
Yoshimoto, T.	211	洪懿姸	14, 22
Zander, U.	45	黄越宏	6, 78, 152
		黄仁徳	62, 199, 206
		洪乃權	28, 151

あ 行

		江丙坤	219
青島矢一	48, 55, 211, 248	胡貝蒂	62, 199, 206
青山修二	5	國領二郎	56
赤羽淳	71, 91, 98, 118	呉團焜	27
朝元奈みずほ	5, 7-9, 11, 12, 14	小寺彰	217
亜洲奈みずほ	22	小中山彰	175
天野倫文	45, 142, 196, 211, 237	呉炳昇	81, 82, 99
李健熙（イ・ゴンビ）	70	小宮啓義	199
伊丹敬之	138		
伊藤潔	7	**さ 行**	
伊藤信悟	219, 220, 225, 232	斉藤優	138
伊藤衛	175, 182	榊原清則	160, 198, 215, 240
伊藤宗彦	175, 215	佐藤幸人	13-15, 17, 199
井上弘基	199, 203	史欽泰	15, 21, 22, 24
猪木武徳	141	謝牧謙	30, 32
伊吹勇亮	11, 175, 230	朱炎	217, 225
尹鍾彦	115, 118	蒋介石	10
臼杵知史	10	蒋経国	10
梅澤隆	190	焦佑麒	83
永豊餘	95	徐正解	198
王金岸	83	白木三秀	190
王淑珍	5, 69, 70, 102, 118	新宅純二郎	17, 45, 48, 61, 62, 65, 80, 91, 97, 115, 120, 126, 142, 153, 195, 196, 203, 211, 212, 237
大森栄作	121		
小笠原敦	157, 160		
小川紘一	61, 62, 65, 195	末廣昭	117
長内厚	1, 5, 6, 11, 16, 17, 19-21, 67, 69, 72, 73, 76, 77, 80, 88, 145, 149, 152, 155, 158, 162, 163, 175-177, 181, 182, 184, 185, 189, 215, 216, 226, 228, 230, 231, 240	杉原高嶺	10
		椙山泰生	20, 138, 145, 146, 155, 157, 158, 174
		荘素玉	82
		荘幸美	25-27
		宋娘沃	198
オルドリッチ, H.E.	89	蘇世庭	17, 80, 91, 115, 126, 153

か 行

た 行

郭台銘	242, 243	竹内弘高	139
ガーシェクロン, A.	110	高田映	10
加藤信行	10		

高梨千賀子	51
武石彰	33, 48, 150, 171, 211
立本博文	17, 37, 45, 47, 48, 51, 60-62, 65, 195, 199, 211
玉置直司	40
垂井康夫	198
チェスブロウ, H.W.	188
張忠謀（Morris Chang）	25
曺斗燮（チョ・トウソップ）	115, 118
陳韻如	11, 12, 22, 175, 182, 189, 224
陳雲林	219
陳泳丞	80, 81, 83, 95, 106
陳嘉茘	126
陳水扁	218, 219
陳東瀛	175
陳茂成	126
戸川尚樹	154
富田純一	45, 48, 60, 62, 65, 199, 211

な 行

中岡哲郎	139
永野周志	199
中本龍市	230
中森章	41
中山保彦	127
何昭陽	81
西岡由美	192
西原佑一	78, 152
沼上幹	20, 167
野中郁次郎	139
延岡健太郎	55, 138, 145, 150, 175, 193, 200, 215, 216, 226, 228

は 行

馬英九	218, 219
朴唯新	175, 189
朴英元	45, 48
畑次郎	199, 203
平林英勝	202

藤田敏三	149
藤村修三	36
藤本隆宏	45, 48, 60, 67, 142, 147, 166, 193, 196, 200, 211, 238
方國健	46
本間利通	11, 192

ま 行

松本陽一	157, 160
松山一紀	192
丸川知雄	65
水上慎士	36
水橋佑介	13, 29, 30
水上千之	10
宮原雅晴	49
村山武靖	74
森田弘一	175

や 行

安本雅典	47
山口栄一	36
楊界雄	96, 108
楊昭君	72, 77, 82, 84-86
吉井淳	10
善本哲夫	45, 48

ら 行

羅方禎	100, 101, 112
李振文	76, 118
劉進慶	5, 8, 9, 12, 14
凌安海	84
林偉民	151
林文彬	83

わ 行

若林秀樹	121, 192
脇谷雅行	124, 127
渡辺利夫	7, 9, 11
渡辺雄一	199, 210

組 織 名

欧 文

Acer（達碁科技）	3, 83, 97, 99-101, 111, 112, 116, 126-127, 193, 215
ACE コンソーシアム	41
ADI	69
AMD	64
ASUS	215, 229
ATI	64
AUO（友達光電）	2, 69, 73, 80, 83, 92-93, 97, 99-102, 105, 108-113, 116, 131, 236, 241-242, 246
BOE	111
Compaq（コンパック）	39, 42, 43
CPT（中華映管）	69, 93, 96-97, 109, 111, 116, 127
DEC（Digital Equipment Corporation）	42
Dell（デル）	42, 44, 46, 50, 193
DTI	107

索引 271

Formosa ················ 116, 127, 131, 132
Formosa Plastic Group Mailiao Industrial Park
　··· 131
Gateway（ゲートウェイ）············ 42, 44
Genesis ································ 64, 65
Genesis Microchip ······················ 64
GI（ゼネラル・インスツルメンツ）······ 13
HannStar Display Corporation ····· 106
Himax ····································· 103
HTC ······························· 215, 229
IBM ············· 25, 39-40, 42-43, 80, 108, 240
ID TECH（International Display Technology）
　··· 102
Info Vision ······························ 111
Innolux Display ························ 153
Innolux（群創光電）············ 72, 111
IPS Alpha ······························ 111
Lenovo（レノボ）··············· 240, 247
LG ··························· 105, 111, 215
LGディスプレイ ··············· 73, 92, 246
LG電子 ············ 3, 215, 241, 244, 249
LG半導体 ································ 198
LGフィリップス ························· 92
Magnavox（マグナボックス）······ 240
Micronas ································· 64
MStar ······························ 64-65, 160
MTK ································ 64, 65
NEC ···················· 72, 103, 240, 247
NHT（現アヴァンストレート）·········· 81
NHテクノグラス ························· 72
OECD ···································· 11
Photonics ························· 126, 130
Pixelworks ································ 64
QDI（廣輝電子）······· 69, 93, 97, 101, 109,
　111-112, 116
RCA（アメリカ・ラジオ会社）··· 13-14, 23-25,
　120, 240-242
SEMI ······························· 203, 204
SVA-NEC ······························ 111
TI（テキサス・インスツルメンツ）··· 13, 25, 81
Toppoly（統宝光電）··················· 99
Tree Valley Park（樹谷園区）····· 105, 107
Trident ···································· 64
TSMC（台湾積體電路）······· 1, 15, 22, 25, 27,
　29-30, 60, 75, 199, 207-210
UMC ············· 15, 22, 24-27, 29, 97, 99, 199, 200
UMC設立準備委員会 ··················· 25
Unipac（聯友光電）···83, 97, 99-101, 111-112, 116
WTO（世界貿易機関）············· 218, 221
Zenith（ゼニス）························ 240
Zoran ···································· 64

あ行

アヴァンストレート ················ 72, 81
旭硝子 ······················ 72, 74, 87, 81, 105
アップル ··················· 63, 228, 239, 249
アメリカ半導体工業会 ··················· 203
アンペックス（Ampex）·············· 240
頂正科技（Finex）················ 77, 84, 86
稲畑産業 ································· 81
イリノイ大学 ······················· 120, 121
インテル ······ 38-44, 46-49, 51-52, 54, 57, 59
海爾（ハイアール）··················· 247
エスケーエレクトロニクス ··············· 84
エルピーダメモリ ······················ 247
沖電気 ·································· 126

か行

海峡交流基金会（台湾）············ 218, 219
海峡両岸関係協会（中国）·········· 218, 219
海信（ハイセンス）··················· 247
韓国科学技術研究院視察 ················ 23
奇晶光電 ·································· 83
奇晶電子 ·································· 97
奇景光電（Himax Technology）····28, 81, 151,
　152, 155, 160, 161
技術移転・サービスセンター ············ 22
奇美グループ ············· 67, 71-72, 78-80,
　82-83, 85, 87-89, 145-146, 151-153, 155, 160,
　166, 168, 171-173, 236, 237
奇菱樹脂 ································· 78
奇美実業 ··· 72, 77-81, 83, 85, 97, 99, 102, 151, 152
奇美食品 ································· 78
奇美電子（CMI; Chimei Innolux）······ 2, 72, 92,
　151, 246
奇美電子（CMO）············ 2, 67, 69,
　71-74, 77, 79-89, 92-93, 95, 97, 99, 102-109, 111-
　113, 116, 151-152, 236, 241, 249
奇美博物館 ·························· 82, 88
奇美病院 ····························· 82, 88
キャノン ································· 104
九州FHP ······················ 127, 129, 130
九州富士通エレクトロニクス ········· 128, 129
九州松下電器 ···························· 49
行政院国家科学委員会 ················ 2, 67
金属工業（台湾）························ 14
経済部 ······················· 15, 23, 83, 92, 219
────工業局カラーイメージング産業推進事
　務所 ·································· 92
────の国家科学委員会 ·············· 15
元太科技工業（PVI）············ 69, 81-83, 95
鴻海（Foxconn）················ 1, 63, 72,
　153, 155, 239, 241-250
工業技術研究院（ITRI : Industrial Technology
　Research Institute）··· 14-16, 19, 21-27, 29-36,
　71, 92-95, 97-99, 102, 108, 113, 116, 126, 176,

182-183, 186-187, 190-191, 199, 235
─── (ITRI) 産業経済與資訊服務中心 92
─── 人力処 (人事部) ……………… 176
広達 (Quanta) ………………… 54, 97, 112
─── 電脳 (Quanta Computer) ……… 112
交通部電信研究所 ……………………… 13
交流協会 … 8, 12, 116, 217, 219-222, 225-226, 232, 238
コーニング ……………………… 72, 77, 81
国際日東 ………………………………… 86
国際半導体ロードマップ委員会 ………… 203
国民党 ………………………………… 6-10
国立交通大学 (台湾) …………… 13, 15, 22
国立清華大学 (台湾) ……………… 15, 22
コニカミノルタ ………………………… 105

さ 行

資訊工業策進会 (Institute for Information Industry) ……………………………… 176
サイリックス (Cyrix) …………………… 40
サムスン (Samsung) …… 1, 3, 70, 72-73, 81, 92, 102, 104-105, 108, 110, 111, 118, 198, 203-204, 207-210, 215-216, 228, 241-242, 244-246, 249
─── 電子 ……………… 1, 3, 70, 72-73, 81, 92, 102, 104, 118, 198, 203, 207-210, 215, 228, 241-242, 244-246, 249
燦坤実業 ………………………………… 152
三洋電機 …………………………… 65, 103
サンリッツ …………………………… 72, 77
資訊工業策進會 ………………………… 43
シャープ …………… 69, 72, 92, 96-97, 102, 110, 111, 116, 228, 241-242, 244-247, 249, 250
集成電子 ………………………………… 13
駿林 (Digi Media) ……………………… 77
新光 ……………………………………… 9
新規代科技 (Nexgen Mediatech) …… 103-104, 151-155, 157, 160-161, 163-166, 170-173
新竹科学工業園区準備委員会 ……… 15, 24
新竹サイエンス・パーク (HSIP ; Hsinchu Science based Industrial Park) … 11, 15-17, 19, 21-22, 24-28, 31-33, 73-74, 77, 86
瑞儀光電 …………………………… 77, 81
スタンレー電気 ……………………… 72, 77
住友化学 ……………………… 72, 77, 84, 86
住華科技 …………………………… 77, 84
世界先進 ……………………………… 199
セマテック (Sematech) …………… 198, 203
ソニー …… 103, 153, 160, 215-216, 240-247, 249

た 行

ダイセル化学 ………………………… 105
台塑光電 (Formosa Plasma Display Corp.) 127
台中サイエンス・パーク ………………… 69
大同 ……………………………………… 97

台南サイエンス・パーク (台南科学園区) 67, 69, 72-77, 79-80, 82-89, 92
大日精化工業 ………………………… 105
大日本印刷 ……………………… 72, 77, 105
大和総研台北事務所 …………………… 92
台湾 NEC ……………………………… 77
台湾安培 ……………………………… 13
台湾銀行 ………………………………… 6
台湾経済部 ……………………… 23, 83, 219
台灣經濟部工業局 ……………………… 24
台湾コーニング ………………………… 77
台湾産業開発局 ……………………… 206
台湾スタンレー電気 …………………… 77
台湾塑膠工業 (台塑, 台湾プラスチック ; FORMOSA Plastic Co.) …… 9, 12, 126-127, 130
台湾チッソ ……………………………… 77
台湾の国防部人力司 (国防省人事局) 176
高雄電子 ………………………………… 13
建元電子 ………………………………… 13
多摩電気 ………………………………… 72
チップス&テクノロジー社 ……………… 48
茶谷産業 ………………………………… 72
中華人民共和国 (政府) …………… 6, 8, 10
中華民国 (政府) …………………… 8-10
中国共産党 ……………………………… 8
中国鋼鉄 ………………………………… 7
中国生産力センター …………………… 78
中国石油化学 …………………………… 7
中国造船 ………………………………… 7
超 LSI 研究組合 ……………………… 198
朝鮮日報 …………………………… 70, 224
劍度 (Cando) ………………………… 84
デロイト安進会計法人 ……………… 206
電子技術顧問委員会 (TAC : Technical Advisory Committee) ……………… 23
展茂光電 ………………………………… 77
電子工業研究所 (ERSO : Electronics Research and Service Organization) …… 14, 25, 44
デンソー ……………………………… 72
東芝 ………… 51, 69, 72, 81, 96, 106-108, 116, 120, 203-204, 227, 240-241, 243, 246
東レ ……………………………………… 72
達碁 ……………………………………… 69
凸版印刷 …………………………… 72, 105
トムソン ……………………………… 240
智邦科技 ………………………………… 75
トヨタ ……………………… 142, 216, 241

な 行

中強光電 (Core-tronic) ……………… 77, 81
ナショナルセミコンダクター …………… 23
南部科学園区 (南部サイエンス・パーク) … 74, 75

索引 273

西虹電子……………………………………… 77
日東電工………………………………… 72, 81, 105
日本CMO …………………………………… 152
日本IBM ……………………… 69, 80, 96-97, 99-100,
  102-103, 107, 116, 153
日本TI ………………………………………… 72
日本旭硝子發殷……………………………… 87
日本機械輸出組合…………………………… 62
日本シイエムケイ…………………………… 82
日本真空……………………………………… 86
日本電気硝子………………………………… 72
日本ロボット工業会………………………… 59
野村総合研究所………………………… 217, 222
徳基半導体…………………………………… 75

は 行

華新先進…………………………………… 106
華新麗華（WALSINグループ）…………… 97,
  106-107
パナソニック（松下電器産業，松下）
  ……………… 49, 51, 69, 72, 77, 96-97, 99-100,
  116, 160, 227, 240, 243
華邦電子…………………………………… 106
華泰電子……………………………………… 13
ハンスター（瀚守彩晶；HannStar）…… 69, 73,
  77, 83, 86, 92-93, 95-97, 107-109, 111, 113, 236
菱生精密工業………………………………… 13
菱台………………………………………… 81
日立…… 69, 72, 108, 116, 121, 126, 128-129, 240,
  243, 245, 246
  ───製作所……………… 72, 128-129, 245
  ───ディスプレイ……………………… 108
フィリップス……………………… 13, 27, 92, 240

富士写真フイルム………………………… 105
富士通…… 72, 80-81, 99, 103, 108, 116, 120-121,
  126, 128-129, 132
  ───化成…………………………… 72, 81
  ───日立プラズマディスプレイ（FHP）…
  116, 122, 126-129, 131-136, 141
  ───マイクロエレクトロニクス（現富士通
  セミコンダクター）………………………… 81

ま 行

マイクロソフト………………………… 42, 51
三井物産……………………………………… 7
三菱化学…………………………………… 81
三菱グループ………………………………… 78, 79
三菱商事…………………………………… 7, 78
三菱電機………………………… 69, 96-97, 116, 126
三菱油化…………………………………… 78, 79
三菱レイヨン………………………………… 78
碧悠電子（旧Pievue）……………………… 83
南鑫光電（現和鑫光電；Sintek）………… 77
モーニングスター（晨星半導體股份有限公司；
  MStar Semiconductor, Inc.）……………… 160
油化電子……………………………………… 81
萬邦電子………………………………… 13, 14
聯合工業……………………………………… 14
聯合鉱業……………………………………… 14
聯友………………………………………… 69

わ 行

環宇電子……………………………………… 13
和立聯合科技（Helix）……………………… 77

事　項

欧　文

BIOS …………………………………… 48, 51
BRICs ……………………………………… 248
CMOS（Complementary Metal Oxide Semiconductor）………………… 14, 23, 29
DCF 法 …………………………………… 172
ECFA …………………… 1, 215, 217-224, 232, 238
EMS（Electronic Manufacturing Service）… 1, 97-98, 235, 239, 250
EPA ………………………………… 217, 221, 222
Fast Follower 戦略 …………………… 110, 119
First Follower 戦略 ……………………… 101
First Mover（1st mover）……… 101, 227-228
────戦略 ………………………………… 102
FTA ………………………………… 217, 221, 222
IC 計画草案 ………………………………… 14
IDM …………………… 16, 26, 28, 34-35, 64
IP（Intelectuall property：知的財産）… 64, 100
Mix and Match 方式（M&A）… 56, 58, 64, 250
NIH 症候群 …………………………… 170, 233
ODM（Original Design Manufacturing；受託開発・製造）　4, 37-39, 43-50, 52-61, 63, 97-98, 101, 103, 154, 168, 171-172, 176, 182, 228, 236, 239, 244, 249
────サプライヤー ………………… 37-38, 44
OEM（Original Equipment Manufacturing；受託製造）……………………………… 4, 97-98, 101, 103, 112, 168, 171-172, 182, 236
OEM/ODM ……………………… 103, 168, 172
PC 産業 ……………… 14, 16, 38-39, 42, 45-47, 56, 57
PC ディスプレイ ………………………………… 80
PC 用ディスプレイ ……………………………… 70
R&D …… 17-20, 26, 31-35, 59, 99, 145-146, 148-149, 154, 160-161, 166-170, 185, 189-191, 199, 235
────組織 ………………………… 26, 32, 146
────の統合 ……………………………… 146
────の方向性 …………………… 145, 146
────部門 ……………………… 20, 160-161, 166
Second Mover；挑戦者企業（2nd mover）
　…………………………………… 110, 227-229
SoC（システムオンチップ）……………… 64
SOP（Standard Operation Process）
　………………………………………………… 100
USB …………………………………… 51, 52
VLSI（超大規模集積回路）………… 25-27, 29

あ　行

アーキテクチャー ………… 45-53, 57-58, 100, 171, 211-212, 217, 225-229, 231, 238, 240
────転換 ………………………… 45, 47-48, 50, 57, 58
────転換（の）プロセス
　……………………………… 45, 47-48, 50, 57-58
アーキテクチュラル・イノベーション
　…………………………………………………… 226
アーリーハーベスト（早期関税引き下げ品目・開放項目リスト）…………………… 220
アウトソーシング　33, 46, 138, 150, 159-160, 164, 168, 170-173, 189, 237, 250
アウトソース ……………………………… 71, 171
アジア通貨危機 ………………………… 95, 107
預官試験 ……………………… 178, 180, 189
後工程 ………………………… 13, 68, 106, 137, 166
アフターマーケット ……………………………… 44
アルバニア決議 ……………………………… 10
アレイ工程 ………………………………… 68-70
安全保障理事会 …………………………………… 9
暗黙 ……………………………………… 142, 193
暗黙知 …………… 45, 55, 58, 138-139, 175, 237
意思決定 … 17, 34-35, 101, 112, 133, 147-148, 166, 172-173, 223, 236
委託開発・生産 ……………………… 145, 182
委託生産 …………………… 29, 38, 97, 168, 236
一括型（Turnkey Base）……………………… 109
移転先企業の吸収能力 ………………………… 118
移転モード ………………… 138, 140-141, 237
イノベーション 3, 19, 31, 34, 36-38, 60, 62-63, 65, 138, 168, 188, 190, 195-196, 226, 248
────のジレンマ ………………………… 248
意味的価値 ……………………………………… 228
インクリメンタル ………………………………… 147
インセンティブ… 85, 168, 180, 185-186, 188-189, 191, 193
────・システム ………………… 186, 188, 191
インターフェイス ………… 50, 52, 117, 156, 163, 169, 203-203, 226, 228, 211, 238
インテグラル… 3, 46-48, 53, 55, 142, 226-229, 231
────アーキテクチャー …………… 46-47, 55
────型（すりあわせ型）………………… 3, 142, 226-229, 231
営業キャッシュフロー ……………… 201, 206, 208-210, 212
液晶テレビ及び関連産業支援工業区
　……………………………………………………… 87

索　引　275

画づくり……………………………………… 160
エンジニアの囲い込み…………… 175-176, 189, 237
エンジニア労働力の流動性……………………… 193
エンドユーザー…………………………… 145, 173
応用開発……………………………………… 149
オーバーラップ……………………………… 147, 166
オープン・ネットワーク………………… 53, 56-58
──────型経済発展プロセス………………… 58
オープン化……………… 50-53, 57, 61, 211-212, 238
オープン型……………………………………… 226
大まかな目標………………………………… 174
大モジュール化……………………………… 48, 50
オプション………………… 20, 30-31, 33-35, 145, 147-150, 161, 164-168, 171-174, 186, 232-233, 237, 246
──────型並行技術開発……………… 148-150, 166-168, 173
オペレーション………………… 100, 104, 108, 110, 112-113, 117, 127, 133-135, 137, 141, 236
──────技術…………………………………… 117

か 行

海峡両岸経済協力枠組取決め（Economic Cooperation Framework Agreement：ECFA）………………………………………… 217
外生的決定要因……………………………… 197
階層化………………………………………… 146
階層性………………………………………… 231
開発・量産効率……………………………… 129
開発コスト…………………………………… 101
開発リードタイム…………………………… 166, 171
改良段階……………………………………… 118
価格競争力…………………………… 24, 26, 67
科学工業園区（サイエンス・パーク）… 11-12, 14, 16-17, 19, 21-22, 24-28, 31-33, 67, 69, 72-77, 79-80, 82-89, 92
化学メーカー………………………… 79, 126, 127
学習競争的状況……………………………… 232
学習プロセス………………… 45, 47, 53-54, 56-58
革新段階……………………………………… 118
加工組立産業…………………………………… 97
加工輸出特区…………………………………… 9
過剰品質……………………………… 227, 229, 249
価値獲得（value capture）………………… 215
価値次元……………………………………… 216
価値創造（value creation）………………… 215
稼働率………………… 30, 127, 205, 245, 249, 250
科學技術發展方案……………………………… 15
科學工業園區設置管理條例…………………… 15
ガラパゴス化………………………… 227, 229
川上産業………………………… 75, 83, 85, 118
川上統合……………………………………… 105
川下産業………………………… 60, 197, 198

環境技術……………………………………… 196
関係特殊的資産………………………………… 54
管理職ラダー………………………………… 192
企業特殊的優位（FSA: Firm-Specific Advantage）………………… 137, 195, 200, 212, 237
企業内研究所…………………………………… 33
企業買収……………………………… 48, 115-116, 139
技術移転………………… 2, 9, 11, 13, 15-16, 21-23, 55, 58, 69-71, 80, 91-92, 95-97, 99-100, 102, 106-107, 109-110, 113, 115, 117-119, 127, 131-132, 135-138, 140-141, 143, 150, 185, 224, 236, 237
──────のモード……………………………… 137
技術オプション……………… 30-31, 35, 161, 164-165, 171
技術開発…14, 19-20, 23-27, 29-30, 35, 70, 80, 109-110, 115, 130, 145-150, 153, 164, 166-168, 172-174, 181, 198, 215, 228, 235, 246, 248
──────オプションの保有………………… 166
技術吸収……………………………… 92, 109, 143
技術供与………………… 70, 91-92, 95-96, 109, 116, 119, 137-138, 143
技術構想……………………………………… 35
技術シーズ…………………………………… 29
技術進歩……………………………………… 112
技術成果…………………………… 26, 31, 33
技術提携… 69, 91-92, 96-97, 99-100, 102-103, 107-109, 116-117, 153, 236
技術統合…………………… 19-21, 29, 31-32, 88, 166, 167
技術導入… 14, 29, 69, 95, 109, 115, 126, 130, 138-139, 199, 237
技術の移転…………………………………… 153
技術能力構築プロセス……………………… 118
技術プッシュ………………………………… 30
技術ポテンシャル…………………………… 20
技術流出…………………… 33, 84, 136, 219, 221, 245
技術ロードマップ………………… 199, 202-203, 211
基礎研究………………………… 140, 149, 182, 225
機能的・性能的進化………………………… 227
機能的価値…………………………………… 227
──────の頭打ち…………………… 216, 229, 236
規模の経済……………… 16, 42, 51, 54, 63, 112, 249
規模の経済性………………………… 16, 112, 249
基本技術…………………………… 23, 95, 128
基本シャーシ………………… 157-158, 161-163, 171
基本特許…………………………… 124, 128, 137, 138
キャッシュフロー差………………… 208-210, 212
キャッチアップ………………… 14, 58, 95, 110, 115, 117, 119, 187, 198, 236
キャッチアップ能力………………… 110, 236
キャリア・パス…………………… 183, 190-192
吸収合併……………………… 97, 101, 112, 116, 130
吸収段階……………………………………… 118
吸収能力（Absorptive capacity）………… 2, 92, 117-118, 140, 143, 236

給与……………………………… 181, 183, 186, 191
業界標準……… 50, 52, 199, 201-204, 210-211, 238
　　──化………… 50, 199, 201-204, 210-211, 238
　　　　──化の進展………… 199, 201-202, 204, 210
　　　　──化の促進………………………… 211
競争優位の源泉…… 18-19, 150, 170-171, 175, 237
共同化（Socialization）……………………… 139
共同開発…… 94, 99-100, 104, 109, 116, 170, 198
　　──コンソーシアム…………… 198, 199
共同研究開発……………………… 198-199, 202
クラスター（産業集積）…………… 15, 21, 24, 33, 58, 61, 67-68, 76, 79, 83-88, 92, 105, 226, 236
繰越税額控除制度……………………… 205, 207
クローズド・ネットワーク………………… 56
クローズド型………………………………… 226
クロスライセンス…………………… 115, 137
軍隊式文化………………………………… 250
経済建設四ヵ年計画………………………… 8, 9
経済連携協定（EPA）…………………… 217
形式知…………………………………… 55, 138
携帯電話…………… 4, 63, 65, 70, 119, 195, 230, 244
減価償却費……………………… 200-201, 203
研究開発 2, 14, 16, 21, 23, 25-26, 30, 34, 76, 94-95, 97-99, 103-105, 108, 112, 115-116, 125, 128, 130-131, 148-149, 181, 184-188, 192, 197-200, 202-203, 220-221, 228, 241
　　──支援・共同研究コンソーシアム 197
　　──投資……………………………… 94, 104
　　──費用…………………………………… 112
　　──部門………………………… 30, 184, 186
研究部門………………… 19-20, 29-33, 35, 36
コア・コンピタンス…………………… 150, 171
コア技術…………………………………… 33
効果的開発………………………………… 229
効果と効率の両立………………………… 229
高機能高コスト製品……………………… 229
高効率の学習プロセス…………………… 58
工場管理…………………………… 103, 153
工場投資額……………………… 199, 204, 210
構想（コンセプト）ドリブン………… 20, 29, 31, 35
工程イノベーション……………………… 138
工程開発…………………………………… 91
工程技術………………………………… 113, 236
工程設計………………………………… 138
工程プロセス…………………………… 125, 142
後発国企業……………………………… 115, 117
後発（の）優位………… 102, 110, 140, 229
高付加価値……………………… 11, 27, 229
合弁…………… 9, 11, 13, 75, 78-79, 81, 87, 107, 115-116, 126-128, 131-135, 137-138, 141, 223, 225, 245-246, 250
　　──会社………… 79, 107, 116, 127-128, 131-132, 137-138, 141
効率……………… 3, 14, 16, 20, 28, 32, 35, 47, 53-58, 67, 70, 81, 110, 117-118, 129, 138, 147, 157-158, 164, 173, 195, 198, 200, 202, 216, 226-231, 236, 239, 243-244, 246-247, 249
　　──化…… 3, 28, 32, 157-158, 173, 231, 236
　　──性……… 70, 117, 173, 200, 202, 216, 229-230, 243
「──的」なものづくり……………… 216
「国防工業訓儲制度」（国防役）……… 176
効率的学習プロセス…………………… 57
合理の原則……………………………… 202
顧客ニーズ…… 145-148, 161, 164, 166-167, 169, 237
国際競争力…5, 22, 25, 38, 45, 60-62, 91, 118, 195-202, 210-212, 237-238, 247
国際分業………… 45-46, 49, 53, 60-61, 97, 225
国産化……………………… 68, 94-95, 109, 126
国防工業予備尉（士）官…………………… 178
国防役…………………………… 175-193, 237
コストダウン………………………… 84, 105, 162
コストパフォーマンス…………………… 101
コスト優位………………………………… 54
護送船団方式……………………………… 243
国家特殊的優位（CSA:Country-Specific Advantage）………… 58, 59, 61, 195-197, 199-202, 208, 210-212, 237
国共内戦………………………………… 25
コミットメント…………… 118, 139-142, 237
コモディティ化… 3-4, 67, 215-216, 229, 236, 239
コンセプト…4, 19-21, 31, 33, 37-38, 145-146, 148-149, 167, 172, 174, 217, 225, 227-230, 232, 238, 244
　　──＝技術間統合………………… 20-21, 31
コンセンサス標準化…………………… 50, 51
コンソーシアム………… 41, 50-52, 197-199, 203
コンポーネント………………… 145, 231, 237

さ 行

サービス貿易……………………… 219-221
再生可能エネルギー技術………………… 196
差異化…………… 3, 43, 54, 106-107, 121, 171
採用コスト………………… 185, 188, 189
サブシステム……………………………… 231
サブユニット……………………………… 117
サプライ・チェーン………… 73, 75, 77, 83-84, 86-88, 236, 242
サプライヤー……… 37-38, 44, 56-57, 64, 80-81, 83, 85, 88, 124, 166, 196
産業移転………………………………… 45, 46
産業競争………………………………… 192, 193
産業クラスター…………………… 67, 105
産業高度化促進条例………………58, 205, 206

索引 277

産業政策……………… 17, 196-197, 199, 212, 238
サンクコスト……………………… 35, 164
シェア 2, 43-44, 64-65, 70, 73, 91, 95-96, 104, 106-107, 116, 120, 126, 151, 154, 199, 215-216, 227-228, 237, 241, 244, 246
事業構想…………………… 20, 29-31, 35
事業コンセプト………………… 19, 20
事業成果……………… 19, 35, 83, 145, 235
事業モデル…………… 19, 24, 27, 29-31
試作… 24-26, 97, 115-116, 120-121, 127, 129-133, 140, 148
事実上の標準（デ・ファクト・スタンダード）
　……………………………………… 39
事実上の兵役免除………………… 177, 188
市場規模……………………………… 119, 125
市場セグメント…………………… 109
市場の方向性……………………… 145
システム・フォーカス…………… 146, 167
　―――能力……………………… 146, 167
システム全体の知識…………… 45, 47, 48
システム知識………… 45-48, 52, 55, 57, 58
支払い意思額（willingness to pay）…… 228
資本提携………………………… 141, 245
重複投資………………… 198-199, 202
自由貿易協定（FTA）……………… 217
熟練……………… 60, 137, 139, 141-142, 197
需要 11, 24, 26, 29-30, 33-34, 44, 48, 60, 70, 79, 82, 100, 112, 121, 125, 178, 197-198, 249
　―――プル………………………… 30
ジョイントベンチャー…… 62, 116, 142, 205, 206
償却制度および設備投資に係る税額控除… 206
情報価値………………………… 117, 140
情報チャネル…………………… 56, 57
情報フィルター………………… 56, 57
情報流出………………………… 165, 171
将来の不確実性…… 146, 150, 166-167, 172, 173
　―――のマネジメント……………… 146
シリコンバレー………… 12, 15, 22, 32, 68, 191
シングルソース…………………… 40
人件費……………… 181, 188, 248, 249
新興工業経済地域（NIES）……………… 11
人工物…………………… 45-46, 56
　―――設計……………………… 45-46, 56
人材……… 14-15, 17, 22-24, 61, 76, 95, 98, 101, 109, 112, 140, 181-183, 185, 187-188, 190-193, 198-199, 237
　―――育成………… 14, 23, 76, 101, 183
　―――確保…………………… 185, 193, 237
　―――マネジメント…… 188, 190, 192, 193
新竹R&Dシステム……………… 31-34
進捗管理………………………… 133
信頼性……………… 49, 110, 119-120, 223
垂直統合…… 18, 26, 35, 130, 170-173, 175, 182, 237, 241, 245
　―――型……………… 18, 170-171, 241
垂直分業型……………………… 241
水平・垂直双方向での分業……………… 239
水平分業……………… 3-5, 18, 31, 67, 88, 188, 193
スーパー301条（Super 301: Amending Section 301 of the trade act of 1974 in the U.S.） 241
スキル・アップ………………… 183, 191
ストックオプション……………… 186
スピンアウト…………………… 98-99, 199
スピンオフ……… 13, 15-16, 21, 24-25, 27, 189, 237
すりあわせ……… 3-5, 67, 142, 166, 173, 175-176, 189, 193, 226, 231-232, 238
　―――型………… 3-4, 67, 173, 176, 226
　―――型製品…………………… 142
　―――能力……… 175-176, 189, 193, 232
税控除………………………… 207, 210
生産オペレーション能力………… 110, 236
生産管理技術（production management know-how）…………………… 117, 138, 139
生産技術（production technology）…… 24, 29, 69, 72, 95, 106, 117-118, 138-139, 142
生産キャパシティ……………… 28, 112, 131
生産工程……………… 135, 202-203, 211
　―――のカプセル化やプラットフォーム化
　……………………………………… 203
生産コスト……………… 24, 68, 95-96, 223
生産受託………………………… 38, 115
生産性……… 28, 70, 95, 108, 113, 156, 185, 228, 244, 245
　―――のジレンマ……………… 244
生産設備……… 30, 60, 76, 83, 86, 110, 117, 119, 142
生産ノウハウ……… 98, 102, 203, 211
生産能力……… 95, 101, 106, 112-113, 126-127, 130, 136
生産要素……… 60, 139, 197, 199, 238
生産ライン……… 28, 54, 101, 107, 116, 126-127, 130, 135, 137-138, 141
製造技術……… 13, 24-25, 81-82, 97-99, 116-118, 120, 124, 132, 159, 198
製造工程……… 16, 68-69, 100, 122-124, 199
製造設備……… 13, 16, 23, 26, 32-33, 60, 70, 75, 91, 98, 112, 127, 137, 142, 153, 206, 221
製造装置……… 104, 125-126, 140, 198-199, 203-205, 238
製造ノウハウ……… 47, 95, 100, 101
製造ライン……… 28, 100, 153, 245
製品アーキテクチャー……… 51, 57, 100, 138, 217, 225, 229, 238
製品イノベーション……………… 63
製品開発……… 3-4, 16-20, 25, 28, 31-33,

278

35-37, 54, 63, 67, 88-89, 106, 145-150, 153-157, 161, 169-173, 175-176, 182, 185, 189, 193, 225-226, 235-237, 243, 245, 248, 249
───部門……………………… 20, 31, 33, 36
製品技術(products technology)……… 117, 138-139, 170
製品競争力……………………………… 117
製品コンセプト……… 4, 33, 146, 148-149, 167, 172, 217, 225, 227-230, 232, 238, 244
───開発………………………………… 167
製品差異化…………………… 3, 67, 159, 171, 249
製品システム… 146, 148, 165, 167, 171, 175, 227
製品仕様…………… 145, 147-148, 156, 159, 161, 165-166, 182
製品のコストモデル…………………… 200
製品発展法……………………………… 94
政府支援の研究開発プロジェクト………… 198
セカンドソース……………………… 39, 40
セット・ベース・コンカレント開発（Set-Based Concurrent Engineering）……………… 147
セットメーカー34, 40, 159-160, 165, 168-169, 246
設備・材料………………………… 88, 115, 236
設備エンジニア……………… 132-134, 136, 141
設備再投資………………………………… 201
設備償却費比率…………………… 201, 203, 204
───の高騰…………………… 201, 203, 204
設備投資 70, 76, 82, 91, 95, 101-102, 159, 199-208, 210-213, 238
───比率の高騰…………………… 210, 211
セル工程……………………………… 68-70
先行技術開発…… 145-146, 148-150, 166-167, 174
先進国企業…………… 37, 45, 53, 57, 115, 117, 199
先発優位…………………………… 225, 229
専門職ラダー………………………………… 192
専門の熟練………………………………… 137
戦略提携…………………………………… 106
戦略の撤退（Strategic Exit）……………… 15
相互補完性………………… 1, 224-225, 227, 229, 241
組織間学習……………………………… 53, 55-58
組織能力… 53, 56, 88, 110, 113, 119, 200-201, 211, 225, 228, 232, 246, 248
ソフトウエア………………… 158, 164, 176, 228

た 行

ターンキー方式(一括受注方式)………… 100, 116, 138, 141
対外直接投資（Foreign Direct Investment）… 137
対向放電型……………………………… 121
代替役……………………………… 17, 177, 192
対中経済交流規制…………………… 218, 219
台中…………………………………… 9, 69, 226
台南…… 67, 69, 72-89, 92, 113, 152, 154-155, 236

台北………………… 74, 92, 127, 130-133, 152-155
太陽光発電パネル………………… 65, 195, 212
台湾……………………………………………… 1
───固有のイノベーション・システム ………………………………… 168, 188, 190
───人エンジニア（一人技術者） ……………………………… 77, 127, 141
───人気質………………………………… 17
───政府…… 5-6, 8, 10-12, 15, 18, 21-22, 24, 26-27, 71, 75, 83, 85, 87, 91, 94, 118, 187-188, 218, 221
───同胞の投資奨励に関する国務院の規定 218
ダイヤモンドモデル……………………… 60, 61
多国籍企業………… 45, 58, 137, 196, 225, 230, 243
───論……………………………………… 45
多品種開発……………………………… 156
ダブルダイヤモンド・モデル……………… 61
多様性……………………………………… 150
知識・技術導入………………………… 138
チップセット………… 43-44, 46, 48, 51-52, 59
中央研究所………………………………… 35, 36
中小企業 8, 16, 18, 33-34, 62, 85, 88, 97, 169-170, 188-190, 220, 226
長期雇用…………………………… 175, 185
徴兵……………………………… 17, 176-178, 237
───制…………………………… 17, 176-178, 237
直接投資……………… 45-46, 57, 59, 94, 116, 137-139, 142, 143
使いにくい技術………………………… 246
デ・ファクト標準………………………… 50
提携… 69-70, 77-79, 91-92, 96-97, 99-100, 102-103, 106-109, 116-118, 131, 141-143, 153, 216, 222-223, 225, 232-233, 236-238, 241-242, 245-247
低コスト… 3, 28, 79, 117, 153, 157, 164, 185, 215-216, 230-231, 247
定率償却方式…………………………… 206
デザイン… 16, 37, 47, 64, 121, 125, 147, 163, 168, 192, 226, 228
───ルール…………………… 125, 163, 226
デジタル化…………………… 3, 158, 236, 249
デジタル家電………………… 4, 146, 193, 236
転職……………… 56, 98, 103, 185, 189, 192, 237
統合………… 18-21, 26, 29, 31-32, 35-36, 48, 50, 67, 88-89, 105, 119, 130, 145-148, 166-167, 170-173, 175, 182, 189, 196, 216-217, 227, 229, 231, 233, 235-237, 241, 245, 246
統合知識……………………………… 171
───能力………………………… 189, 196
───型…………… 18, 67, 88-89, 170, 172, 189, 227, 229, 233, 236, 241
───組織………………………………… 229
───能力………………………………… 227

索　引　279

―――ものづくり・・・・・・・・・・・・・・・・・・・・・・・・ 233
投資家の内外無差別待遇・・・・・・・・・・・・・・・・・・・・・ 232
投資税制優遇・・・・・・・・・・・・・・・・・・・・・・・・・ 199, 208
投資戦略・・・・・・・・・・・・・・・・・ 112, 200-201, 236
投資に係る税額控除・・・・・・・・・・・・ 205-207, 213
投資優遇税制・・・・・・・・・・・・・・・・・・・・ 195-196, 199-202, 205-206, 208, 211-212, 238
投資優遇制度・・・・・・・・・・・・・・・・・・・・・・・・・・ 58, 59
特許・・・・・・ 23, 99, 121, 124, 128, 137-138, 185, 248
トップマネジャー・・・・・・・・・・・・・・・・・・・・・・・・・ 133
ドミナント・デザイン・・・・・・・・・・・・・・・・・・・・・ 121
トヨタ生産システム（TPS）・・・・・・・・・・・・ 142
ドライバーIC・・・・・・・・・・・・・・・・ 68, 77, 88, 116
取引コスト・・・・・・・・・・・・・・・・・・・・・・ 45, 199, 211
トレードオフ・・・・・・・・・・ 47-49, 150, 161, 243

な 行

内製化・・・・・・・・・・・・・・・・・ 11, 18, 100, 105, 246, 249
内生的決定要因・・・・・・・・・・・・・・・・・・・・・・・・・・ 197
内部化理論・・・・・・・・・・・・・・・・・・・・・・・・ 45, 57, 58
ナショナル・イノベーション・システム（NIS）
・・・ 34
ニーズ・・・・・・・・・・・・・・ 20, 27, 29-31, 34, 36, 76, 145-148, 161, 164, 166-167, 169, 215-216, 237
―――の特定化が困難・・・・・・・・・・・・ 145, 147
日台アライアンス・・・・・・・・・・ 217, 223-225, 227, 229-232, 238, 242, 248, 249
日台民間投資取決め（投資の自由化, 促進及び保護に関する相互協力のための財団法人交流協会と亜東関係協会との間の取決め）・・・ 232
日中共同声明・・・・・・・・・・・・・・・・・・・・・・・・・・・・・・ 10
日本人エンジニア（日本人技術者）・・・・・・・・ 56, 71, 73, 127, 132, 140, 142
ノウハウ・・・・・・・・・・ 47, 78, 95, 98, 100-102, 107, 109, 112, 115, 117, 124-125, 134, 136, 138-139, 141, 153, 165, 186, 189, 203, 211, 231, 237
能力主義による昇進（Base on Performance）制度・・・・・・・・・・・・・・・・・・・・・・・・・・・・・・・・・・・ 101

は 行

バーゲンニングパワー・・・・・・・・・・・・・・・・・・・・ 101
ハードウエア・・・・・・・・・・・・・・・・・・ 158, 176, 228
パートナー関係・・・・・・・・・・・・・・・・・・・・・・・・・・ 119
パートナーシップ・・・・・・・・・・・・・・・・・・・・・・・・・ 62
買収 48, 80, 102-103, 112, 115-116, 139, 143, 153, 240-241, 243, 249
バックライト・・・・・・・・・・・・・・・・ 68, 72, 81, 124
発注企業・・・・・・・・・・・・・・・・・・・・・・・・・・・・・・・ 37, 38
パネルモジュール・・・・・・ 50, 70, 83, 88, 155, 182
ビジネス・アーキテクチャー・・・・・・・・・・・・・ 225
ビジネスアライアンス・・・・・・・・・・・・・・ 216, 217
ビジネスモデル・・・・・・ 17, 37, 60, 63, 212, 239, 248
ビジネスユニット・・・・・・・・・・・・・・・・・・・・・・・・・ 54

標準インターフェイス・・・・・・・・・・・・・・・・・・・ 203
標準化・・・・・・ 50-52, 199, 201-204, 210-211, 238, 246
―――活動・・・・・・・・・・・・・・・・・・・・・・ 199, 202
ファウンドリー（製造受託）16-17, 19, 25, 27-34, 60, 97-98, 142, 155, 199, 209, 235, 236
ファブ・・・16, 19, 25, 27-34, 60, 64-65, 108-110, 113, 155, 235
ファブレス・・・16, 19, 25, 27-34, 60, 64-65, 155, 235
―――＆ファウンドリー・・・・・・・・・・・・・ 25, 27-34
フォローアップ能力・・・・・・・・・・・・・・・・・・・・・ 227
不確実性・・・・・・・・・・・・・・・・・ 4, 18, 34, 102, 145-148, 150-151, 158-159, 164, 166-167, 169, 172-174, 235, 237
―――リスク・・・・・・・・・ 146-148, 150, 164, 166, 173, 237
複線型人事制度・・・・・・・・・・・・・・・・・・・・・・・・・・ 192
部材メーカー・・・・・・ 70, 72-74, 82-85, 87, 89, 106, 236
歩留まり・・・・・・・・・・・ 24-25, 83-84, 87-88, 96, 100-101, 106-108, 112-113, 118-120, 127, 129, 132, 134-135, 137, 139, 141, 142
部品・・・・・・・・ 9, 13, 24, 38-40, 46-47, 49-50, 52, 56-57, 59, 63, 65, 70, 72, 79, 85-86, 88, 91, 94-95, 97, 100-101, 105-106, 109, 117, 126, 138-139, 142, 145-147, 149, 157-159, 162, 164-165, 168-171, 175, 188, 204, 211, 221, 223, 225-226, 230, 237, 241, 249, 250
―――原材料（部材）・・・・・・・ 70, 72-74, 82-85, 87-89, 94, 96, 106, 124, 221, 236
―――材料・・・・・・・・・・・・・・・・・・・・・・・・・・・・・ 105
フラッシュメモリ・・・・・・・・・・・・・・・・・・・・・・・ 203
フラットディスプレイ技術発展四年計画 94, 98
フラットディスプレイパネル核心技術発展六年計画・・・・・・・・・・・・・・・・・・・・・・・・・・・・・・・・・・・・・ 99
プラットフォーム・・・・・・・・・・・ 37-40, 43-44, 46-52, 54-63, 65, 203, 236
―――・イノベーション・・・・・・・・・・・ 37, 60, 62
―――・ビジネス・・・・・・・・・・・ 37-40, 51-52, 57
―――・リーダー・・・・・・・ 38-40, 43, 47, 50, 52, 60-61, 63
―――・リーダーシップ・・・・・・・・・・・・ 39-40, 63
―――化・・・ 48, 50, 57-59, 61-62, 65, 203
―――分離モデル・・・・・・・・・・・・・・・・・・・・・・・・ 61
―――リーダー・・・・・・・・・・・・・・・・・・・・・・・・・・ 50
プラント導入方式・・・・・・・・・・・・・・・・・・・・・・ 102
プラント輸出（ターンキー・プロジェクト）137
ブローカー・・・・・・・・・・・・・・・・・・・・・・ 89, 221, 236
プロセス知識・・・・・・・・・・・・・・・・・・・・・・・・・ 47, 55
プロダクトミックス・・・・・・・・・・・・・・・・・・・・・ 100
フロント・ローディング・・・・・・・・・・・・・・・・ 166
分業・・・・・・・・・・3-5, 11, 16-18, 31, 45-46, 49, 53, 60-62, 67, 88, 97, 106, 173, 188, 193, 196, 216, 225-226, 235, 239, 241
―――化・・・・・・・・・・・・・・・・・・・・・・・・・・・・・ 31, 216

兵役免除……………………… 177, 187, 188
並行開発……………… 55, 146-148, 150, 159, 161,
　　164, 172
　　──コスト……………………………… 150
並行技術移転戦略…………………………… 55, 150
並行技術開発… 81, 84, 105, 148-150, 166-168, 173
ベンダー……………………………………… 101
ベンチャー志向……………………………… 175, 185
片務的取り決め……………………………… 221
法人所得税率（法人税率）………………… 206
法人税………… 24, 62, 76, 201, 205-206, 208, 213
補完的資源…………………………………… 117

ま　行

マイクロ電子技術発展計画………………… 98
前工程………………………………… 13, 68, 83, 98
マルチプロジェクト戦略……………… 54-55, 150
ミドルマネジャー…………………………… 133
南向政策……………………………………… 219
免税期間制度………………… 201, 206-207, 213
メンテナンス・エンジニア………………… 134, 141
モジュール 38, 47-50, 58, 61, 67-70, 83, 88-89, 118-
　　119, 128, 130, 155, 159, 165, 176, 182, 189, 193,
　　226, 236, 239
　　──化………… 38, 48-50, 61, 118-119,
　　159, 193, 239
　　──クラスター型産業進化…………… 58
　　──工程………………………………68-70
モジュラー……… 3, 5, 17-19, 31, 37, 46-50,
　　52-53, 57-58, 67, 88-89, 142, 172-173, 188-190,
　　193, 216, 226-231, 235, 238
　　──・アーキテクチャー……… 46-47, 50
　　──化……………… 3, 19, 37, 47-50, 52-53,
　　57-58, 67, 173, 188, 193, 216, 238
　　──型……… 3, 5, 17-19, 31, 67, 88-89, 142,
　　172-173, 189-190, 226-231, 235, 236
モジュラリティ…………………………… 4, 171
模倣段階……………………………………… 118
問題解決…………… 56, 58, 83, 102, 136, 142, 167
　　──能力の幅広さ…………………… 167
優遇税制… 75-76, 195-196, 199-202, 205-206, 208,
　　211-212, 238

優遇措置………………………… 9, 24, 62, 219
融合（fusion）…………………………… 231
ユーザーインターフェイス………………… 228
輸出志向工業化……………………………… 9
輸入代替工業化……………………………… 9
要求スペック………………………………… 124
要素技術… 24, 31, 67, 95, 103, 146, 148, 150-151,
　　153, 169, 171-172, 175, 182, 188, 237
予測可能……………………………………… 145

ら　行

ライセンシング…………… 116, 137-138, 141, 142
ライセンス… 23, 39-40, 44, 96, 107, 115-116, 121,
　　137, 246
　　──契約…………………… 23, 121, 137
リアル・オプション… 35, 145, 147-148, 172-173,
　　237
リードタイム………………… 147, 166, 171
利益…………… 33, 40, 56-57, 61, 83, 88, 96, 101,
　　103, 117, 200-201, 212-213, 230, 243, 249, 250
立地特殊優位………………………………… 59
リテンション（維持・確保）…………… 186,
　　188, 190-192
リバース・エンジニアリング……………… 109,
　　115, 126, 137
両岸関係………………………… 11, 218, 219
両岸経済協力枠組取決め（ECFA）の影響等調
　　査報告書………………………………… 223
量産……… 38, 69, 71, 80, 91, 96-99, 102, 109, 113,
　　115-116, 120-122, 124, 126, 128-133, 136, 140-
　　141, 211, 236, 242
　　──技術……… 96, 99, 109, 115, 126, 132,
　　140, 242
　　──規模……………………………… 115
　　──体制……… 80, 91, 98, 102, 113, 120, 126
　　──ライン…………………………… 116
両兆雙星計画………………………………… 71
レオンチェフの逆行列……………………… 225
労働市場の流動性………………… 176, 188, 190

索　引　281

■ 編著者紹介

長内　厚

早稲田大学ビジネススクール（大学院商学研究科）准教授

　1972 年，東京都生まれ。1997 年，京都大学経済学部経済学科卒業。2004 年，筑波大学大学院ビジネス科学研究科博士前期課程修了。2007 年，京都大学大学院経済学研究科博士後期課程修了（博士（経済学））。1997 年，ソニー株式会社入社。2007 年，同社退職。同年，神戸大学経済経営研究所准教授。2011 年 4 月より現職。ソニー株式会社 AMC 事業部アドバイザー，台湾奇美グループ家電部門顧問などを歴任。現在，早稲田大学台湾研究所研究員，早稲田大学 IT 戦略研究所研究員，公益財団法人交流協会日台ビジネス・アライアンス委員，ハウス食品グループ本社株式会社中央研究所顧問，組織学会会員サービス・広報委員，『組織科学』シニア・エディター，国際戦略経営研究学会理事，映像情報メディア学会編集委員（論文部門）なども務める。

　主　著

『アフターマーケット戦略―コモディティ化を防ぐコマツのソリューション・ビジネス』（榊原清則と共編著）白桃書房，2012 年。

「オプション型並行技術開発―台湾奇美グループの液晶テレビ開発事例―」『組織科学』Vol. 43, No. 2, pp. 65-83，2009 年。

「研究部門による技術と事業の統合―黎明期の台湾半導体産業における工業技術研究院（ITRI）の役割―」『日本経営学会誌』No. 19, pp. 76-88, 2007 年。

「組織分離と既存資源活用のジレンマ　―ソニーのカラーテレビ事業における新旧技術の統合―」『組織科学』Vol. 40, No. 1, pp. 84-96, 2006 年。

神吉直人

追手門学院大学経営学部准教授

　1978 年，兵庫県生まれ。2001 年，京都大学経済学部経営学科卒業。2004 年，京都大学大学院経済学研究科博士前期課程修了。2008 年，京都大学大学院経済学研究科博士後期課程修了（博士（経済学））。2007 年，神戸大学経済経営研究所助教。2009 年，同大学専任講師。同年，香川大学経済学部専任講師。2010 年，同大学准教授。2014 年 4 月より現職。丸亀市産業振興推進会議会長，高松市中小企業基本条例制定懇談会職務代理者などを歴任。現在組織学会評議員，早稲田大学台湾研究所招聘研究員なども務める。

　主　著

「インハウスデザイナーによるデザインと技術の統合」『香川大学経済論叢』Vol.85, No.1・2, pp.101-123, 2012 年。

「社内コミュニケーションに関する実証分析と予備的考察」『香川大学経済論叢』Vol. 83, No. 3, pp. 153-171, 2010 年。

「ネットワーク分析の展開―組織間関係論におけるネットワーク分析―」（分担執筆：赤岡功・日置弘一郎編著『経営戦略と組織間提携の構図』第 4 章）pp. 47-63, 中央経済社，2005 年。

■ 執筆者一覧（五十音順）

伊藤信悟（みずほ総合研究所株式会社調査本部アジア調査部中国室長）
　担当章：第11章
伊吹勇亮（京都産業大学経営学部准教授）
　担当章：第9章
長内厚（編著者紹介参照）
　担当章：第1章・第2章・第3章・第5章・第8章・第9章・第11章・終章
簡施儀（台湾國立高雄第一科技大學助理教授）
　担当章：第5章
神吉直人（編著者紹介参照）
　担当章：第1章・第9章・第11章・終章
許経明（Pegatron Corporation（台湾）技術課長）
　担当章：第6章
新宅純二郎（東京大学大学院経済学研究科教授）
　担当章：第6章・第7章
蘇世庭（信越ポリマー株式会社FI事業部）
　担当章：第6章・第7章
立本博文（筑波大学大学院ビジネス科学研究科准教授）
　担当章：第4章・第10章
陳韻如（滋賀大学経済学部准教授）
　担当章：第2章・第9章
中本龍市（椙山女学園大学現代マネジメント学部専任講師）
　担当章：第11章
本間利通（大阪経済大学経営学部准教授）
　担当章：第9章

台湾エレクトロニクス産業のものづくり
―台湾ハイテク産業の組織的特徴から考える日本の針路―

発行日——2014年5月16日　初版発行　　〈検印省略〉

編　者——長内　厚・神吉直人

発行者——大矢栄一郎

発行所——株式会社　白桃書房

〒101-0021　東京都千代田区外神田5-1-15
☎03-3836-4781　📠03-3836-9370　振替00100-4-20192
http://www.hakutou.co.jp/

印刷・製本——藤原印刷

© Atsushi Osanai and Naoto Kanki 2014　Printed in Japan
ISBN978-4-561-26621-1　C3034

本書のコピー，スキャン，デジタル化等の無断複製は著作権法上での例外を除き禁じられています。本書を代行業者等の第三者に依頼してスキャンやデジタル化することは，たとえ個人や家庭内の利用であっても著作権法上認められておりません。

[JCOPY]　〈㈳出版者著作権管理機構　委託出版物〉
本書の無断複写は著作権法上での例外を除き禁じられています。複写される場合は，そのつど事前に，㈳出版者著作権管理機構（電話03-3513-6969, FAX03-3513-6979, e-mail: info@jcopy.or.jp）の許諾を得てください。

落丁本・乱丁本はおとりかえいたします。

好 評 書

倉重光宏・平野真（監修）、長内厚・榊原清則（編著）
アフターマーケット戦略　　　　　　　　　本体価格 1895 円
―コモディティ化を防ぐコマツのソリューション・ビジネス―

元橋一之（編著）
アライアンスマネジメント　　　　　　　　本体価格 2800 円
―米国の実践論と日本企業への適用―

中村裕一郎（著）
アライアンス・イノベーション　　　　　　本体価格 3500 円
―大企業とベンチャー企業の提携：理論と実際―

小関珠音（著）
企業提携の変容と市場創造　　　　　　　　本体価格 2750 円
―有機ＥＬ分野における有機的提携―

小川紘一（著）
国際標準化と事業戦略　　　　　　　　　　本体価格 2300 円
―日本型イノベーションとしての標準化ビジネスモデル―

―――――――――――――――― 東京　白桃書房　神田 ――――――――――――――――

本広告の価格は本体価格です。別途消費税が加算されます。